高等学校电类专业新概念教材·卓越工程师教育丛书

新编计算机基础教程

周立功　主编
王祖麟　杨明欣
朱　旻　周东进　编著

北京航空航天大学出版社

内 容 简 介

本书通过项目驱动的方法融合计算机基础相关的知识点。内容主要分为两部分。第一部分为第 1～2 章，简明扼要地介绍在计算机应用系统设计中常用的硬件电路（即模拟电路和数字电路）的基础知识，并穿插大量电子小制作和实验，从计算机的电路原理图设计、电路仿真、电路原理图和 PCB 图绘制、电路板制作，到电路调试和测试，手把手地带领初学者进入计算机世界的大门，为其从事嵌入式计算机应用系统设计打下坚实的基础。第二部分为第 3～6 章，以 80C51 单片机为蓝本，从机器码到汇编语言，详细介绍计算机系统最底层的工作原理，并与 Altair-80C31Small 实验箱相配合，穿插大量的机器码和汇编语言编程实验。本书注重在教学中强化学生的动手训练，强调理论与实践相结合，是一本学习计算机基础知识的入门级教材。

本书可作为大学本科、高职高专电子信息、自动化、机电一体化、计算机等专业的教材，也可作为电子爱好者的自学用书，还可作为从事单片机应用开发工程技术人员的参考资料。

图书在版编目(CIP)数据

新编计算机基础教程 / 周立功主编；王祖麟等编著. --北京：北京航空航天大学出版社，2011.8
 ISBN 978-7-5124-0493-9

Ⅰ.①新… Ⅱ.①周… ②王… Ⅲ.①电子计算机—教材 Ⅳ.①TP3

中国版本图书馆 CIP 数据核字(2011)第 125780 号

版权所有，侵权必究。

新编计算机基础教程
周立功　主编
王祖麟　杨明欣
朱　旻　周东进　编著
责任编辑　王慕冰　龚荣桂　朱胜军
*
北京航空航天大学出版社出版发行
北京市海淀区学院路 37 号（邮编 100191）　http://www.buaapress.com.cn
发行部电话：(010)82317024　传真：(010)82328026
读者信箱：bhpress@263.net　邮购电话：(010)82316936
北京富资园科技发展有限公司印装　各地书店经销
*
开本：787×1 092　1/16　印张：18.5　字数：474 千字
2011 年 8 月第 1 版　2023 年 7 月第 7 次印刷　印数：12 701～13 300 册
ISBN 978-7-5124-0493-9　　定价：59.00 元

若本书有倒页、脱页、缺页等印装质量问题，请与本社发行部联系调换。联系电话：(010)82317024

高等学校电类专业新概念教材·卓越工程师教育丛书
编 委 会

主　　编：周立功

编　　委：东华理工大学　　　　　　周航慈教授

　　　　　北京航空航天大学　　　　夏宇闻教授

　　　　　江西理工大学　　　　　　王祖麟教授

　　　　　成都信息工程学院　　　　杨明欣教授

　　　　　广州致远电子有限公司　　陈明计

　　　　　广州致远电子有限公司　　朱　旻

前　言

一、创作起因

从某种意义上来说，当今世界完全处于知识大爆炸的时代，这让我们常常经不起外界的诱惑，大学里课程越开越多，教材越来越厚，而教学课时与实验环节经过压缩之后，却变得越来越少，这样就导致所培养出来的学生往往是，什么都懂一点，却什么也不精通，解决工程技术问题的能力与实际需求相差甚远。

为了解决教育中存在的问题，作者深入高校开展校企合作，对创新教育进行了积极而有意义的探索。从培养学生创新性思维的角度出发，作者试图从教材创作开始，期望通过项目驱动融合相关知识点（数据结构、计算方法、电机控制与检测传感技术等），这就是作者组织创作"高等学校电类专业新概念教材·卓越工程师教育丛书"的原因。

很多学生选择电类专业，是因为他们相信工程师能够设计电子产品，因而被吸引来学习工程，但是却对大学第一年传统的、仅注重理论教学的工程教育模式感到失望。为了满足学生们这种设计与创造的要求，我们编写了本书——《新编计算机基础教程》，将如何设计与制作一台计算机原型机的思想引入到教学中，以期唤起学生们对工程教育的兴趣。

本书内容初看起来非常传统和老套，不仅略显简单，而且与日新月异的嵌入式技术相比，似乎过于落后。但这些经典的知识点恰恰最适合初学者入门学习，因为对于初学者来说，教学内容不能一味地拔高。要写出一本"高水平"的教材其实并不难，但教学效果却会适得其反；而要写出一本"低水平"且适合初学者学习的教材，却不是一件容易的事情。

本书是一本入门级教材，但在"项目驱动融合相关知识点"思想的指导下，将"电子工艺实习（PCB与电路的制作）"提前引入到大学一年级上学期，为学生开展项目驱动和课程设计打下基础。作者在本书相关章节中不仅安排了一些硬件制作，在最后一章还安排了课程设计。当然，仅仅学习上述内容还不足以全面掌握相关的知识，因此，在后续相关教材中，作者还会根据需要，不断融合更多关键的知识点，以期达到"卓越工程师培养计划"的教学目标。

本书撰写历时3年，并历经3次大的修改，前后经过多所大学2 000多名学生试用，收到了很好的教学效果。本书的编写和试用让作者深深地体会到，最基本的东西往往也是人们最容易忽视的。我们常常忘记教育的意义在于，如何让学生对所学的知识产生兴趣。当学生有了兴趣之后，自然而然就会产生学习的动力，能力也就自然而然地随之提高了。

二、浅论"通识教育"

大学中推行通识教育是时代发展的需求，但当前关于通识教育还存在认识上的盲从。很多人想当然地将通识教育曲解为，就是大学一年级、二年级不分专业，再增加几门课程似乎就是通识教育了。这是目前通识教育认识上最大的误区。

无数工程师在事业和生活上的成功案例表明，作为工程师，不仅要具有较强的专业竞争力,还必须对社会有较深入的了解。工业界在选拔人才时逐渐形成一个共识,就是将"综合能力"放在第一位。比如,招聘人员会重点考察学生的沟通能力与组织能力,以及学生对人生与事业的见解。

其实,通识教育的核心就是培养学生的创造性思维,其最重要的一点就是要培养学生学会用与别人不一样的个性化思维方式或别人忽略的思维方式来思考和解决问题。因此,通识教育是一种面向全体大学生的个性化教育,而个性化教育则是培养学生创造性思维的基石。无数的研究表明,很多优秀人才的智商往往并不是很高,重要的是其在创造性思维方面的优异。因此,培养学生的创造性思维绝对不是增开几门课程就能够实现的,应当将学生综合能力的培养贯穿于教学及学生生活的各个环节,只有这样才能达到通识教育的目的。

对于工科院校更为重要的是,应在思想上要求教师和学生都要充分认识到工程教育的意义与内涵。基于此,江西理工大学机电工程学院在教学改革中,以清华大学李曼丽教授编著的《工程师与工程教育新论》作为教材,为大学一年级学生开设"工程教育的改革与创新"课程,并作为通识教育的一个重要组成部分。

三、创新教育实践新思维

在传授基础理论的同时,还要重点培养学生应用知识的能力,所以必须在大学一年级第一学期,抓好同步开设的"C程序设计"与"计算机基础"的教学与实践环节。在教学方法上,必须强调理论与实践的紧密结合,并以培养学生的动手能力和学习兴趣为主。

尽管针对每门课程学生都会做一些经典实验,看起来似乎做到了理论与实践相结合,但由于教材之间缺乏紧密的关联,从根本上来看,学生并没有完全将所学知识转化为能力,以至于无法做到学以致用,其结果就是"考完就丢"。

还有一个教学认识方面的重大误区,即只要一提到强化学生的软硬件实践动手能力,有些教师就片面地认为这偏离了专业方向,不屑一顾地认为这是在培养技工。其实,强化学生实践环节可以帮助学生更好地消化在课堂上学到的理论知识。

事实上,当读大学二年级的盖茨决定从哈佛大学退学而创办软件公司的时候,他已经无间断地编写了7年的程序,几乎每个周末他都在编程,每个星期编程所花费的时间几乎都超过20个小时,累计远远超过10 000小时。我们没有人怀疑盖茨的知识水平和能力吧!

我们知道,爱德华·罗伯茨于1974年推出了第一台基于Intel微处理器的个人电脑Altair 8800。虽然Altair 8800的寿命非常短暂,却从此点燃了PC机创新之火,并激发了盖茨、艾伦、乔布斯和沃兹奈克等无数爱好者学习计算机的热情,盖茨与艾伦为此而设计了BASIC语言解释器。

电类专业学习的大部分专业课程,都是基于计算机、嵌入式系统以及控制对象而展开的,那么我们的学习不妨从设计和制作一台简易的计算机原型机开始,沿着罗伯茨、盖茨、艾伦、乔布斯和沃兹奈克所走过的成功之路,制作一台与Altair 8800一样的简易计算机原型机,以培养学生对专业的学习兴趣。

我们知道,大学二年级后续的大部分课程,都是以计算机和嵌入式系统为载体而开设的专业基础课和专业课,因此,学生必须将大学一年级与二年级所学到的理论知识转化为设计能力,以便于后续课程的学习。这种教学模式能够保证学生在整个大学学习过程中,4年数学不断线、4年C语言不断线、4年硬件不断线和4年应用不断线,学习内容环环相扣,这就是我们所提倡的"以计算机和嵌入式系统为基础,向周边临近知识点扩张"的创新教育思想。

四、卓越工程师教育之路

1. "卓越工程师培养计划"简介

"卓越工程师培养计划"主要强调"理论与实践、教与学、学校与企业"三个紧密结合,全面贯彻和落实"构思、设计、实施、运行"这种在做中学的原则,以及基于项目驱动的教学模式。企业由单纯的用人单位变为学生联合培养单位,高校和企业共同设计培养目标,共同制定培养方案,共同实施培养过程。在企业中设立一批国家级"工程实践教育中心",让学生在企业实习一年,"真刀真枪"地做毕业设计,以强化学生的工程能力和创新能力。

2. "校企联合"的尝试

在江西理工大学、成都信息工程学院与西安邮电学院等大学的大力支持下,我们以"校企联合"的形式在大学四年级进行了试点,每个学校挑选30名对专业感兴趣的"好苗子"组成一个教改班;针对学生的具体情况,并结合专业的发展方向以及工业界对人才的需要,制定了详细的卓越工程师培养计划。对于试点班,组建的教师队伍都是经过专业实践训练的,每名学生都配置一台计算机,还配置大量的元器件、嵌入式模块与开发平台。通过一年的训练,学生们都深受用人单位的欢迎。

3. 渐进式的试点

但是上述教学模式无法惠及更多的学生,那么,怎样才能做到大众教育与精英教育相结合呢?为此我们将教学改革延伸到大学三年级,组织对专业感兴趣的低年级学生参加业余试点班,并在大学一年级的学生中成立C语言俱乐部,引导他们利用课余时间强化动手能力,并组织优秀学生成立"小教授讲师团",重点开展第二课堂的教与学,让高年级学生辅导低年级学生,收到了良好的效果。

在连续几年教与学的实践过程中,学生们不仅提高了组织能力、管理能力与沟通能力,而且还发现了自己的不足之处,学生中自然而然地形成了良好的学习氛围,其积极性、凝聚力、执行力和团队精神都得到了极大的提升,相当一部分学生由"要我学"向"我要学"转变,学生的素质一届比一届高。

4. 学生管理工作的探索

自2006年以来,通过在江西理工大学等多所大学的教学试点,我们发现一个不容忽视的事实:学生的培养结果与辅导员的责任心以及管理措施有着直接的关系。

我们不妨将参加教改班的辅导员整合成一个团队,由一个责任心和能力都很强的辅导员担任组长。由组长牵头总结教改经验,并制定一份详细的管理规范,其内容包括班级教学(定期让辅导员到企业学习与实践,并参与教学辅导)、班级管理(班级组织建设、作息时间安排、会议管理与班级制度制定)、创新实践、班级活动(每日的晨跑、讲坛、回顾、英语等)、班级文化(班歌、班徽、班旗与班级格言等)、水平考试(笔试与机试,由校外机构命题)、毕业典礼、就业推荐(推荐学生到企业实习一年做毕业设计)与人才跟踪(建立毕业生的就业渠道,了解毕业生的职业发展)等。

比如,通过每日的晨炼和周末的体育锻炼,可以磨炼学生的意志,培养其团队协作的集体主义精神。学生是否参与了这些活动?班干部的管理是否到位了?如果学生课余时间未来开放式实验室,辅导员是否知道他们在做什么?学生是否参加晚自习了?这些都需要辅导员认真监督并做心中有数。通过这些方式,可将通识教育深入到教学与学生生活的每个环节。

5. 课程设计与毕业设计

"卓越工程师培养计划"究竟如何开展？谁也没有成熟的经验，这就要求我们要勇于探索和实践。电类专业是一门实践性很强的学科，如果全部按理论课教学也就失去了意义。因此，一定要从单纯的知识传授转向对学生能力的培养，必须对一些"花架子式"的实习和课程进行必要的改革，放弃大而全的落后于工业界要求的教学体系，进一步突出专业特色，强化学生解决问题的能力。

江西理工大学的成功经验是：每学期末抽出 2~4 周时间，给学生什么课程也不安排，而是让其进入实验室专心做课程设计，效果非常好。并且学校与企业合作，安排优秀学生从大学一年级暑假开始参加企业组织的"夏令营"，为组建"小教授讲师团"准备人才。与此同时，学校邀请企业的优秀工程师在暑假进入高校，为学生开展增值培训。这些做法不仅能弥补当前高校师资队伍专业实践经验严重缺乏的缺陷，而且还可让优秀学生得到全方位的锻炼。

最后一年的实习怎么安排？作者在江西理工大学也有成功经验。作者在江西理工大学 30 名大学四年级教改班学生的试点过程中，与学校达成一致，重点新开设了几门课程，比如，"新产品研发过程中的项目管理"、"电磁兼容性原理与原理"与"系统的可靠性设计"，属于必修课；而"嵌入式 Linux 应用程序设计"与"嵌入式 Windows 应用程序设计"，则属于必选课（二选一）。学校承认这些课程的学分。

最后一年的实习过程中，让学生了解一个产品从市场调研、任务设计书编写、软硬件设计、电磁兼容与信号一致性测试、工业设计、产品工程化、生产等环节，到市场推广与营销以及售后服务的全过程，最后真刀真枪地完成毕业设计。

五、教学内容的组织安排

1. 学时的分配与教学方法

本教材是按照 56~64 学时的教学内容编写的，注重在教学过程中强化学生的动手训练，强调学生在学习过程中要理论与实践相结合。因此，建议教师在实验课中多花费一些时间，现场手把手地指导学生的实验，及时解决学生在实验过程中遇到的问题，帮助其扫除入门阶段的障碍。很多学生对某些课程之所以产生厌学情绪，往往是因为其在入门阶段，缺乏必要的直接指导。

对于大学一年级的学生来说，需要一定的适应时间来完成从中学生到大学生的角色转换。因此，建议教师在开设这门课程时，一定要了解教育心理学，千万不要忽视教学规律，应为本课程尽可能多地分配一些课时，这样会更有利于教师手把手地帮助学生快速入门。

一定要重视学生的作业，对于大学一年级的学生来说，自制力较差，因此教师应该严格要求学生，多花一些时间指导和批阅他们的作业。

更为重要的是，必须要求每个学生将书中的程序逐个进行实验调试，因此要求教师能像工厂的师傅带徒弟一样，采取"陪太子读书"的办法监督学生。只要教师做到了这一点，学生就肯定能够学好。而事实上，上述环节中教师的执行力往往很不够，这是当前教学中存在的根本问题。

为了进一步提高学生的动手能力，除了正常的实验课之外，学校还可以提供一个场地，让学生自带计算机，建立一个由学生自主管理的开放式创新实验室。无论是课后还是周六与周日，学生都有机会进入实验室做自己喜欢的事情。这样便于从大学一年级开始建立学生团队，营造一个良好的学习氛围。

2. 教学内容的组织

第 1 章——计算机基础知识。本章与此课程的传统教材差别不大,简要介绍计算机的发展与应用以及计算机系统等知识,其中的数制与编码是电类学科最重要的知识点,每个学生都必须掌握。

第 2 章——计算机逻辑基础。本章主要介绍电阻器、电容器、电感器、二极管、三极管、直流电源电路、简单门电路、基本组合逻辑电路和时序逻辑电路、触发器、存储器等器件的使用方法,但未涉及其更深入的内部结构,有关其内部结构的内容在后续"电子技术基础(数字部分)"与"电子技术基础(模拟部分)"课程中将会详细介绍。

本章的内容非常重要,但也是人们最容易忽视的。因此,教师一定要花时间手把手地带领学生完成相应的制作。初看起来这些制作内容似乎非常简单,无论是教师还是学生,往往都很容易忽视入门阶段的制作,以至于学生上完课之后似乎懂了,但放下书本却"两眼一抹黑",当后续所学的课程越来越多时,也就越来越糊涂了。

因此,为了增强学生的学习兴趣和动手能力,作者专门设计了一套 TinyAnalog 万能板,从第 2 章开始,安排学生使用分立器件进行电容器充放电实验、二极管与三极管测试实验、继电器驱动电路实验以及门电路实验,并在后续章节中也安排了几个动手制作实验,比如半加器与全加器电路的制作等。

第 3 章——单片计算机硬件结构。有了第 2 章的基础,设计与制作一台简易、纯硬件的计算机原型机也就非常容易了。这是一台不需要 PC 机作为辅助开发工具,可以使用自带的键盘、二进制显示器和读/写控制电路输入二进制微代码,能够直接运行程序的计算机。尽管我们制作的是一台非常简易的计算机原型机,但麻雀虽小,五脏俱全,它具备计算机的所有特征,因此,学生只要掌握了它,就完全能够达到深入理解计算机原理的目的。

第 4 章——汇编语言程序设计基础。掌握 C 语言之后,汇编语言是否重要呢?回答是肯定的。虽然应用层软件的设计几乎都不需要用到汇编语言,但若要深入学习和理解 C 语言以及嵌入式操作系统,则离不开汇编语言。本章将重点放在程序设计思路上,而不是汇编语言本身。特别是在学习 C 语言的过程中,如果结合汇编语言来理解 C 语言,将会达到事半功倍的效果。

比如,示例"cTmp1=setjmp();",对于 SDCC51 来说,编译器将调用 setjmp()函数的语句编译成:

```
LCALL    _setjmp;
```

当执行这条指令后,单片机将"返回地址"保存到 SP 指向的 idata 中。编译器将"return 0"编译成:

```
MOV    DPL, #0x0          ;SDCC用DPL保存char类型返回参数
RET
```

然后将 setjmp()的返回值保存到变量 cTmp1 中,即"cTmp1=setjmp();"。对于 SDCC51 来说,编译器将这条 C 语句编译成:

```
LCALL    _setjmp
MOV      A, DPL           ;SDCC用DPL保存char类型返回参数
```

"返回地址"指向"MOV A,DPL"这条语句所指向的位置。

其实是否能够熟练掌握程序设计的关键不在于语法规则,而是通过实践得到的设计思想。

因此作者建议，指令系统仅需讲解几个学时即可，然后将主要精力放在软硬件设计上。

第 5 章——经典范例程序设计。本章重点介绍 TKStudio 集成开发环境、SDCC 汇编语言编译器以及在线编程等开发工具的使用。其实提高理论与技术水平的最佳途径，就是从一个很简单的问题或示例入手，不仅要探究"如何做"，而且还要理解"为什么这样做"。虽然使用手工方法也能够将汇编语言翻译成机器码，但使用专业的开发工具则会事半功倍。

第 6 章——实践与制作——从构思到实现。期望通过此项目锻炼学生的设计能力。

六、选择 80C51 作为教学载体的理由

在每年的招聘过程中，我常常听到很多学生这样说："老师告诉我们，80C51 太陈旧了，所以选用 AVR 或 PIC。"其实我认为，与任何微处理器相比，80C51 是最适合初学者的教学载体。

正如本书一样，使用 80C51 单片机可以帮助初学者动手制作一台不需要计算机控制，直接使用二进制编程的计算机原型机。事实上，我们只要"精通"一种微处理器，就可以根据需要选用其他任何一种微处理器开发项目，因为其原理都是一样的。打好基础，"以不变应万变"才是根本的学习之道。

除了选择合适的微处理器之外，软件工程方法、硬件可靠性设计、软硬件测试以及信号完整性分析，则是决定项目生死的关键所在，但这恰恰是目前高等院校电类专业教学中所容易忽视的问题。

七、面向对象

本书最早是为电类专业（包括电子信息工程、自动化、电子科学与技术、测控技术、通信、医学电子、机电一体化等专业）编写的。随着嵌入式技术的高速发展，本书内容也成为计算机等相关专业教学内容的基础。因此，本书不仅适用于电类专业，同样也适用于计算机科学与技术、计算机应用与软件工程等专业。

八、结束语

本书由江西理工大学的周立功教授和王祖麟教授、成都信息工程学院杨明欣教授、广州致远电子有限公司的朱昱以及广州周立功单片机发展有限公司武汉分公司的周东进历时 3 年的构思与实践，联合创作而成，是"高等学校电类专业新概念教材·卓越工程师教育丛书"中的第一册。由周立功担任本书主编，负责本书全部内容的组织策划、构思设计、修改完善以及最终的审核定稿。王大星和张洁纯参与了本书的编写，周小明为本书的视频录制付出了辛勤的劳动。

面对传统的教学体制，教改之路依然困难重重。作者经过 6 年艰苦的实践和试点，在江西理工大学、成都信息工程学院、西安邮电学院、长沙理工大学、宁波大学、南华大学、东华理工大学、东北林业大学、广东工业大学和韶关学院的领导和教师们的大力支持下，终于迈出了关键性的一步，并且取得了明显的效果，在此向上述高校的领导及教师们一并表示感谢。

本书是作者从业 30 多年的工作总结，当然难免会有许多不足之处。读者若有意见和建议，欢迎给我写信（zlg3@zlgmcu.com），作者期盼着与你们进行交流。

周立功
2011 年 2 月 25 日

目 录

第1章 计算机基础知识 ·········· 1
1.1 计算机的发展与应用 ·········· 1
1.1.1 计算机的发展 ·········· 1
1.1.2 计算机的特点和应用 ·········· 3
1.2 数制与编码* ·········· 6
1.2.1 数 制 ·········· 6
1.2.2 数制之间的转换 ·········· 6
1.2.3 计算机的数据单位 ·········· 7
1.2.4 二进制的算术运算 ·········· 8
1.2.5 字符编码 ·········· 9
1.3 计算机系统 ·········· 10
1.3.1 计算机系统的组成 ·········· 10
1.3.2 计算机工作原理 ·········· 11
1.3.3 中央处理器 ·········· 12
1.3.4 存储器 ·········· 13
1.3.5 基本输入/输出设备 ·········· 13
1.3.6 总线、主板与接口 ·········· 14

第2章 计算机逻辑基础* ·········· 16
2.1 应知应会基本要求 ·········· 16
2.2 基本元器件 ·········· 17
2.2.1 电阻器 ·········· 17
2.2.2 电容器 ·········· 19
2.2.3 计算机电子电路仿真 ·········· 22
2.2.4 过渡过程仿真 ·········· 29
2.2.5 TinyAnalog 万能实验板 ·········· 31
2.2.6 RC 充放电实验 ·········· 33
2.2.7 电感器 ·········· 33
2.3 晶体二极管 ·········· 36
2.3.1 二极管的特性 ·········· 36
2.3.2 二极管伏安特性仿真 ·········· 37
2.3.3 特殊二极管 ·········· 39

目　录

- 2.3.4　二极管的重要参数 …………………………………………………………… 40
- 2.3.5　二极管特性实验 ……………………………………………………………… 40
- 2.4　晶体三极管 ………………………………………………………………………… 42
  - 2.4.1　三极管的特性 …………………………………………………………………… 42
  - 2.4.2　三极管伏安特性仿真 …………………………………………………………… 43
  - 2.4.3　三极管的重要参数 ……………………………………………………………… 45
  - 2.4.4　三极管的使用 …………………………………………………………………… 45
  - 2.4.5　三极管特性实验 ………………………………………………………………… 48
  - 2.4.6　简易时间继电器 ………………………………………………………………… 51
  - 2.4.7　继电器驱动实验 ………………………………………………………………… 52
- 2.5　直流稳压电源 ……………………………………………………………………… 53
  - 2.5.1　AC/DC 适配器 …………………………………………………………………… 54
  - 2.5.2　线性集成稳压器 ………………………………………………………………… 55
  - 2.5.3　低压差稳压器 …………………………………………………………………… 56
- 2.6　模拟信号和数字信号 ……………………………………………………………… 56
  - 2.6.1　模拟信号 ………………………………………………………………………… 56
  - 2.6.2　数字信号 ………………………………………………………………………… 57
  - 2.6.3　数字信号的电学描述 …………………………………………………………… 57
- 2.7　逻辑代数 …………………………………………………………………………… 58
  - 2.7.1　基本逻辑运算 …………………………………………………………………… 58
  - 2.7.2　常用逻辑运算 …………………………………………………………………… 59
  - 2.7.3　摩根定律 ………………………………………………………………………… 60
- 2.8　简单门电路 ………………………………………………………………………… 61
  - 2.8.1　用晶体管实现的门电路 ………………………………………………………… 61
  - 2.8.2　集成门电路 ……………………………………………………………………… 62
  - 2.8.3　门电路实验 ……………………………………………………………………… 64
  - 2.8.4　OC 门和三态门 ………………………………………………………………… 65
  - 2.8.5　计算机总线实验 ………………………………………………………………… 67
- 2.9　组合逻辑电路 ……………………………………………………………………… 68
  - 2.9.1　加法器及其制作 ………………………………………………………………… 68
  - 2.9.2　绘制 PCB 板 …………………………………………………………………… 72
  - 2.9.3　PCB 制作流程 ………………………………………………………………… 81
  - 2.9.4　地址译码器及其实验 …………………………………………………………… 85
- 2.10　触发器 ……………………………………………………………………………… 87
  - 2.10.1　基本 RS 触发器及其实验 ……………………………………………………… 88
  - 2.10.2　同步 RS 触发器 ………………………………………………………………… 90
  - 2.10.3　D 锁存器 ………………………………………………………………………… 91
  - 2.10.4　维持阻塞触发器及其制作 ……………………………………………………… 92
  - 2.10.5　累加器及其制作 ………………………………………………………………… 95

2.10.6　T触发器与计数器 99
　　2.10.7　8位地址输入与显示实验 102
2.11　时序逻辑电路 104
　　2.11.1　锁存器和寄存器及其实验 104
　　2.11.2　串入并出移位寄存器 108
　　2.11.3　8位数据输入与显示实验 110
2.12　存储器 114
　　2.12.1　只读存储器ROM 115
　　2.12.2　ROM128存储器实验 116
　　2.12.3　随机访问存储器 121
　　2.12.4　数据的存与取 121
　　2.12.5　数据输入与显示电路 123
　　2.12.6　数据与地址输入控制电路 123
　　2.12.7　地址输入电路 124
　　2.12.8　SRAM实验 125

第3章　单片计算机硬件结构 128

3.1　微处理器与个人电脑的诞生 128
　　3.1.1　微处理器的诞生与发展 128
　　3.1.2　个人电脑的诞生* 129
3.2　计算机工作原理 131
　　3.2.1　一个经典的故事 131
　　3.2.2　两个特点与一个要素 132
　　3.2.3　CPU的结构 132
　　3.2.4　CPU的指令系统 133
3.3　引脚功能与内部结构图 134
　　3.3.1　引脚功能 134
　　3.3.2　内部结构框图 136
3.4　结构与特点 138
　　3.4.1　控制器 138
　　3.4.2　运算器 139
　　3.4.3　时钟电路、机器周期与指令周期 140
　　3.4.4　复位电路 142
3.5　存储器组织 144
　　3.5.1　CODE 144
　　3.5.2　XDATA 145
　　3.5.3　PDATA 145
　　3.5.4　DATA 145
　　3.5.5　SFR 147

目 录

- 3.5.6 IDATA …… 147
- 3.5.7 BIT …… 148
- 3.6 基本 I/O 结构 …… 149
  - 3.6.1 基本输入电路 …… 149
  - 3.6.2 推挽电路 …… 149
  - 3.6.3 开漏电路 …… 150
  - 3.6.4 弱上拉和准双向电路 …… 152
- 3.7 80C31Small 的 I/O 结构 …… 153
  - 3.7.1 P0 口 …… 153
  - 3.7.2 P1 口 …… 154
  - 3.7.3 P2 口 …… 154
  - 3.7.4 P3 口 …… 154
- 3.8 并行扩展 …… 155
  - 3.8.1 并行总线 …… 155
  - 3.8.2 外部程序存储器扩展 …… 156
  - 3.8.3 外部数据存储器扩展 …… 157
  - 3.8.4 地址译码 …… 157
  - 3.8.5 并行扩展 I/O …… 158
- 3.9 编程运行实验 …… 159
  - 3.9.1 计算机微小系统 …… 159
  - 3.9.2 最简单的程序 …… 159
- 3.10 Altair-80C31Small 计算机 …… 160
  - 3.10.1 最小系统 …… 160
  - 3.10.2 地址输入电路 …… 163
  - 3.10.3 运行控制电路 …… 165
  - 3.10.4 数据输入电路 …… 165

第 4 章 汇编语言程序设计基础 …… 167

- 4.1 指令格式与寻址方式 …… 167
  - 4.1.1 指令格式 …… 167
  - 4.1.2 寻址方式 …… 169
- 4.2 数据传送指令 …… 171
  - 4.2.1 内部数据传送指令 …… 171
  - 4.2.2 外部数据传送指令 …… 174
  - 4.2.3 堆栈操作指令 …… 176
  - 4.2.4 数据交换指令 …… 177
- 4.3 算术运算指令 …… 178
  - 4.3.1 加法指令 …… 178
  - 4.3.2 减法指令 …… 180

4.3.3 乘除法指令 ………………………………………………………… 180
4.3.4 十进制调整指令 …………………………………………………… 181
4.4 逻辑运算指令 ……………………………………………………………… 181
4.4.1 双操作数逻辑运算指令 …………………………………………… 181
4.4.2 单操作数逻辑运算指令 …………………………………………… 183
4.5 控制转移指令 ……………………………………………………………… 183
4.5.1 条件转移指令 ……………………………………………………… 183
4.5.2 无条件转移指令 …………………………………………………… 188
4.5.3 调用和返回指令 …………………………………………………… 189
4.5.4 空操作指令 ………………………………………………………… 190
4.6 位操作指令 ………………………………………………………………… 191
4.6.1 位传送指令 ………………………………………………………… 191
4.6.2 位状态操作指令 …………………………………………………… 191
4.6.3 位逻辑运算指令 …………………………………………………… 192

第5章 经典范例程序设计 ……………………………………………………… 193

5.1 视觉实验：LED 流水灯 …………………………………………………… 193
5.1.1 单个灯闪烁 ………………………………………………………… 193
5.1.2 LED 流水灯 ………………………………………………………… 198
5.1.3 户外广告灯（查表法） ……………………………………………… 200
5.2 听觉实验：提示音与报警声 ……………………………………………… 202
5.2.1 蜂鸣器是如何发声的 ……………………………………………… 202
5.2.2 如何控制蜂鸣器随机发声 ………………………………………… 206
5.3 TKStudio IDE 与 SDCC 编译器 ………………………………………… 209
5.3.1 SDCC 简介 ………………………………………………………… 209
5.3.2 SDCC 的使用 ……………………………………………………… 210
5.3.3 创建工程 …………………………………………………………… 211
5.3.4 在线仿真与 ISP 下载电路 ………………………………………… 213
5.3.5 在线仿真 …………………………………………………………… 214
5.3.6 在线编程 …………………………………………………………… 217
5.4 数码管驱动与程序设计 …………………………………………………… 221
5.4.1 LED 数码管 ………………………………………………………… 221
5.4.2 数码管驱动电路 …………………………………………………… 223
5.4.3 段码表的生成 ……………………………………………………… 224
5.4.4 数码管的动态扫描显示 …………………………………………… 226
5.4.5 数字符号与数值的关系 …………………………………………… 227
5.5 加法运算 …………………………………………………………………… 228
5.5.1 简单的加法运算 …………………………………………………… 228
5.5.2 数字显示程序 ……………………………………………………… 229

目 录

    5.5.3　显示加法运算过程 ………………………………………………………… 232
  5.6　键盘管理与程序设计 ………………………………………………………………… 235
    5.6.1　独立按键与消抖 …………………………………………………………… 235
    5.6.2　矩阵键盘与扫描方法 ……………………………………………………… 237
    5.6.3　逐行逐列扫描法 …………………………………………………………… 237
  5.7　综合实验——计时码表的设计 …………………………………………………… 241

第 6 章　实践与制作——从构思到实现 ……………………………………………… 246
  6.1　单片机的串行扩展技术 …………………………………………………………… 246
    6.1.1　接口电路设计与测试 ……………………………………………………… 246
    6.1.2　TinyHMI 人机界面 ………………………………………………………… 250
    6.1.3　改进的可能性 ……………………………………………………………… 255
  6.2　LED 点阵显示屏 …………………………………………………………………… 260
    6.2.1　LED 点阵显示器原理与应用 ……………………………………………… 260
    6.2.2　标准化接口 ………………………………………………………………… 264
    6.2.3　16×16 LED 点阵显示屏 …………………………………………………… 266
    6.2.4　汉字点阵字模的提取 ……………………………………………………… 269
    6.2.5　大型 LED 点阵显示屏 ……………………………………………………… 270

附录 A　2010 年嵌入式开发工程师招聘考题（电类专业） ……………………………… 271
附录 B　步步高：项目驱动——在做中学 ………………………………………………… 275
警告与自我管理 ……………………………………………………………………………… 278
参考文献 ……………………………………………………………………………………… 279

第 1 章

计算机基础知识

> **本章导读**
>
> 有些知识点仅需了解即可,有些知识点是作为资料备查的,有些知识点(如标题右上角带有符号"※"的内容)则是必须熟练掌握的,所以在学习的过程中一定要抓住重点,千万不要机械地记忆"第四代计算机的特点"之类随时可查阅的命题。
>
> 计算机新技术、计算机数制与编码以及计算机系统等内容是本章的学习重点。

1.1 计算机的发展与应用

1.1.1 计算机的发展

早在公元前 5 世纪中国人就发明了算盘,并广泛应用于商业贸易中,因此算盘被认为是最早的计算机,并一直使用至今。算盘在某些方面的运算能力要超过目前的计算机,算盘体现了中国人民的智慧。

直到 17 世纪,计算设备才有了第二次重要的进步。1642 年法国人帕斯卡发明了自动进位加法器;1694 年德国数学家戈特弗里德改进了帕斯卡的加法器,使之可以计算乘法;后来法国人哥伦比亚发明了可以进行四则运算的计算器。

现代计算机的真正起源来自英国数学教授查尔斯·巴贝奇。查尔斯·巴贝奇发现通常的计算设备中有许多错误,在剑桥学习时,他认为可以利用蒸汽机进行运算。起先他设计差分机用于计算导航表,后来他发现差分机只是专门用途的机器,于是放弃了原来的研究,开始设计包含现代计算机基本组成部分的分析机。巴贝奇的蒸汽动力计算机虽然最终没有完成,以今天的标准看也是非常原始的,然而它勾画出了现代通用计算机的基本功能部分,在概念上是一个突破。

在接下来的若干年中,许多工程师在另一些方面取得了重要的进步。美国人赫尔曼·霍雷斯,根据提花织布机的原理发明了穿孔片计算机,并带入了商业领域。

1. 第一代电子管计算机(1946—1957)

基础理论的研究与先进思想的出现推动了计算机事业的发展。19 世纪中叶英国数学家布尔成功地将形式逻辑归结为一种代数运算,即布尔代数,从此数学开始进入思维领域。1937 年英国数学家图灵提出了著名的"图灵机"模型,提出了计算机的基本概念,证明了通用数字计算机是可以制造出来的。为了纪念图灵对计算机科学的重大贡献,美国计算机协会(ACM)设立图灵奖,每年授予在计算机科学领域做出特殊贡献的人。

1946年2月15日,世界上第一台数字电子计算机ENIAC(Electronic Numerical Integrator And Calculator)在美国的宾夕法尼亚大学诞生。ENIAC代表了计算机发展史上的里程碑,它通过不同部分之间的重新接线编程,还拥有并行计算能力。ENIAC共使用了18 000个电子管,占地170 m²,功率为150 kW,重达30吨,每秒可进行5 000次加法运算。它只能存储20个字长为10位的十进制数,而且是用线路连接的方法来编制程序的,因此每次解题都要靠人工来改接连线,准备时间大大超过其实际计算时间。第一代计算机的特点是,操作指令是为特定任务而编制的,每种机器都有各自不同的机器语言,功能受到限制,速度也慢。另一个明显的特征是使用真空电子管和磁鼓存储数据。虽然它的功能只相当于现在的普通计算器,但它的问世标志着计算机时代的到来。

在ENIAC的开发过程中,美籍科学家冯·诺依曼针对它存在的问题,提出了一个全新的通用计算机方案。冯·诺依曼理论的要点是:

➢ 计算机由运算器、控制器、存储器、输入设备和输出设备5个基本部件组成;
➢ 采用二进制表示计算机的指令和数据;
➢ 将程序和数据存放在存储器中,并让计算机自动地执行程序。

人们将冯·诺依曼的理论称为冯·诺依曼体系结构,从ENIAC到当前最先进的计算机采用的都是冯·诺依曼体系结构,所以冯·诺依曼是当之无愧的数字计算机之父。

2. 第二代晶体管计算机(1957—1964)

晶体管和磁芯存储器的发明导致了第二代计算机的产生,其主要特点是体积小,速度快,功耗低,性能更稳定。1955年贝尔实验室研制出世界上第一台全晶体管计算机TRADIC,装有800只晶体管,功率仅100 W,占地也只有3 ft³(0.084 9 m³)。1960年出现了一些成功地用于商业领域、大学和政府部门的第二代计算机。第二代计算机用晶体管代替电子管,还有现代计算机的一些部件,如打印机、磁带、磁盘、内存和操作系统等。计算机中存储的程序使得计算机有了很好的适应性,可以更有效地用于商业用途。在这一时期出现了更高级的COBOL和FORTRAN等语言,使计算机编程更容易,新的职业(程序员、分析员和计算机系统专家)和整个软件产业由此而诞生。

3. 第三代集成电路计算机(1964—1972)

1959年基尔比与诺伊斯同时发明了集成电路(IC),将3种电子元件结合到一个小小的硅片上。1961年德州仪器公司仅用不到9个月的时间,便研制出第一台用集成电路组装的计算机,标志着计算机从此进入它的第三代历史。该机共有587块集成电路,重不过300 g,体积不到100 cm³,功率只有16 W。

更多的元件集成到单一的半导体芯片上,计算机变得更小,功耗更低,速度更快。这一时期的发展还包括使用了操作系统,使得计算机在中心程序的控制协调下可以同时运行许多不同的程序。

4. 第四代大规模集成电路计算机(1972—现在)

大规模集成电路(LSI)可以在一个芯片上容纳几百个元件。到了20世纪80年代,超大规模集成电路(VLSI)在芯片上容纳了几十万个元件,后来的特大规模集成电路(ULSI)将数字扩充到百万级。可以在硬币大小的芯片上容纳如此数量的元件，使得计算机的体积不断缩小，价格不断降低，而功能和可靠性不断增强。20 世纪 70 年代中期，计算机制造商开始将计算机带给普通消费者，这时的小型机带有友好界面的软件包、供非专业人员使用的程序及最受欢迎的字处理和电子表格程序。

1981 年 IBM 公司推出个人计算机（PC），用于家庭、办公室和学校。20 世纪 80 年代个人计算机的竞争使得价格不断下跌，微机的拥有量不断增加，计算机体积继续缩小。与 IBM PC 竞争的 Apple Mac 系列于 1984 年推出，Mac 系列提供了友好的图形界面，用户可以用鼠标方便地操作。

1.1.2　计算机的特点和应用

计算机的种类很多，因此分类的方法也很多。根据计算机分类的演变过程和近期可能的发展趋势，通常将计算机分为巨型机、小巨型机、大型主机、小型机、工作站、个人计算机和特种计算机共 7 大类。人们常见的计算机主要有通用计算机和特种计算机 2 大类，特种计算机又称为工业控制计算机，简称工控机。

1. 特种计算机

(1) 分　类

特种计算机是一种加固的增强型计算机，可以作为工业控制器在工业环境中可靠地运行。由于特种计算机的性能可靠，软件丰富，价格低廉，因此特种计算机在嵌入式工业自动化控制中异军突起，应用日趋广泛。而根据所使用的微处理器芯片的不同，目前主流的特种计算机主要有 2 种类型：

➢ 使用 Intel X86 架构的特种计算机；
➢ 使用 ARM 架构的特种计算机。

(2) 技术特点

特种计算机是专门为工业无人值守现场控制而设计的计算机，而工业现场一般具有强烈的震动、灰尘特别多、有很强的电磁场干扰等特点，且一般工厂均连续作业。特种计算机与个人计算机相比必须具有以下特点：

➢ 采用全钢标准化结构的机箱，抗电磁干扰、抗振动、抗冲击、防尘；
➢ 采用总线结构、模块化和一体化设计技术；
➢ 机箱内装有双风扇和无风扇 2 种散热方式；
➢ 配置高度可靠的工业电源，具有较强的抗干扰能力和过压、过流保护保护电路，平均无故障运行时间达到 250 000 小时；
➢ 具有长时间连续工作能力；
➢ 具有自诊断功能；
➢ 可视需要选配具有各种控制功能的模块；
➢ 设有"看门狗"定时器，在系统出现死机时，无须人工干预而自动复位；
➢ 可配置多种实时操作系统，便于多任务的调度和运行。

(3) 应用领域

目前，特种计算机已被广泛应用于工业自动化及人们生活的方方面面，例如控制现场、路桥收费、医疗、环保、通信、智能交通、监控、语音、排队机、POS、数控机床、加油机、金融、石化、物探、野外便携、环保、军工、电力、铁路、高速公路、航天和地铁等。

2. 个人计算机

(1) 分 类

根据所使用的微处理器芯片的不同,个人计算机主要分为3种类型:
- 使用Intel X86架构的PC机;
- 使用PowerPC架构的Macintosh苹果机;
- DEC公司推出使用其自己Alpha芯片的计算机。

(2) 特 点

个人计算机主要作为一种通用的信息处理工具,具有如下几个特点:
- 功能多,配置全,适应面广,通用性强,使用方便;
- 设计先进(总是率先采用高性能微处理器);
- 具有较高的运算速度和较大的存储容量;
- 带有通用的外部设备,配备各种系统软件和应用软件。

(3) 应 用

个人计算机是目前使用最多的一种计算机,广泛应用于一般科学运算、学术研究、工程设计、数据处理及学习娱乐等,遍及办公自动化、数据库管理、图像识别、语音识别、专家系统、多媒体技术等各个领域,并且开始成为家庭的一种常规电器。

3. 嵌入式系统应用技术[※]

嵌入式计算机系统的出现,是现代计算机发展史上的里程碑事件。嵌入式系统诞生于微型计算机时代,与通用计算机的发展道路完全不同,形成了独立的单芯片的技术发展道路。由于嵌入式系统的诞生,现代计算机领域中出现了通用计算机与嵌入式计算机的两大分支。不可兼顾的技术发展道路,形成了两大分支的独立发展道路:通用计算机按照高速、海量的技术发展;嵌入式计算机系统则为满足对象系统嵌入式智能化控制要求发展。由于分工的独立,20世纪末,现代计算机的两大分支都得到了迅猛的发展。

经过几十年的发展,嵌入式系统已经在很大程度改变了人们的生活、工作和娱乐方式,而且这些改变还在加速。嵌入式系统具有很多种类,每类都具有自己独特的个性。例如,MP3、数码相机与打印机就有很大的不同。汽车中更是具有多个嵌入式系统,使汽车更轻快、更干净、更容易驾驶。

即使不可见,嵌入式系统也无处不在。嵌入式系统在很多产业中得到了广泛的应用并逐步改变着这些产业,包括工业自动化、国防、运输和航天领域。例如,神舟飞船和长征火箭中有很多嵌入式系统,导弹的制导系统也是嵌入式系统,高档汽车中也有多达几十个嵌入式系统。

在日常生活中,人们使用各种嵌入式系统,但未必知道它们。事实上,几乎所有带有一点"智能"的家电(全自动洗衣机、电脑电饭煲…)都是由嵌入式系统控制的。嵌入式系统广泛的适应能力和多样性,使得视听、工作场所甚至健身设备中到处都有嵌入式系统。

(1) 嵌入式系统的定义

嵌入式系统诞生于微型计算机,是嵌入到对象体系中,实现嵌入对象智能化的计算机。但是,微型计算机无法满足绝大多数对象体系嵌入式要求的体积、价位与可靠性,因此,嵌入式系统迅速走上了独立发展的单片机道路。首先是将计算机芯片化集成为单片微型计算机(SC-

MP),其后为满足对象体系的控制要求,单片机不断从单片微型计算机向微控制器(MCU)与片上系统(SoC)发展。但无论怎样发展变化,都改变不了"内含计算机"、"嵌入到对象体系中"、"满足对象智能化控制要求"的技术本质。

因此,我们可以将嵌入式系统定义成:嵌入到对象体系中的专用计算机应用系统。

随着网络、通信时代的到来,不少嵌入式系统形成了一些独立的应用产品,如手机、PDA、MP3、数码伴侣等,这些产品没有像电视机、电冰箱、空调、洗衣机、汽车等那样明显的嵌入对象,这时嵌入式系统定义中的"嵌入到对象体系中"含义,可以广义地理解成"内嵌有计算机"的含义。

(2) 嵌入式系统的特点

按照嵌入式系统的定义,嵌入式系统有 3 个基本特点,即嵌入性、专用性与计算机。

"嵌入性"由早期微型机时代的嵌入式计算机应用而来,专指计算机嵌入到对象体系中,实现对象体系的智能控制。当嵌入式系统变成一个独立应用产品时,可将嵌入性理解为内部嵌有微处理器或计算机。

"计算机"是对象系统智能化控制的根本保证。随着单片机向 MCU、SoC 发展,片内计算机外围电路、接口电路、控制单元日益增多,"专用计算机系统"演变成为"内含微处理器"的现代电子系统。与传统的电子系统相比较,现代电子系统由于内含微处理器,能实现对象系统的计算机智能化控制能力。

"专用性"是指在满足对象控制要求及环境要求下的软硬件裁剪性。嵌入式系统的软硬件配置必须依据嵌入对象的要求,设计成专用的嵌入式应用系统。

(3) 嵌入式系统的相关技术

嵌入式系统应是计算机的一个重要分支。但是作为一个重要的计算机工具,有不断完善的基础技术与在各个领域中的应用技术,并且依靠计算机学科、电子技术学科、微电子学科、集成电路设计等多学科的交叉与综合。

(4) 嵌入式系统的技术前沿

目前,无论是嵌入式系统基础器件、开发手段,还是应用对象,都有了很大变化。无论是未来从事 8 位、16 位,还是 32 位的嵌入式系统应用,都应该了解嵌入式系统的技术前沿。这些技术前沿体现了嵌入式系统应用的一些基本观念,它们是基于集成开发环境的应用开发、应用系统的用户 SoC 设计、操作系统的普遍应用、普遍的网络接入、先进的电源技术以及多处理器 SoC 技术。

☞ **关键知识点**

嵌入式系统应用技术的核心课程主要有"C 程序设计"、"单片机应用设计基础"、"电路分析基础"、"电子技术基础(模拟部分)"、"电子技术基础(数字部分)"、"嵌入式系统接口技术"、"嵌入式系统应用"、"可编程逻辑器件"、"操作系统原理与应用"、"嵌入式 Linux 应用程序设计"与"嵌入式 Windows 应用程序设计"相应的专业课,而"新编计算机基础教程"则是这些内容的基础。

第1章 计算机基础知识

1.2 数制与编码※

我们一方面赞叹计算机的运算能力是多么强大,能处理非常复杂的数学计算;另一方面又说计算机的智商是多么低下,因为它只认识2个数——0和1。这样初学者往往会产生疑惑:用0和1如何表示复杂的数字及如何进行运算呢?

1.2.1 数制

十进制是我们在各种数学计算中所用的传统的数制,它用十个阿拉伯符号"0"~"9"来表示数字"零"~"九",大于"九"的数就不能用一位来表示了,必须进位,如它用"10"来表示"十",用"100"表示"一百",因此它的进位特点是:逢十进一。

二进制是计算机中所用的数制,它用两个阿拉伯符号"0"和"1"来表示数字"零"和"一",大于"一"的数就不能用一位来表示了,必须进位,则它用"10"来表示"二",用"100"表示"四",因此它的进位特点是:逢二进一。

十六进制用十个阿拉伯符号和六个英文字母"0"~"9"、"A"~"F"来表示数字"零"~"十五",大于"十五"的数据必须进位,则用"10"表示"十六",用"100"表示"二百五十六",因此它的进位特点是:逢十六进一。

任意一个数都可以用以上三种数制中的任一种来表示,表1.1为用三种数制来表示"零"~"十五"的对照表。

一般来说,无论采用何种数制,任何一个数 N 都可表示为:

$$N = \sum_{i=-\infty}^{} K_i \times 10^i \tag{1.1}$$

式中, K_i 为基数10的第 i 次幂的系数;在二进制中可以是0或1;在十进制中可以是0~9;在十六进制中可以是0~9、A~F。

在不同的数制中,式中基数10所表示的数值是不同的:在二进制中表示"二";在十进制中表示"十";在十六进制中表示"十六"。

表1.1 不同数制转换对照表

实际点数	十进制	二进制	十六进制	实际点数	十进制	二进制	十六进制
	0	0	0	········	8	1000	8
·	1	1	1	·········	9	1001	9
··	2	10	2	··········	10	1010	A
···	3	11	3	···········	11	1011	B
····	4	100	4	············	12	1100	C
·····	5	101	5	·············	13	1101	D
······	6	110	6	··············	14	1110	E
·······	7	111	7	···············	15	1111	F

1.2.2 数制之间的转换

下面规定一下以后的论述中数制的表示方法,用后缀D、B和H分别表示十、二和十六进制数。例如：268D 表示十进制数；1011001B 表示二进制数；A8C7H 表示十六进制数。

1. 二进制转换为十进制

可以先将二进制数按式(1.1)展开，然后将基数 10 换成十进制数 2，再按十进制计算得到十进制数。例如：

$$101101B = 1\times 2^5 + 0\times 2^4 + 1\times 2^3 + 1\times 2^2 + 0\times 2^1 + 1\times 2^0 = 45D$$

2. 十进制转换为二进制

可以将十进制数分为整数和小数两部分。将整数部分不断地除以 2，把所得余数（只有 0 和 1）按顺序从低（位 0 开始）到高位进行排列，直至商为 0，所排列的余数即为所求二进制整数。

例如，将 39D 转换为二进制数的方法如右边算式所示，则 39D = 100111B。

```
2 | 39
2 | 19  ……… 余1
2 | 9   ……… 余1
2 | 4   ……… 余1
2 | 2   ……… 余0
2 | 1   ……… 余0
    0   ……… 余1
```

将十进制数的小数部分不断地乘以 2，把所得乘积的整数部分（只有 0 和 1）取出按顺序从高（位 −1 开始）到低位进行排列，直至误差满足要求。

3. 二进制和十六进制之间的转换

由于 16 是 2 的 4 次幂，每 4 位二进制数对应 1 位十六进制数，因此它们之间的转换十分简单。将二进制整数部分从最低位开始每 4 位一组，不足 4 位的高位补 0，然后将每组直接转换为十六进制即可，也可通过查表 1.1 得到。例如：

$$11\,0110\,1101\,1010B = 0011\,0110\,1101\,1010B = 36DAH$$

十六进制数向二进制数的转换也十分简单，只要将十六进制数的每一位根据表 1.1 直接转换为二进制数即可。例如：

$$A6F3H = 1010\,0110\,1111\,0011B$$

因此可以说，十六进制是二进制的缩写形式。

十六进制与十进制之间的转换可以参考二进制与十进制的转换来进行。如十六进制转换为十进制，只要将 2 换成 16，且将系数转换为十进制（根据表 1.1），再按十进制计算即可。例如：

$$A6F3H = 10\times 16^3 + 6\times 16^2 + 15\times 16^1 + 3\times 16^0 = 42\,739D$$

1.2.3 计算机的数据单位

在计算机中，常用的数据单位有位、字节、半字和字，微处理器根据位数的不同支持 8 位字节、16 位半字或 32 位字的数据类型。

位(bit)：它是一个二进制数的位。位是计算机数据的最小单位，一个位只有 0 和 1 两种状态(2^1)。为了表示更多的信息，就必须将更多位组合起来使用，比如两位就有 00、01、10、11 四种状态(2^2)，以此类推。

字节(Byte)：通常将 8 位二进制作为一个字节，即 1 Byte = 8 bit，那么一个字节就可以表示 0～255 种状态或十六进制 0～FF 之间的数。8 位微处理器的数据是以字节方式存储的。

第1章 计算机基础知识

半字(Half Word)：从偶数地址开始连续的2个字节构成1个半字。半字的数据类型为2个连续的字节，有些32位微处理器的数据是以半字方式存储的，比如32位ARM微处理器支持的Thumb指令的长度就刚好是一个半字。

字(Word)：以能被4整除的地址开始的连续的4个字节构成1个字。字的数据类型为4个连续的字节，32位微处理器的数据全部支持以字方式存储的格式。

1.2.4 二进制的算术运算

1. 加法运算

计算机中有加法器，两个二进制数可以直接相加，加法规则为：

$$0+0=0, 0+1=1, 1+1=10$$

例如，2个8位二进制数相加，如右边所示，方括号中的1为向高位的进位。

```
  10010011
+ 10101001
[1]00111100
```

2. 减法运算

由于计算机中无减法器，那么最好的方法就是将减法也通过加法器来完成。为了解决负数在计算机中的存储问题，这里有必要引入补码的概念。可以举个指针式钟表的例子说明一下：假如要将时针从5点拨到2点，有2种拨法，一种是逆时针拨3个时格，相当于5减3等于2，另一种是顺时针拨9个时格，相当于5加9也等于2，这样一来对时钟这种模为12计数制来说，9和3互补，9是3的补码，反之亦然。对于刚才时钟拨法可以写出如下算式：

$$5-3=5-(12-9)=5+9-12=2$$

由此可见，既然补码的概念是为了方便减法运算而引入的，那么，我们不妨约定：其最高位为符号位。也就是说，其最高有效位的数字具有不同的"权值"，当最高有效位为0时，其权值为2^{n-1}，否则其权值为-2^{n-1}。比如，当一个8位二进制数10110111B被解释为无符号数时，其十进制数的多项式求值结果为：

$$1011\,0111B = 1×2^7+1×2^5+1×2^4+1×2^2+1×2^1+1×2^0 = 183D$$

如果解释为一个带符号数，则十进制数的多项式求值结果为：

$$1011\,0111B = 1×(-2^7)+1×2^5+1×2^4+1×2^2+1×2^1+1×2^0 = -73D$$

当约定用最高有效位作为符号位来确定有符号数之后，就可以使用"补码"将符号位与其他位统一处理了，那么减法运算也就可以作为加法来处理了。其规则如下：

一个n位二进制数原码N，它的补码可定义为$(N)_{补}=2^n-N$。

当两个用补码表示的数相加时，如果最高位（符号位）有进位，则该进位位被舍弃。正数的补码与其原码一样，而负数的补码，其符号位为1。最简单的算法就是取反该数绝对值原码的所有位，然后将结果加1。由此可见，在计算机中数值一律用补码来表示（存储）。

例如，8位二进制数$(-1)_{补}=1111\,1110B+1B=1111\,1111B$。

数A减去数B，即为数A加上数B的补码，且要舍去进位。

例如，计算8位二进制数减法，如右边算式所示。

$58D-39D = 0011\,1010B - 0010\,0111B = 0011\,1010 + 1101\,1001B = 0001\,0011B = 19D$。

```
  00111010
+ 11011001
[1]00010011
```
自动舍去

1.2.5 字符编码

计算机中的信息包括数据信息和控制信息,数据信息又可分为数值和非数值信息。非数值信息和控制信息包括字母、各种控制符号和图形符号等,它们都是以二进制编码方式存入计算机并得以处理的。这种对字母和符号进行编码的二进制代码称为字符代码。

1. BCD 码

用 4 位二进制数来表示 1 位十进制数 0~9 的编码称为 BCD 码(Binary Coded Decimal)。它有多种编码规则,其中 8421 BCD 码的编码规则详见表 1.2。

表 1.2 BCD 码编码规则表

十进制数	BCD 码	十进制数	BCD 码
0	0000	5	0101
1	0001	6	0110
2	0010	7	0111
3	0011	8	1000
4	0100	9	1001

2. ASCII 编码

目前使用最广泛的西文字符集及编码是 ASCII 字符集和 ASCII 码(American Standard Code for Information Interchange),它同时也被 ISO 国际标准化组织批准为国际标准。ASCII 码是由 7 位二进制数组成的,基本的 ASCII 字符集共有 128 个字符,其中有 96 个可打印字符,包括常用的字母、数字和标点符号等,另外还有 32 个控制字符。基本 ASCII 字符集及其编码详见表 1.3。

表 1.3 基本 ASCII 字符表

$b_3b_2b_1b_0$		b6b5b4						
	0	1	2	3	4	5	6	7
	000	001	010	011	100	101	110	111
0 0000	NUL	DLE	SP	0	@	P	`	p
1 0001	SOH	DC1	!	1	A	Q	a	q
2 0010	STX	DC2	"	2	B	R	b	r
3 0011	ETX	DC3	#	3	C	S	c	s
4 0100	EOT	DC4	$	4	D	T	d	t
5 0101	ENQ	NAK	%	5	E	U	e	u
6 0110	ACK	SYN	&	6	F	V	f	v
7 0111	BEL	ETB	'	7	G	W	g	w
8 1000	BS	CAN	(	8	H	X	h	x
9 1001	HT	EM	)	9	I	Y	i	y
A 1010	LF	SUB	*	:	J	Z	j	z
B 1011	VT	ESC	+	;	K	[	k	{
C 1100	FF	FS	,	<	L	\	l	|
D 1101	CR	GS	-	=	M	]	m	}
E 1110	SO	RS	.	>	N	↑	n	~
F 1111	SI	US	/	?	O	↓	o	DEL

虽然标准 ASCII 码是 7 位编码,但由于计算机基本处理单位为字节,所以一般仍用一个

字节来存放一个 ASCII 字符。每一字节中多出来的一位(最高位)在计算机内部通常保持为 0(在数据传输时可作为奇偶校验位)。

3. 汉字信息编码

我国于 1981 年颁布了国家标准——《信息交换用汉字编码字符集——基本集》,代号为 GB2312—80,即国标码。它使用两个字节来表示一个图形、符号或汉字,每个字节均采用 7 位编码来表示,最高位补 0。

国标码中收录了一般符号、序号、数字、拉丁字母、日文假名、希腊字母、俄文字母、汉语拼音符号、汉语注音字母和汉字等,共 7 445 个图形字符。其中包括 682 个非汉字图形字符和 6 763 个汉字。汉字又分为两级:第一级汉字 3 755 个,按汉语拼音字母顺序排列;第二级汉字 3 008 个,按偏旁部首排列。

例如:"啊"字,国标码为 3021H;"京"字,国标码为 3E29H。

1.3 计算机系统

1.3.1 计算机系统的组成

计算机系统是由许多相互联系的部件组合而成的一个有机整体。一般来说,计算机系统可划分成硬件和软件两部分。硬件是组成计算机系统的各种物理设备的总称,看得见,摸得着,是一些实实在在的有形实体,类似于人类只有血肉而无思维的大脑;软件是为运行、管理和维护计算机而编制的程序、数据和文档的总称,相当于人类大脑的思维。

硬件是软件发挥作用的物质基础,没有硬件就不称其为计算机;软件是计算机系统发挥强大功能的灵魂,没有软件的支持,计算机就无法使用。两者相辅相成,紧密结合而构成一个整体。计算机系统的基本组成结构详见图 1.1。

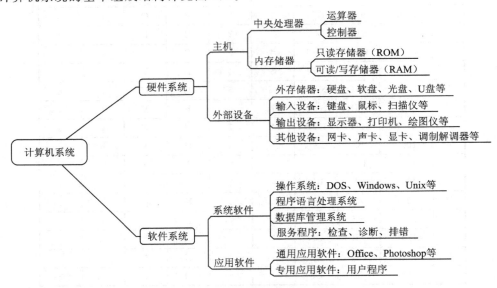

图 1.1 计算机系统的基本组成结构

在实际应用中,一台基本的电子计算机(俗称电脑)由主机箱、电源、主板、显卡、中央处理器、硬盘、内存、显示器、键盘和鼠标等组成。以上列出的各部件中,除显示器、键盘、鼠标外,其余部件都安装在主机箱内,详见图1.2。

图 1.2 计算机的基本组成

1.3.2 计算机工作原理

计算机之所以能在没有人直接干预的情况下,自动地完成各种信息处理任务,是因为人们事先为它编制了各种工作程序;计算机的工作过程,就是执行程序的过程。由此可见,计算机的工作原理就是程序存储与程序控制。这一原理最初是由美籍匈牙利数学家冯·诺依曼于1945年提出来的,故称为冯·诺依曼原理。

存储程序是指人们必须事先将计算机的执行步骤序列(即程序)及运行中所需的数据,通过一定方式输入并存储在计算机的存储器中。程序控制是指计算机运行时能自动地逐一取出程序中一条条指令,加以分析并执行规定的操作。

1. 计算机系统的基本结构※

冯·诺依曼对计算机硬件结构的基本思想一直沿用至今,即计算机由存储器、运算器、控制器、输入设备和输出设备5大部分组成,详见图1.3。

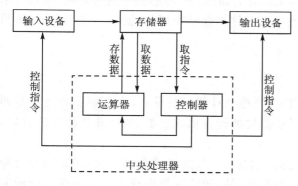

图 1.3 计算机系统的基本结构

运算器主要用于进行算术运算和逻辑运算,是由算术逻辑单元(ALU)、累加器、状态寄存器和通用寄存器等组成的。计算机在运行时,运算器接受控制器的命令而进行动作。运算器中的数据来自存储器,运算处理后的数据结果又送回存储器,或暂时寄存在运算器中。

控制器是计算机的指挥中心,协调和指挥整个计算机系统有条不紊地工作,自动执行程序。它首先从内存中读取指令并进行分析,然后根据指令的要求向相应部件发出控制命令,控制它们执行指令所规定的功能,同时也接受各部件执行完命令后的反馈信号。这样逐一执行一系列指令,就能使计算机按照事先给定的由一系列指令组成的程序要求自动完成各项任务。运算器与控制器合称为CPU,即中央处理器,而中央处理器和内存储器组成计算机的主机。

2. 微型计算机的总线结构※

在微型计算机系统中,CPU、存储器、输入/输出设备等各部件通过总线相互连接,由CPU控制各部件对总线的使用权,具体结构示意图详见图1.4。

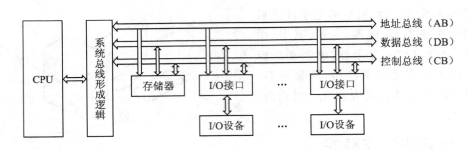

图 1.4 计算机的总线结构示意图

通常按总线传送信息的类别不同,将总线分为地址总线、数据总线和控制总线 3 大类。

数据总线(Data Bus,DB)用来在 CPU、存储器、I/O 接口之间传送指令或数据。它是双向三态总线,数据既可从 CPU 传送到存储器或 I/O 接口,也可从其他部件送回 CPU。

地址总线(Address Bus,AB)专门用于传送地址。CPU 对各功能部件的访问是按地址进行的,通过地址总线传送 CPU 发出的地址信息,以访问被选择的存储器单元或 I/O 接口电路。地址只能从 CPU 向外传送,故地址总线是单向三态的,地址总线的位数决定了 CPU 可直接寻址的空间大小。

控制总线(Control Bus,CB)用来传送各种控制信号,控制信号的传送方向由具体控制信号而定,一般是双向的。控制总线的位数根据系统的实际需要决定,一般受 CPU 的控制功能和引脚数目的限制。

计算机采用总线结构,不仅使系统中传送的信息有条理、有层次,便于进行检测,而且其结构简单、规则、紧凑,易于系统扩展。只要其他功能部件符合总线规范,就可以接入系统,从而扩展系统功能。

1.3.3 中央处理器

中央处理器(Central Processing Unit,CPU)是整个计算机的核心,由控制器和运算器两部分构成。CPU 的性能在很大程度上决定了所配置的计算机的性能,如计算机品质的好坏、运算速度等。

经常会有人提到:"这个 CPU 的频率是 xx GHz……",这里的频率是指 CPU 的时钟频率,即主频,用来表示 CPU 的运算、处理数据的速度,是 CPU 性能表现的一个方面。一般来说,主频越高,单位时间里面完成的指令数也越多,当然 CPU 的速度也就越快。但由于各种各样 CPU 的内部结构不尽相同,所以并非所有时钟频率相同的 CPU 的性能都一样。

8080/8085 为 8 位 CPU,8086/8088 为 16 位 CPU,80386 为 32 位 CPU……这里提到的 CPU 是多少位,是指其核心电路数据总线的宽度。例如,同是 64 位的 CPU,主频有 1.6 GHz、1.8 GHz、2.0 GHz 等之分。一般而言,位数越多,主频越高,信息流动就越快,处理问题的能力就越强,CPU 的性能也就越好。这就好比,公路越宽,车速越快,在单位时间内通过的车辆就越多,且不容易堵车。CPU 实体详见图 1.5(a)。

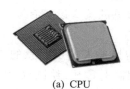 

(a) CPU　　　　　　　　　　　(b) 内存条

图 1.5　CPU 与内存条

1.3.4　存储器

存储器是计算机的记忆体,用来存放数据和程序,是组成计算机必不可少的设备之一。按照功能的不同,可分为内存储器(简称内存)和外存储器(简称外存)两类。内存用来存放当前正在运行或待处理的程序和数据等,外存则用来存放计算机中暂时不用或需要长期保存的程序和数据等。

内存直接与 CPU 相连。当计算机需要处理信息时,先将硬盘或光盘中的数据存放到内存,CPU 再从内存中取数据进行处理,因此内存的容量和速度也是影响计算机速度的因素之一。

按读/写方式的不同,内存又分为只读存储器(ROM)和随机存储器(RAM)。ROM 中存放的是每台计算机都需要使用、必不可少、保证系统正常运行的程序。其特点是只能读不能写;断电后信息也不会丢失。RAM 用来保存用户输入的程序、数据,以及运算的中间结果和最终结果。用户可以随时读/写;断电后,信息会全部丢失,故在关闭计算机前必须将内容保存到外存中。RAM 的物理实体就是内存条,详见图 1.5(b)。

CPU 不能像访问内存那样直接访问外存,外存必须通过内存才能与 CPU 或 I/O 设备进行数据传输。目前常用的外存有 U 盘(见图 1.6)、光盘与硬盘(见图 1.7)等。

图 1.6　U 盘　　　　　　(a) 光　盘　　　　　　(b) 硬　盘

图 1.7　光盘与硬盘

1.3.5　基本输入/输出设备

计算机的基本输入/输出设备,通称为 I/O 设备,是计算机与外界进行沟通的信息枢纽。

任何由计算机处理的原始数据、现场采集的信息以及程序本身都必须经输入设备才能送至计算机;计算机处理信息的结果必须经输出设备转换成人们能识别的信息,才能为人们所利用。

输入设备是将外部各种数据、图像、声音、程序等信息由人们熟悉的形式转换成计算机可以接受的二进制代码,并传送到计算机内部的设备。常见的输入设备有键盘、鼠标、扫描仪、手写设备和语音输入设备等,详见图 1.8(a)与图 1.8(b)。

输出设备是把计算机处理各种问题获得的结果,转换成人们所熟悉的或其他设备所能接受和识别的信息形式的设备。常见的输出设备有显示器、打印机、绘图仪、语音输出装置等,详见图 1.8(c)与图 1.8(d)。

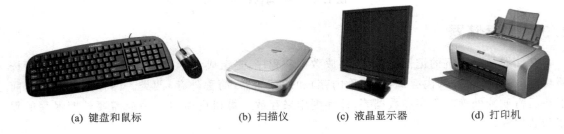

(a) 键盘和鼠标　　　　　(b) 扫描仪　　　　　(c) 液晶显示器　　　　　(d) 打印机

图 1.8　基本输入/输出设备

1.3.6　总线、主板与接口

主板又称为系统板、主机板,安装在机箱内,是计算机最基本、最重要的部件之一,是计算机中各设备相互连接的桥梁。

如图 1.9 所示,打开机箱就能够看到的最大的一块电路板就是主板,板上布满了各种电子元器件、插槽、接口等。它为 CPU、内存、各种功能卡(如声卡、显卡)提供安装插槽;为各种磁、光存储设备,打印、扫描等基本 I/O 设备,以及数码相机、摄像头、Modem 等多媒体和通信设备等提供接口。

图 1.9　主　板

计算机通过主板将 CPU 等各种器件和外部设备有机地结合起来形成一套完整的系统。计算机在正常运行时对系统内存、存储设备和其他 I/O 设备的控制和驱动都必须通过主板来完成,因此计算机的整体运行速度和稳定性在相当程度上取决于主板的性能。

总线是由导线组成的一组传输线,是计算机系统中各功能部件之间相互连接的数字通信机构。一个计算机可包含一条或多条总线,把处理器、存储器以及 I/O 设备相互连接起来。

如果每 2 个设备都分别用一组导线直接连接,线路将会十分庞大,且错综复杂。假定交换的信息宽度为 1 位,有 n 个设备彼此都需要交换信息,若两两连线,则需要 $n(n-1)/2$ 根线;而采用总线结构,仅需一根线,即可将各设备连接起来,并通过分时复用的方式传送信息。

在计算机硬件系统中,主机的各个部件通过总线相连接,外部设备通过相应的接口电路再与总线相连接。采用总线结构便于部件和设备的扩充;使用统一的总线标准,不同设备间的相互连接将更容易实现。常见的计算机接口举例见图 1.10。

第 1 章 计算机基础知识

PS/2接口

USB接口

VGA显示接口

RJ45接口

图 1.10　常见的计算机接口举例

第 2 章

计算机逻辑基础*

📖 本章导读

电类专业是一门实践性很强的学科,如果没有很强的动手能力,势必很难做出好的科研成果,而计算机智能控制技术的核心之一就是计算机逻辑设计。因此,无论是上理论课还是做实验,一定要提前做好预习并做到课后复习。实证调查发现,优秀学生都是这样一步一个脚印走过来的。

要尽快加入所在大学的"电子协会"和"大学生创新实验基地"等各种学生社团,主动建立兴趣学习小组,便于相互之间交流并及时解决技术难题,合作完成相应的论文与制作。充分利用周末、课余和寒暑假,将电路图制作成实际的 PCB 电路板,通过"在做中学"达到理论与实践融会贯通的至高境界。

2.1 应知应会基本要求

对于初学者来说,应知应会的基本要求如下:
➤ 必须熟练掌握"计算机电子电路仿真"技术;
➤ 必须完成 TinyAnalog 万能板包括的实验,并独立写出相应的实验报告;
➤ 必须熟练掌握 PCB 的制作方法,并认真完成本章介绍的各项制作;
➤ 必须完成本章的所有实验,并独立写出相应的实验报告;
➤ 必须熟练掌握本章的理论知识,并达到运用自如的程度。

☞ 特别提示

请大家在任课教师的指导下,全力以赴攻克其中的难关,因为本章的内容非常关键,如果不能熟练掌握这些基本内容,则几乎不可能彻底学好后续的课程。

---

* 本书统一约定如下:

① 对于电阻器、电容器和电感器,在电路图中,与二极管和三极管等其他电子器件一样,其器件的文字符号用正体表示,分别为 R、C 和 L;而正文中(主要是公式中)涉及其电阻值、电容量和电感量三个物理量符号时,用其对应器件符号的斜体表示,即分别为 R、C 和 L。若器件符号有下标,则其对应物理量符号的下标不变。与电阻值、电容量和电感量有关的下标用斜体 R、C 和 L 表示。

② 第 2 章包含一些用 Protel 生成的仿真电路图,此类图中有一些器件的图形符号与国标不一致。对此类图形符号不便按国标修改,因为修改了就与软件仿真结果对应不上了。故对此类仿真电路图,保持原样未改。——编者注

2.2 基本元器件

2.2.1 电阻器

1. 电阻器的特性

电阻器两端的电压 V 与流过它的电流 I 成正比,即遵循欧姆定律:

$$V = R \times I \quad \text{或} \quad I = V/R$$

式中,R 为电阻器的电阻值。若电压 V 的单位为 V(伏特),电流 I 的单位为 A(安培),则电阻值 R 的单位为 Ω(欧姆)。

这一特性也可用如图 2.1(a)所示的伏安特性曲线来表示,图中横坐标表示电压,纵坐标表示电流,则电阻器的电压和电流之间呈线性关系。

电阻器两端的电压与流过它的电流的乘积为电阻器所消耗的功率,即 $P = V \times I$,该功率通过热能散发出去。电阻器的功率是有限的,若在电路中电阻器所消耗的功率大于它的额定功率,则该电阻器可能会被烧毁。

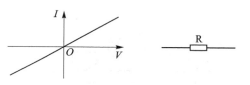

(a) 伏安特性曲线　　(b) 固定电阻器的电路符号

图 2.1　电阻器的伏安特性曲线和电路符号

结论:电阻器两端电压与流过它的电流的比值为它的电阻值,且电阻器的电压与电流之间呈现线性关系。在应用中,电阻器所消耗的功率必须小于它的额定功率。

2. 色环电阻器和贴片电阻器

色环电阻器和贴片电阻器都属于固定电阻器。在电路图中,固定电阻器的电路符号详见图 2.1(b)。如图 2.2(a)和(b)所示分别为色环电阻器和贴片电阻器的实物照片。

(a) 色环电阻器　(b) 贴片电阻器

图 2.2　色环电阻器和贴片电阻器

色环电阻器中的"色环"是为了表示电阻值的大小,每种颜色所示的数值详见表 2.1。色环电阻器分四色环和五色环,以四色环居多。它们都是以最靠边的那一环为首位。四色环电阻值的读法是,前 2 位为有效数字,第 3 位为 10 的次幂,第 4 位为误差。例如"棕黑棕银",表示电阻值为 10×10^1 Ω = 100 Ω,误差为 10%;又例如"黄紫红金",表示电阻值为 47×10^2 Ω = 4 700 Ω,误差为 5%。五色环电阻值的读法是,前 3 位为有效数字,第 4 位为 10 的次幂,第 5 位为误差。例如"橙白蓝红金",表示电阻值为 396×10^2 Ω = 39 600 Ω,误差为 5%。显然五色环电阻的精确度比四色环电阻要高。

表 2.1　色环表

颜　色	无	银	金	黑	棕	红	橙	黄	绿	蓝	紫	灰	白
电阻值位	×	−2	−1	0	1	2	3	4	5	6	7	8	9
误　差	20%	10%	5%	×	×	×	×	×	×	×	×	×	×

色环电阻器是为了在电阻器安装后读取比较方便而设立的。贴片电阻器则因为只有一个安装方向,因此不必使用色环,直接在电阻器安装的顶部打上数字即可表示其电阻值。例如某贴片电阻器顶部显示"103",表示电阻值为 $10×10^3$ Ω=10 kΩ。

3. 电位器与可变电阻器

如图 2.3(a)所示为电位器的电路符号。第 1 端和第 2 端之间有一个固定的电阻值 R_P,第 3 端为中心抽头,可在电位器上滑动,从而改变中心轴头两边电阻值 R_{13} 和 R_{23} 之间的比值,但始终确保有 $R_P = R_{13} + R_{23}$。

若将电位器的中心抽头与另外两端中的一端相连,如图 2.3(b)所示,则变成一个可变电阻器。改变中心抽头的位置,则可改变第 1、2 端之间电阻值的大小。

如图 2.4 所示为电位器的一种——多圈电位器的实物照片,用小起子旋动电位器上的螺丝,则可改变中心抽头的位置。

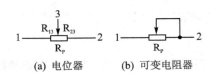

图 2.3 电位器与可变电阻器　　　　　图 2.4 多圈电位器实物照片

☞ **成功心法**:如何查资料写论文

如果输入 3 个关键字"电阻器"在百度检索一下,便会发现与电阻器有关的信息远远超出本节所介绍的内容。电阻器是一种最常用的元器件,虽然看起来简单,但如果使用者对电阻器的了解不深入,则会影响到电路指标和产品质量。比如,设计一个高精度的温度采集器,对电阻器的选择是非常有讲究的。

首先,我们来看一看词条"电阻器-百度百科",电位器分为 11 种,薄膜电阻器分为 4 种,敏感电阻器分为 5 种,还有实芯碳质电阻器、绕线电阻器、金属玻璃釉电阻器和 SMT 贴片电阻器……一般来说,我们可能不会在意 0 欧姆电阻器,其实 0 欧姆电阻器的种类很多,按功率来分有(1/8)W、(1/4)W 等。而且 0 欧姆电阻器的作用非常大,比如,0 欧姆电阻器可以作为跳线器来使用,也可以作为保险丝来使用,还可以作为调试的预留位置。其更重要的用途是数字和模拟混合电路中的"单点接地"处理,往往要求将两个地分开,且单点连接,则可以用一个 0 欧姆电阻器来连接这两个地。

作为一个优秀的电子开发工程师,必须深入了解各种电阻器的分类、封装形式、材料、特性、应用场合和购买信息。尽管已有很多讨论电阻器的文章和图书,但至今却仍然找不到一份完整的参考选型与设计指南。各位同学不妨从这里开始,尝试分门别类精选资料就电阻器或某一类电阻器按照与本书配套的电子档"文档的写作规范"(www.zlgmcu.com)撰写自己的第一篇论文,然后再按照与本书配套的电子档"PPT 创作技巧"将论文做成讲稿,在经过精心准备和反复练习之后,主办一次有意义的讲座。

☞ **小论文大赛**

请读者针对所学的知识点,利用公开的技术文献,从不同的视角出发,自己独立拟题,撰写小论文,制作相应的PPT,然后举办年级"小论文大赛"。由最多不超过3位才能互补的成员组成参赛团队,竞赛考核内容包括理论考试,文档是否符合写作规范,PPT是否与内容遥相呼应,论文内容是否达到"深入浅出、图文并茂、前后铺垫",与此同时考察作者的演讲能力,然后将5项考核指标综合评分决出优胜者。

2.2.2 电容器

1. 电容器的结构和特性

给导体加电位,导体就带上电荷。但对于相同的电位,导体容纳电荷的数量却因它本身结构的不同而不同。导体能够容纳电荷的能力称为电容。

通常,某一导体容纳的电荷 Q 与它的电位 V(相对于大地)成正比,即有:

$$Q = C \times V \qquad 所以 \qquad C = Q/V$$

C 就是该导体的电容量。若电荷 Q 的单位为C(库仑),电位 V 的单位为V(伏特),则电容量 C 的单位为F(法拉),$1\,\mu F = 10^{-6}\,F$,$1\,pF = 10^{-12}\,F$。

如图2.5(a)所示,在两块平行的金属板之间插入绝缘介质,且引出电极就成为电容器。它的电路符号如图2.5(b)所示,分别为有极性电容器和无极性电容器。

若给电容器充电,则电容器的两极板上就会积累电荷。如图2.6(a)所示为给电容量为 C 的电容器以恒定电流 I 充电示意图。假设电容器初始不带电荷,即它两端的初始电压等于零。我们回忆电流的定义:电荷在导体内流动形成电流,单位时间内流过导体横截面的电荷量称为电流,即有:

$$I = Q/t \qquad 或 \qquad Q = I \times t$$

又因在电容器中有 $Q = C \times V$,故 $I \times t = C \times V$。所以

$$V = It/C$$

即电容量为 C 的电容器在恒定电流 I 的作用下,两端电压 V 随时间 t 线性上升,上升曲线详见图2.6(b)。

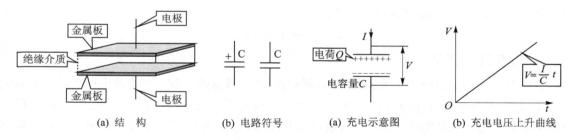

(a) 结　构　　　(b) 电路符号　　　(a) 充电示意图　　　(b) 充电电压上升曲线

图2.5　电容器的结构和电路符号　　　图2.6　给电容器恒流充电

电容器两端的电压越高,所容纳的电荷就越多,即储能就越大。但电容器两极板间绝缘介质的耐电强度是有限的,若两极板间的电场强度太高,就可能将绝缘介质击穿,从而使电容器短路,因此在应用中要兼顾电容器的耐压情况。

结论:电容器在电路中有容纳电荷的作用,也即存储能量的作用。电容器存储能量是需要时间的,因此电容器两端电压不能突变。电容量越大,可存储的能量就越多。电容器最重要的两个参数是它的电容量和耐压能力。

2. RC 充放电回路*

如图 2.7(a)所示电路是一个 RC 充放电回路示意图。假设电容器两端的初始电压为零，开关 K 与 1 端接通的瞬间，电源通过电阻值为 R 的电阻器对电容量为 C 的电容器充电，此时电容器的充电电流为最大 V_E/R(V_E 为电源 E 的电压)。若持续以这个电流充电，则 V_C 的上升曲线是一条直线，如图 2.7(b)中虚线所示。但是在整个充电过程中充电电流为 $I_{CHR}=(V_E-V_C)/R$，故随着 V_C 的上升，充电电流 I_{CHR} 逐渐减小，V_C 上升的幅度也逐渐变小，直到上升至电源电压 V_E，此时充电电流为 0。这样实际的 V_C 上升曲线如图 2.7(b)所示。V_C 是按指数规律上升的，它随时间 t 变化的表达式为：

$$V_C(t) = V_E(1 - e^{-t/\tau})$$

其中 $\tau = RC$，为时间常数。

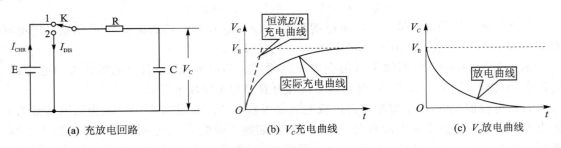

(a) 充放电回路　　(b) V_C 充电曲线　　(c) V_C 放电曲线

图 2.7　RC 充放电回路工作原理图

可以看出，串联电阻值 R 越大，充电电流就越小，则充电时间就越长；电容量 C 越大，所需要的电荷就越多(即储能越多)，充电时间也就越长。当电容器充满电后，V_C 等于 V_E。若此时开关 K 与 2 端接通，则电容器通过电阻器放电，放电电流为 $I_{DIS}=V_C/R$，V_C 逐渐降低。在接通 2 端的瞬间，放电电流为最大 $I_{DIS}=V_E/R$；但随着 V_C 的降低，放电电流也逐渐减小，直至 V_C 为 0 V，放电电流也为 0。这样一来，电容器放电时 V_C 的下降曲线如图 2.7(c)所示。V_C 也是按指数规律下降的，它随时间 t 变化的表达式为：

$$V_C(t) = V_E e^{-t/\tau}$$

3. 电容器的容抗

在电路中电容器有一个很重要的作用，就是通交流、隔直流。若一个直流电压加在电容器的两端，则电容器稳定后(即充放电过程完成后)，在电容器的另一端不能感受到这个电压，即直流被隔开。这一点从 RC 充放电回路也可以看出来；若输入 V_i 是一个交流信号，则 V_o 会输出同频率的交流信号，且输入交流信号频率越高，输出 V_o 的幅度就越大，即交流信号通过了这个电容器。

其实可以这样来理解，交流信号的幅度和方向都是随时间变化的，而电容器对电压的反应是有惰性的，即它两端的电压不能突变。当电容器一个极板的电位随输入信号变化较快时，电容器两端的电压却变化较慢，导致另一个极板的电位也跟着以同样的方式变化。这样一来，虽然有一些损失(电容器两端电压毕竟变化了一点)，但也相当于交流信号通过了这个电容器。而且，输入信号变化得越快(即频率越高)，电容器容量越大(即它两端的电压变化越慢)，就越容易通过。在电路中，电容量为 C 的电容器对信号的容抗为：

$$X_C = \frac{1}{2\pi \times f \times C}$$

式中，f 为信号的频率，单位为 Hz（赫兹），容抗 X_C 的单位为 Ω（欧姆）。

4. 电容器的滤波作用

利用电容器的特性可以制作滤波器。如图 2.8(a) 所示的电路就是一个高通滤波器，即输入信号频率越高则越容易通过，频率越低则越不容易通过，不允许直流通过，这样就可滤除信号中的低频率成分。相反，图 2.8(b) 所示的电路则是一个低通滤波器，它可滤除信号中的高频成分。

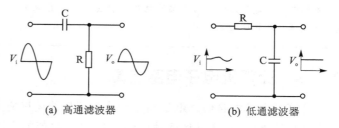

(a) 高通滤波器 (b) 低通滤波器

图 2.8 滤波器电路

5. 常用电容器的分类※

(1) 铝电解电容器

铝电解电容器为有极性电容器，在电路中它的"＋"极必须接电位较高的一端。它的实物照片如图 2.9(a) 所示。

优点：容量大，能耐受大的脉动电流。

缺点：容量误差大，泄漏电流大；普通电解电容器不适于在高频和低温下应用，不宜使用在 25 kHz 以上频率。

用途：低频旁路、信号耦合及电源滤波。

(2) 钽电解电容器

钽电解电容器也为有极性电容器。其实物照片如图 2.9(b) 所示。

优点：温度特性、频率特性和可靠性均优于普通电解电容器，特别是漏电流极小，寿命长，容量误差小，而且体积小，单位体积下能得到最大的电容电压乘积。

缺点：对脉动电流的耐受能力差，若损坏，则易呈短路状态，价格较高。

用途：在许多场合可替代铝电解电容，用于超小型高可靠性设备中。

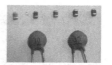

(a) 铝电解电容器   (b) 钽电解电容器   (c) 单片陶瓷电容器

图 2.9 电容器实物照片

(3) 单片陶瓷电容器

单片陶瓷电容器是目前用量较大的电容器。其实物照片如图 2.9(c) 所示。

优点：温度和频率稳定性都很好，损耗低，寿命长。

缺点：不能做成大容量电容器。

用途：高频滤波、振荡和耦合等。

☞ **关键知识点**

电容器的主要特点：通交流、隔直流，通高频、阻低频，电容器两端的电压不能突变。串联电阻值越大，充电电流就越小,充电时间也就越长;电容量越大,所需要的电荷就越多(即储能越多),充电时间也就越长。

虽然电阻器与电容器看起来非常简单,但实际上只要简单地组合就可以构建很多具有实用价值的电子电路。其典型的应用为计算机的RC上电复位电路,计算机从启动到稳定需要一段时间进行初始化准备工作,复位电路就是利用电容器两端的电压不能突变这一原理来实现的。利用阻容器件还可以组成更多的电路,建议读者在百度检索一下。

2.2.3 计算机电子电路仿真

计算机电子电路仿真就是利用计算机超强的运算能力对电子电路系统在激励源作用下的性能进行仿真评估,且可将评估的结果以图文并茂的方式在显示器上显示,以便于电路的改进。计算机仿真具有效率高、精度高、可靠性高和成本低等特点,可以取代对系统许多繁琐的人工分析,大大加速了电路的设计和试验过程。

本小节通过仿真测量如图2.10所示上电时电容器两端电压V_C变化过程的例子,介绍一种最常用的EDA软件——Protel的电子电路仿真使用方法。在Protel中进行仿真一般要经过以下步骤:

① 绘制仿真原理图;
② 选择一个仿真类型;
③ 设置仿真分析;
④ 运行仿真;
⑤ 调整显示波形和数据。

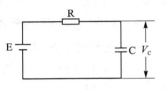

图 2.10 RC 积分电路

1. 绘制仿真原理图

(1) 建立仿真工程

在桌面上双击图标,运行Protel 99 SE程序,屏幕出现如图2.11所示启动主界面。也可通过双击Protel工程文件*.Ddb直接运行程序。

选择菜单项File→New,弹出建立新工程对话框,详见图2.12。

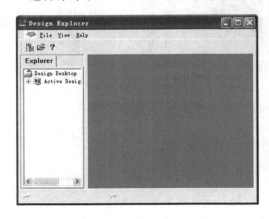

图 2.11 Protel 启动主界面

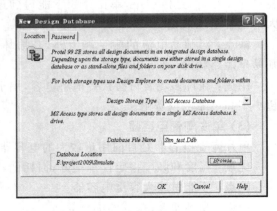

图 2.12 建立新工程对话框

在图 2.12 的文本框 Database File Name 中键入新工程名,如图中所示的 Sim_test.Ddb。在 Database Location 选项区域中,通过 Browse 按钮选择工程存放目录。设置完成后,单击 OK 按钮退出建立新工程对话框,则新工程建立成功后主界面详见图 2.13。

为了操作方便将工程小窗口最大化,且双击 Documents 图标,进入 Documents 目录。选择菜单项 File→New,弹出建立新文件对话框,详见图 2.14。

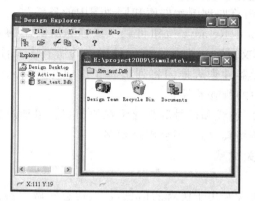
图 2.13 工程主界面

图 2.14 建立新文件对话框

在图 2.14 中,选择 Schematic Document 图标,单击 OK 按钮,则在 Document 目录中建立了一个原理图文件 Sheet1.Sch。

单击选中这个文件,选择菜单项 Edit→Rename 可以改变文件,我们将其改为 RC.Sch。双击这个文件,则主界面变为原理图编辑界面,详见图 2.15。

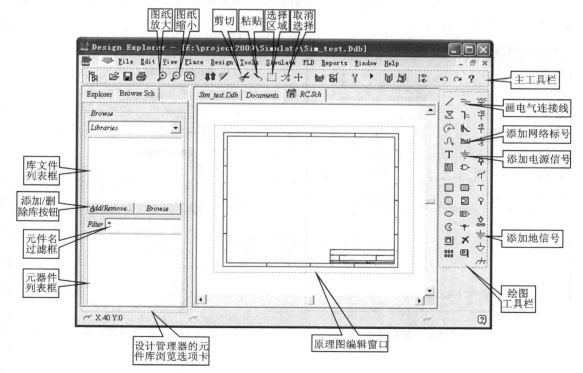
图 2.15 原理图编辑主界面

在图 2.15 中，除了常有的菜单栏外，还可分为 4 个区。主工具栏的作用是进行一些常规操作，如文件的打开、存盘、打印，原理图编辑窗口的放大图纸、缩小图纸，选中区域的剪切、粘贴等操作。

绘图工具栏则包含绘制电路图的常用工具，包括画电气连接线、画总线、放置网络标号、放置地线等。

当设计管理器选中选项卡 Browse Sch 时，可浏览原理图元件库和原理图中的各参数。当下拉列表框选中 Libraries 时，单击添加/删除库 Add/Remove 按钮可载入或移除所要用的元件库，载入元件库后，按钮 Add/Remove 上方的库文件列表框显示该元件库中的所有库文件。在元件名过滤框 Filter 内键入元件名，则下面的元器件列表框内将列出库文件中与所键入的元件名相匹配的元件，键入"*"号则列出库文件中的所有元件。

原理图编辑窗口相当于原理图纸，所有的元件、连线和标号等都显示在该窗口。可通过主工具栏中的放大、缩小工具按钮进行伸缩显示。若将其放大，则会出现网格。

有关原理图编辑的更多方法和技巧可参考有关文献。

(2) 选择和设置仿真元器件

为了进行仿真，原理中所有的元器件都必须包含专用于仿真的信息，这些信息叫做元器件模型。因此，所有的元器件必须来自于 Protel 专用仿真库，这个元件库名为 Sim.ddb，位于 \Design Explorer 99 SE\Library\Sch\ 目录下。该文件中已包含约 5 800 种仿真模拟数字元件，每一个元件都连接到适当的仿真模型。

在设计管理器元件库浏览选项卡中单击 Add/Remove 按钮，则弹出如图 2.16 所示对话框。在图 2.16 的元件库列表框中选中 Sim，单击 Add 按钮，则在 Selected Files 列表框中出现该元件库路径名。单击 OK 按钮，则在主界面的设计管理器中出现该元件库中的所有库文件和元器件，详见图 2.17。

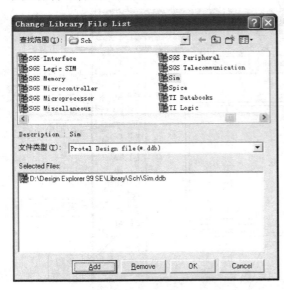

图 2.16　元件库选择对话框

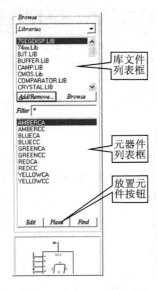

图 2.17　元器件浏览窗口

下面按照图 2.10 调入元器件。首先将原理图纸放大到出现网格,然后在库文件列表框中选择 Simulation Symbols.Lib 文件,在元器件列表框中选择电容器 CAP,单击 Place 按钮,则在原理图编辑窗口中出现电容器,拖动鼠标可移动电容器。此时按 Tab 键,则弹出元器件设置对话框,详见图 2.18(在原理图上双击元器件也可弹出该对话框)。在 Attributes 选项卡中将元件标号 Designator 文本框改为 C,将元件值 Part Type 文本框改为"1u"(1 μF),单击 OK 按钮退出元器件设置对话框。将电容放到合适的位置,单击鼠标左键放下。

在元器件列表框中选择电阻器 RES,单击 Place 按钮,则在原理图编辑窗口中出现电阻器,按键盘空格键将电阻器旋转 90°呈水平放置。按 Tab 键设置电阻器标号为 R,其值记为"1k"(1 kΩ)。拖动鼠标找到合适的位置,单击鼠标左键放下。

在元器件列表框中选择直流电源 VSRC,单击 Place 按钮,则在原理图编辑窗口中出现直流电源。按 Tab 键设置电源标号为 E,值为+5 V。拖动鼠标找到合适的位置,单击鼠标左键放下。

所有元件放置完毕后,原理图编辑窗口详见图 2.19。

(3)画电气连接线

选择菜单项 Place→Wire,或单击绘图工具栏中的 PlaceWire 图标,原理图编辑窗口内的光标变成"十"字形,进入画电气连线模式。移动光标至元件引脚上,单击鼠标左键设置连线的起点,拖动鼠标到另一个位置,再单击鼠标左键可设置连线拐点,拖动鼠标到另一个元件引脚上,先单击左键再单击右键,则可结束本线段的连接。用同样的方法画下一条线段,画完后,双击鼠标右键可退出画电气连线模式。

画完电气连线后再加一个地电位点,选择菜单项 Place→Power Port,或单击绘图工具栏中的 PlacePowerPort 图标,原理图编辑窗口内将出现地电位符号,将其移动到电容器 C 下的连线下面单击鼠标左键放下。地电位符号与连线之间将自动添加一个结点。

连线画完后,原理图编辑窗口详见图 2.20。

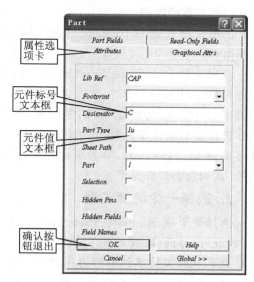

图 2.18　Attributes 选项卡设置对话框

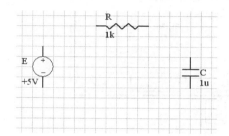

图 2.19　原理图编辑窗口——所有元件放置完毕

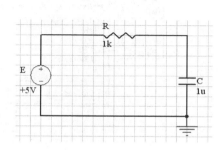

图 2.20　原理图编辑窗口——画完连线

第 2 章 计算机逻辑基础

(4) 标识仿真节点

对于 RC 积分电路重点要观察电容器两端的电压,为了方便给电阻器 R 和电容器 C 之间的连线添加一个网络标号。

选择菜单项 Place→Net Lable,或单击绘图工具栏中的 PlaceNetLable 图标,则原理图编辑窗口内出现一个网络标号。按 Tab 键将网络标号名设置为 Vc,按 OK 键退出。将网络标号 Vc 移动到电阻器 R 和电容器 C 之间的连线旁边,单击鼠标左键放下。

(5) 设置初始值

因电容器 C 是一个记忆元件,它两端残存的电荷会影响仿真的结果,故要将电容器 C 的初始电位设置为 0。

在库文件 Simulation Symbols.Lib 的元器件列表框中选择初始化条件".IC",单击 Place 按钮,则在原理图编辑窗口中出现初始化条件,拖动鼠标可移动它。按 Tab 键设置初始化条件标号为 IC,值为 0。拖动鼠标将其移动到 Vc 网络线上,单击鼠标左键放下。原理图画完后,其编辑窗口详见图 2.21。

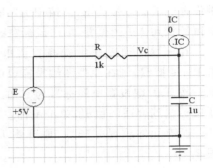

图 2.21 原理图编辑窗口——仿真原理图绘制完毕

2. 选择一个仿真类型

选择菜单项 Simulate→Setup,弹出 Analyses Setup (分析设置)对话框,详见图 2.22。在 General 选项卡上可看到 Protel 支持多种类型仿真,对于 RC 积分电路,主要观察电容器 C 两端的电压随时间的上升过程,因此,在 Select Analyses to Run 选项区域内选择 Transient/Fourier Analysis(瞬变/付里叶分析)。

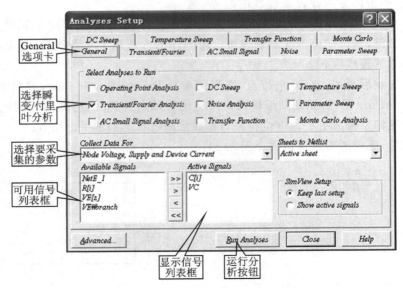

图 2.22 Analyses Setup(分析设置)对话框

在要采集的数据 Collect Data For 下拉列表框内选择 Node Voltage,Supply and Device Current(节点电压、供电和器件电流),在可用信号 Available Signals 列表框内选择 C[i](流过

电容器C的电流)和VC(电容器C的电压)为要显示的信号,分别单击">"按钮使其进入显示信号列表框 Active Signals 中。

3. 设置仿真分析

在 Analyses Setup 对话框内选择 Transient/Fourier 选项卡,设置 Transient/Fourier 分析,详见图2.23。

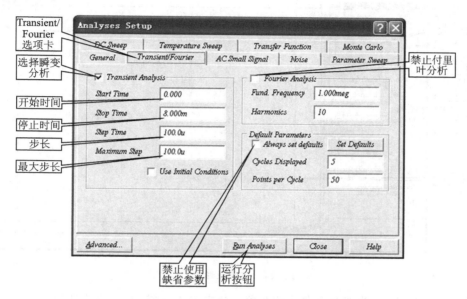

图2.23　Transient/Fourier 选项卡设置对话框

选中瞬变分析 Transient Analysis 复选框,禁止付里叶分析 Fourier Analysis,禁止使用缺省参数 Always set defaults 复选框,在开始时间 Start Time 文本框内填入0.000,在停止时间 Stop Time 文本框内填入8.000m,在步长 Step Time 和最大步长 Maximum Step 文本框内均填入100.0u。

4. 运行仿真

在 Analyses Setup 对话框内,直接单击运行分析 Run Analyses 按钮,或选择菜单项 Simulate→Run,皆可运行仿真分析。

当运行时,在原理图编辑窗口区域上一个仿真波形表(文件 RC.sdf)会自动打开,从而显示分析结果,详见图2.24。

这个仿真波形表显示了在前面"2. 选择一个仿真类型"内容中设置的要显示的2个波形电容器两端的电压 VC 和流过电容器的电流。

在波形名 Waveforms 列表框内有多个波形名,带前缀"＊"的表示为已显示的波形名,无此前缀的表示为未显示的波形名。选中一个无"＊"前缀的波形名后单击显示波形 Show 按钮,则仿真波形表内显示这个波形。若选中一个带"＊"前缀的波形名后单击隐含波形 Hide 按钮,则仿真波形表内取消这个波形的显示。

若单击新建波形 New 按钮,则可添加一个新的波形名,这个波形是将已存在的波形进行各种运算(加、减、乘、除等)后形成的新的波形。

第 2 章 计算机逻辑基础

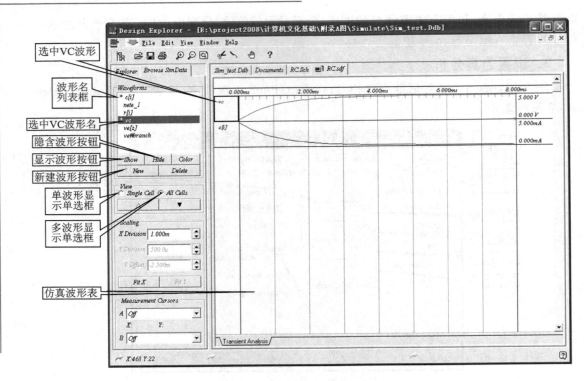

图 2.24 仿真波形表窗口

单击 Color 按钮,可改变波形曲线的颜色。单击 Delete 按钮,可删除波形。

在仿真波形表内可用鼠标左键按住一个波形名,将其拖动到另一个波形的位置内一起显示。我们将 C[i] 拖动到 VC 内一起显示。

5. 调整显示波形和数据

我们要重点观察 VC 波形和数据,可以将它单独显示。在仿真波形表中单击 VC 选中它,然后单击项目管理器中 View 选项区域内的单波形显示 Single Cell 单选框,则仿真波形表内只显示放大了的 VC 波形,详见图 2.25。

Scaling 选项区域内的选项用来调整波形显示的刻度。X Division 和 Y Division 分别调整 X 轴刻度值和 Y 轴刻度值,Y Offset 则是调整 Y 轴偏移量。在波形显示区内单击电流 C[i],则 C[i] 将出现前缀 "·",表示当前波形显示区刻度为电流刻度,将电流显示刻度调整为,X Division 为 1.000m;Y Division 为 500.0m;Y Offset 为 -2.500。设置完毕后,在波形显示区内单击电压 VC,使其显示 VC 刻度。

Measurement Cursors 选项区域内的选项可用来设置移动测量光标,对波形上某个点自动进行精确测量。有两个测量光标 A 和 B,下拉列表框用于选择所测波形或不测量,光标 A 下拉列表选择框下的 X、Y 显示光标 A 在 X、Y 轴的测量值。选择 A 光标测量波形 VC,则在波形显示区内波形的顶部出现测量光标 A,X、Y 轴测量值均会显示一个初始值,用鼠标左键按住该光标左右拖动,则 X、Y 轴测量值会随之变化。将该测量光标拖至 X 轴等于 3 ms 处,则 Y 轴数据约为 4.75 V。

从图 2.25 显示的波形中可以看到,当 RC 积分电路刚上电时,电容器两端电压仍然为

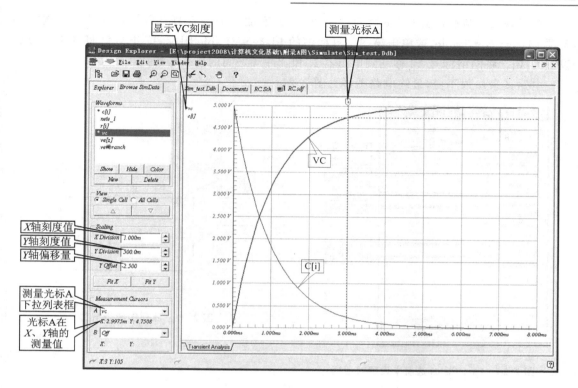

图 2.25 VC 波形显示窗口

0 V，但充电电流为最大，这时电压上升最快。随着时间的推移，电压逐渐上升，充电电流逐渐减小，电压上升的速度越来越慢。当时间达到 3 ms 时，电压上升到电源电压的 95%。当时间达到 7~8 ms 时，电容器几乎完全充满，充电电流下降为 0。

2.2.4 过渡过程仿真

2.2.3 小节仿真的是 RC 积分电路在直流电源的作用下电容器 C 的充电过程，本小节将直流电源换成周期性变化的脉冲源来仿真一下电容器 C 两端电压波形。

1. 画原理图

就在 2.2.3 小节 RC 积分电路的基础上修改，将直流电源换成频率为 1 kHz、占空比为 50%、幅度为 5 V 的脉冲源。

选择菜单项 Edit→Delete 或直接按快捷键 E+D，原理图编辑窗口内光标变为"十"字进入删除模式。将"十"字光标移至直流电源 E 上单击删除直流电源，右击退出删除模式。也可用下述方法删除元件：将光标移至被删元件上单击选中，再直接按键盘上的 Delete 键即可删除。

选择菜单项 Simulation→Sources→1kHz Pulse，则原理图编辑窗口出现脉冲源；或在文件库 Simulation Symbols.Lib 中选择元件 VPULSE。按 Tab 键进入元器件设置对话框，在 Attributes 选项卡中将元件标号 Designator 设置为 E，将元件值 Part Type 设置为空。在 Part Fields 选项卡中，将交流幅度设置为 1，将脉冲幅值设置为 5，将脉冲宽度设置为 500u，将脉冲周期设置为 1000u，详见图 2.26。设置完毕后，单击 OK 按钮确认退出。再将脉冲源移至直流电源的位置放下。

为了观察交流脉冲源与 Vc 之间的相位关系,增加一个仿真节点以标识脉冲源。选择菜单项 Place→Net Lable,或单击绘图工具栏中的 PlaceNetLable 图标,按 Tab 键将网络标号名设置为 Vi。将网络标号 Vi 移动到电阻器 R 和脉冲源之间的连线旁边放下。

电路其余参数不变,最终电路图详见图 2.27。

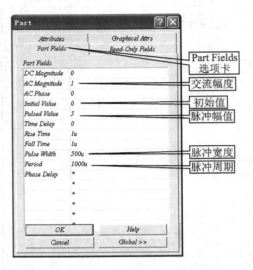

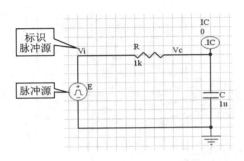

图 2.27 原理图编辑窗口

图 2.26 Part Fields 选项卡设置对话框

2. 选择一个仿真类型

选择菜单项 Simulate→Setup,弹出 Analyses Setup 对话框,在 General 选项卡上将显示信号列表框 Active Signals 中的信号名 C[i] 通过"<"键删除,将可用信号列表框 Available Signals 中的信号名 VI 通过">"键加入到显示信号列表框中。

在 SimView Setup 选项区域选中 Show active signals,其余设置与 2.2.3 小节相同。

3. 设置仿真分析

在 Analyses Setup 对话框内选择 Transient/Fourier 选项卡,详见图 2.28。

因 2.2.3 小节中激励源为无周期性的直流电源,故扫描分析时基要由手动设置,本仿真则可使用缺省参数来设置。在图 2.28 中选中 Transient Analysis,禁止 Fourier Analysis,选中 Default Parameters 选项区域内的 Always set defaults 复选框,则在 Transient Analysis 选项区域内的时间值变为不可设置。在显示周期数 Cycles Displayed 文本框内填入 8,在每周期点数 Points per Cycle 文本框内填入 50。

此时,若单击 Set Defaults 按钮,则 Transient Analysis 选项区域内的各个时间值会随着缺省参数的变化而变化。

4. 运行仿真和调整显示

运行仿真分析,在仿真波形表中出现 VC 和 VI 两个波形。将 VI 拖至 VC 内合并显示,且在选项区域 View 中选中 Single Cell,则仿真波形表中放大显示波形,详见图 2.29。

由图 2.29 可见,脉冲源为 5 V 时电容器充电,脉冲源为 0 V 时电容器放电。电容器的初始电压为 0,数个周期后,电容器充放电趋于稳定,在 2.5 V 上下起伏。

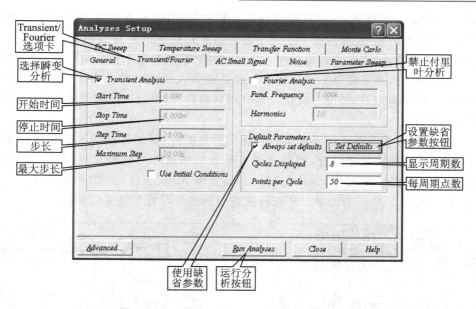

图 2.28 Transient/Fourier 选项卡设置对话框

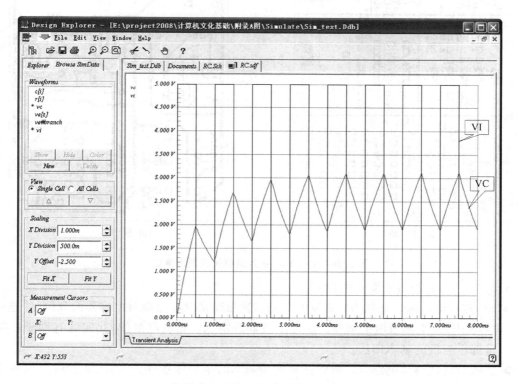

图 2.29 VC 和 VI 波形显示窗口

2.2.5 TinyAnalog 万能实验板

本书介绍的很多实验与制作以及经典范例程序,虽然看起来很简单,却恰恰是很多老师和读者最容易忽略的。很多优秀的教师,在长期的教学中培养了不少得意的学生,但苦恼的是很

第 2 章 计算机逻辑基础

难批量复制。附录 A 是作者 2010 年组织全国巡回招聘的考题,虽然很多学生在校期间成绩很好,但参加应聘考试超过 60 分的学生却不多。由于传统应试教育的影响,很多学生常常将"分数与能力"直接挂钩,疏于实践与制作,对于所学的知识"看起来似乎简单易懂,用起来却无从下手"。"没有复习,不好意思——忘记了",这是很多人面试时的口头禅。由于实践经验太少,虽然学了很多书本知识,却没有转化为解决问题的能力,以至于始终停留在"纸上谈兵"、似懂非懂的临界状态。

之所以在本小节的开篇之初强调实践与制作的重要性,目的就是为了唤起工科学生对工程的兴趣,注重理论与实践相结合,因此希望引起老师和读者的充分重视。下面将通过 TinyAnalog 万能板(请安装在 Altiar-80C31Small 实验箱 A9 实验区)的实验,加深大家对基本元器件的认识(详见图 2.30),为大学二年级阶段进一步的学习打下坚实的基础。

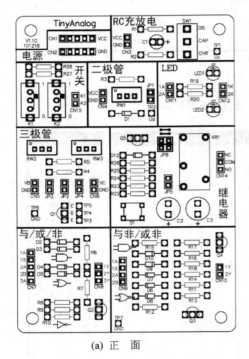 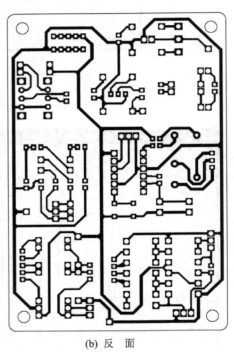

(a) 正 面　　　　　　　　　　　　(b) 反 面

图 2.30　TinyAnalog 万能板正反面示意图

TinyAnalog 万能板的实验内容有:

- RC 充放电电路。通过 RC 充放电电路实验帮助初学者加深对电容器的理解,并进一步掌握 RC 充电和放电的规律。通过示波器观察 RC 充放电曲线,此实验有助于初学者掌握示波器的基本用法。
- 二极管特性测试电路。二极管是一种最基本的半导体器件,安排此实验的目的就是希望初学者以实验数据为基础,绘制二极管的伏安特性曲线。
- 三极管特性测试电路。三极管是一种能够用微弱的基极电流控制较强的集电极电流的器件,电路支持 b、e、c 三个电极的电压和电流测量,以实验数据为基础,绘制输入与输出特性曲线,并估算 β 值。
- 分立元件逻辑门。学习最基本的数字电路逻辑门,掌握用分立元件实现简单逻辑电路

➤ 时间继电器。认识继电器的组成结构和工作原理,掌握用小电流控制大电流的方法。与此同时,还将结合 RC 电路设计一种简易时间继电器,通过实验掌握更多的电路应用技巧。

2.2.6 RC 充放电实验

如图 2.31 所示为 RC 充放电实验的电路原理图,通过杜邦线将电源从 Altair-80C31Small 实验箱 A1 实验区 JP40A(V_{CC})与 JP40B(GND)连接到 TinyAnalog 万能板的 CN3_1(V_{CC})与 CN3_2(GND)。GND 在整个电路板上是全部连在一起的,而 V_{CC} 是局部独立存在的。

SW1 是单刀双掷型钮子开关,公共端命名为 CAP(表示电容器,capacitor),另外两端命名为 CHR(表示充电,charge)和 DIS(表示放电,discharge)。当将 SW1 拨到 CHR 端时,通过电阻器 R_1 向电容器 C_1 充电,其充电通道为 $V_{CC} \rightarrow R_1 \rightarrow C_1 \rightarrow GND$;当将 SW1 拨到 DIS 端时,电容器 C_1 放电,其放电通道为 C_1 正极$\rightarrow R_2 \rightarrow C_1$ 负极。TP1 是连接到 C_1 正极的测试点,当示波器探头接在 TP1 和 GND 之间时,只要拨动 SW1 就能够观察到充电和放电曲线。

首先按照图 2.31 所示电路在"充放电"区插好元器件,然后将电源从实验箱接入万能板,接着将示波器探头接到测试点 TP1 和 GND 之间。此时只要拨动开关 SW1,并适当调整示波器,就可以观察到充电曲线和放电曲线。在 TinyAnalog 万能板上,由于电阻器 R_1、R_2 和电容器 C_1 都是可插拔式,因此可通过更换不同数值的电阻器和电容器,达到改变 RC 常数大小的目的。如果电阻器 R_1 和 R_2 的阻值不同,则充电速度和放电速度不一样,通过示波器实际观察到的 RC 充放电曲线详见图 2.32。

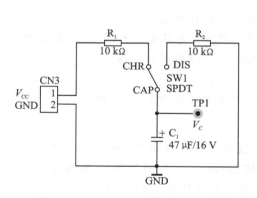

图 2.31 RC 充放电电路原理图

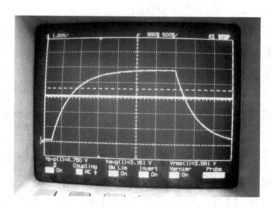

图 2.32 RC 充放电示波器实测效果

2.2.7 电感器

1. 电感器的结构和特性

将一根导线绕在磁芯上就是一个电感器,详见图 2.33(a)。若使这个电感器流过电流 I,则在它的周围将产生磁通量 Φ。磁通量的大小与电感器所流过的电流成正比:

$$N \times \Phi = L \times I$$

所以
$$L = \frac{N \times \Phi}{I}$$

式中：N 为线圈的匝数；L 称为该电感器的电感量。若磁通量 Φ 的单位为 Wb(韦伯)，电流 I 的单位为 A(安培)，则电感量 L 的单位为 H(亨利)。1 mH=10^{-3} H，1 μH=10^{-6} H。

电感器的电感量取决于线圈的圈数、结构及绕制方法等。图 2.33(b)所示为电感器的电路符号，自上而下分别为空芯电感器和带磁芯电感器。若流过它的电流 I 发生变化，则通过线圈的磁通量 Φ 也发生变化，这样在线圈内将产生感应电动势 e。根据法拉第定律，感应电动势 e 的大小正比于线圈磁通量随时间的变化率，即：

$$e = N \frac{\Delta \Phi}{\Delta t} = L \frac{\Delta I}{\Delta t}$$

根据楞次定律可知，感应电动势的方向总是阻碍电流的变化。由此可知，电感器上的电流不可能在瞬间变得很大。若给一个初始电流为 0 且电感量为 L 的电感器，加上一个恒定的电压 V，则流过电感器的电流 I 将随时间 t 线性上升（$I = V \times t/L$）。这个结论正好与电容器相似，不过是电压与电流互换角色。

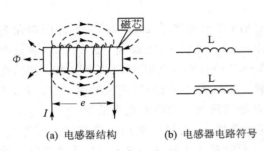

(a) 电感器结构　　(b) 电感器电路符号

图 2.33　电感器结构及电路符号

结论：电感器以磁场能的形式存储能量。电感器存储能量也是需要时间的，因此流过电感器的电流不能突变。电感量越大，可存储的能量就越多。变化的电流流过电感器将产生感应电动势，感应电动势的极性总是阻碍电流的变化。

2. 电感器的感抗

很显然，一个直流信号最容易通过电感器，而交流电则由于感应电动势的阻碍作用，通过电感器则比较难，而且交流电频率越高(即电流变化越快)，或电感量越大，则越难通过，即它在电路中有通直流、阻交流的作用。在电路中，电感量为 L 的电感器对信号的感抗为：

$$X_L = 2\pi \times f \times L$$

式中：f 为信号的频率。若 f 的单位为 Hz(赫兹)，则感抗 X_L 的单位为 Ω(欧姆)。

3. 电感器的滤波作用

滤波器就是除去不需要的成分，只选择需要的成分。传感器领域中有检测温度、振动、光和距离等物理量的各种传感器，在很多情况下，从传感器所获得的信号中，不仅有希望得到的信息，同时也混有不需要的噪声。而且当传感器检测到的信号比较弱时，在传送传感器信号的过程中还会有噪声混入。噪声会使信号的值漂移，使信号的准确度下降，这时就需要使用滤波器。如果能够干净地除去混入的噪声成分，只保留信号频率成分，就可以高精度地处理所获得的信号。

利用电感器的特性，就可以做成滤波器。如图 2.34 所示是滤波器的一种——π 型低通滤波器。电感器 L 串接在输入和输出两端，将阻碍输入信号中的交流成分，让直流成分通过。电容器 C_1 和 C_2 分别并接在输入和输出两端，对交流成分也有一定的滤波作用。图中，输入 V_i 是

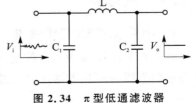

图 2.34　π 型低通滤波器

一个带有纹波的直流信号,经过 π 型低通滤波器后,纹波被滤除,输出比较平稳的直流信号。这种滤波器常用在计算机系统中对供电电源进行滤波。

4. 电感器的主要参数

➤ 标称电感量。电感器上标注的电感量的大小表示线圈本身固有特性,主要取决于线圈的圈数、结构及绕制方法等,与电流大小无关,反映电感器线圈存储磁场能的能力,也反映电感器通过变化电流时产生感应电动势的能力,单位为 H(亨利)。

➤ 允许误差。电感器的实际电感量相对于标称值的最大允许偏差范围称为允许误差。

➤ 额定电流。额定电流是指能保证电路正常工作的最大工作电流。

5. 常用电感器

电感器的种类繁多,这里只介绍几种在电子电路中常见到的电感器。

➤ 功率电感器。这种电感器一般带有"工"字或罐式磁芯,体积较大,电感量和额定电流也较大,常用于开关电源中作为储能电感以及电源滤波。如图 2.35(a)所示为几款常用的功率电感器。

➤ 信号电感器。这种电感器一般封装较小,电感量较小,精度较高,额定电流也较小。可用于对高频数字信号的 EMC 滤波,或用于谐振、选频等电路。如图 2.35(b)所示为 0805 封装的带磁屏蔽的多层贴片电感器。

➤ 磁珠。磁珠的主要原料为铁氧体,是一种铁氧体高频干扰抑制元件。严格来说,磁珠不属于电感器。电感器是储能元件,理想情况下不消耗能量;而磁珠则是能量转换元件,在低频时磁珠相当于一个电感器,而高频时则相当于一个电阻器,可将高频能量转换为热能消耗掉。

磁珠多用于信号回路,主要用于 EMI 方面。磁珠用来吸收超高频信号,如一些 RF 电路、PLL、振荡电路、含超高频存储器电路(DDR、SDRAM 等),都需要在电源输入部分加磁珠。如图 2.35(c)所示为一种磁珠元件。

  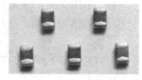

(a) 功率电感器　　　　　　(b) 多层贴片电感器　　　　　　(c) 磁　珠

图 2.35　电感器实物照片

☞ **关键知识点**

电感器的主要特点:通直流、阻交流,通低频、阻高频,流过电感器的电流不能突变。

由于电感器的特性,电感器成为电源电路中必不可少的滤波器,而用电容器与电感器组成的 π 型低通滤波器,则典型地应用于计算机电源的滤波电路。

2.3 晶体二极管

半导体是一种具有特殊性质的物质,它不像导体一样能够完全导电,又不像绝缘体那样不能导电,它介于两者之间,所以称为半导体。我们常听说的美国硅谷,就是因为起先那里有众多半导体厂商而得名的。在纯净的硅材料中掺杂将会大大地改变其导电性能,掺入 5 价元素将多出一个电子形成 N(Negative)型半导体,掺入 3 价元素将少一个电子形成 P(Positive)型半导体,将 P 型和 N 型半导体有机地组合在一起,便形成有特殊导电能力的器件,这个器件就是晶体管。

2.3.1 二极管的特性

如图 2.36(a)所示为二极管的电路符号。它有两个电极:一个称为阳极 A(Anode);另一个称为阴极 K(Kathode)。

二极管最基本的特性是单向导电性,电路符号中箭头所指方向为电流容易流过的方向。若在阳极 A 加正电压,而在阴极 K 加负电压,则能流过较大的正向电流,详见图 2.36(b);若所加电压极性相反,则流过的反向电流非常小,几乎可以忽略不计,详见图 2.36(c)。

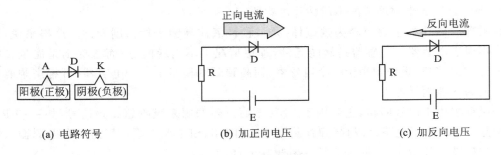

图 2.36 二极管示意图

利用如图 2.37 所示的电路可以测量二极管的正向导通特性,通过改变电源 E 的电压 V_E,同时监测回路电流和二极管正向电压,就可测出二极管的伏安特性。

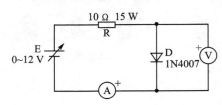

图 2.37 二极管的正向导通实验电路

当电源电压 V_E 较低使二极管正向电压小于 0.7 V 时,回路电流较小;当电源电压上升使二极管正向电压达到 0.7 V 时,回路电流上升较快,而且电源电压继续上升,回路电流也继续上升,但二极管正向电压保持在 0.7 V 不变。因此,$V_T=0.7$ V 被称为是这个类型二极管的正向导通电压。可以这么认为,当二极管的正向电压小于 V_T 时,二极管未导通或未完全导通;而当二极管正常导通时,它的正向电压将保持在 V_T 不变。因此回路电流可通过下式计算:

$$I = \frac{V_E - V_T}{R} = \frac{V_E - 0.7 \text{ V}}{R}$$

同样,将图 2.37 中的电源电压反向,可以测量二极管的反向特性,这时会发现不论电源电压在图中所示范围内怎样改变,回路电流始终接近于零。

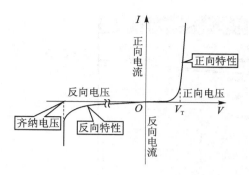

图 2.38 二极管的伏安特性曲线

若使图 2.37 中的电源电压在一定的正负电源范围内连续变化,则可得到图 2.38 所示的二极管的伏安特性曲线。图中第一象限为二极管的正向特性曲线,可见二极管的正向电压达到 V_T 后,正向电流上升很快,而随着正向电流的增加,二极管的正向电压增加很小。第三象限为二极管的反向特性曲线。从图中可以看出,二极管的反向电流非常小,但是反向电压增加到一定值后,反向电流显著增加,这种现象称为击穿。电流开始激增时的电压称为击穿电压或齐纳电压。在应用二极管时,通常应确保它不会被击穿。

结论: 单向导电性是二极管的基本特性,二极管(硅管)的正向导通电压为 0.7 V。二极管的反向电流非常小,但当它的反向电压达到一定值时,二极管会被击穿。在选择二极管时,最重要的两个参数是最大正向电流和最大反向耐压。

2.3.2 二极管伏安特性仿真

前面所介绍的仿真都是瞬变分析(Transient),也就是在激励源的作用下,仿真信号随时间变化的过程,相当于仿真一个示波器的功能。本小节介绍二极管的电压、电流信号随直流信号源的变化而变化的仿真过程,这就是直流扫描分析(DC Sweep)。

1. 画原理图

建立一个新原理图文件 Diode.sch。在库文件 Simulation Symbols.Lib 中选择直流电压源 VSRC 和电阻 RES,在库文件 DIODE.Lib 中选择二极管 1N4007,且按如图 2.39 所示设置它们的标号和元件值。

按图 2.39 所示画好电气连接线,且添加一个地电位点。最后添加一个网络标号 Vd 来标识二极管电压。

2. 选择一个仿真

选择菜单项 Simulate→Setup,弹出 Analyses Setup 对话框,在 General 选项卡上选中直流扫描分析 DC Sweep,其余分析全部禁止。在 Collect Data For 下

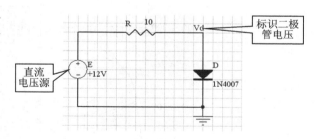

图 2.39 二极管仿真原理图

拉列表框内选择 Node Voltage,Supply and Device Current,选择 D[id]和 VD 信号,使其进入 Active Signals 列表框,在 Sheets to Netlist 下拉列表框中选择 Active sheet,在 SimView Setup 选项区域中选中 Show active signals。

3. 设置仿真分析

在 Analyses Setup 对话框内选择 DC Sweep 选项卡,详见图 2.40。选中 DC Sweep Primary,禁止 Secondary。在 DC Sweep Primary 选项区域,在 Source Name 下拉列表框中选择 VE(即电源 E)作为主扫描源,从起始值 0 V 开始,至 12 V 停止,步长为 100 mV。

第 2 章 计算机逻辑基础

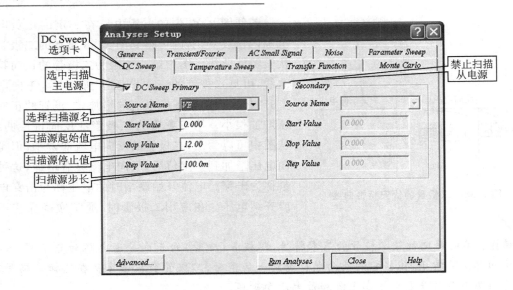

图 2.40 DC Sweep 选项卡设置对话框

4. 运行仿真和调整显示

运行仿真分析。在仿真波形表中出现 VD 和 D[id] 两个波形,将 D[id] 拖至 VD 内合并显示,且在 View 选项区域中选中 Single Cell 单选按钮,则仿真波形表中放大显示波形详见图 2.41。

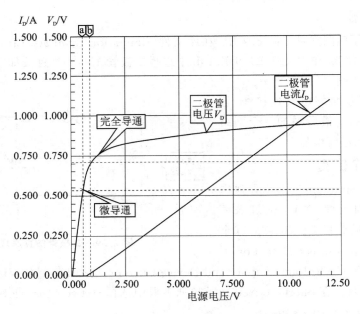

图 2.41 二极管电压、电流直流扫描分析曲线

从图中可看到,当二极管电压 V_D 小于约 0.53 V 时,二极管中几乎没有电流流过;当 V_D 等于 0.53 V 时,二极管开始处于微导通状态,有微量电流流过;当 V_D 达到约 0.7 V 时,电流开始上升较快,可以说二极管已进入完全导通状态。完全导通时二极管电压 V_D 均在 0.9 V 以

下,变化非常缓慢,而二极管电流却随着电源电压的上升而线性上升。

2.3.3 特殊二极管

2.2.2小节所介绍的为普通二极管,本小节介绍一些具有特殊用途的二极管。

1. 稳压二极管

稳压二极管是在反向击穿状态下工作的二极管,故也称为齐纳(Zener)二极管。图 2.42(a)为它的电路符号,利用图 2.42(b)的电路可以测量稳压二极管的反向特性,使电源电压在如图 2.42(b)所示的范围内变化,测出相应的稳压管的反向电压和反向电流,可以得到如图 2.42(c)所示的反向特性曲线。

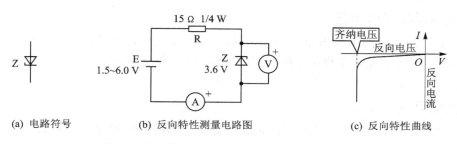

图 2.42 稳压二极管示意图

从图 2.42(c)所示曲线中可以看出,随着稳压管反向电压的增加,当反向电压小于齐纳电压时,反向电流增加缓慢;当稳压管反向电压达到齐纳电压时,反向电流显著增加,且随着外部电路继续使反向电流增加,稳压管的反向电压保持不变,这个保持不变的齐纳电压值称为稳压值,图 2.42(b)电路中稳压管 Z 的稳压值为 3.6 V。稳压二极管通常使用在要求输出电压变化极小的稳压电源中。

2. 发光二极管

发光二极管主要是用镓的化合物作为原材料制成的二极管。一旦有正向电流流过这个二极管,它就会发出红、绿、蓝等颜色的光。如图 2.43(a)所示为它的电路符号。对于不同颜色的发光管,它的导通电压也不同,红色发光管的导通电压为 1.5 V,绿色为 1.8 V,蓝色则为 2.0 V。发光管的亮度取决于流过它的电流的大小。如图 2.43(b)所示为发光管的实验电路,电阻器 R_1 和电位器 R_P 共同构成发光管的限流电阻,通过改变图中电位器 R_P 的阻值大小可以控制回路电流 I_{LED},从而观察发光管 LED 的亮度随电流大小而变化的特性及测量发光管的导通电压。假设回路的总限流电阻值为 R,则它的取值与回路电流(即发光管的亮度)的关系为:

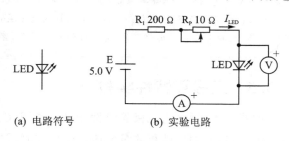

图 2.43 发光二极管示意图

$$R = \frac{V_E - V_{LED}}{I_{LED}}$$

式中:V_E 为电源电压;V_{LED} 为发光管的导通电压。

2.3.4 二极管的重要参数

用来表示二极管的性能好坏和适用范围的技术指标,称为二极管的参数。不同类型的二极管有不同的特性参数。对初学者而言,必须了解以下几个主要参数:

1. 最大工作电流

最大工作电流是指二极管长期连续工作时允许通过的最大正向电流值。因为电流通过管子时会使管芯发热,温度上升,温度超过允许限度时,就会使管芯过热而损坏。所以在规定散热条件下,二极管使用中不要超过二极管最大工作电流值。例如,常用的1N4001~1N4007型二极管的额定正向工作电流为1 A。

2. 最高反向工作电压

加在二极管两端的反向电压高到一定值时,会将管子击穿,失去单向导电能力。为了保证使用安全,规定了最高反向工作电压值。例如,1N4001二极管反向耐压为50 V,1N4007二极管反向耐压为1 000 V。

3. 反向电流

反向电流是指二极管在规定的温度和最高反向电压作用下,流过二极管的反向电流。反向电流越小,管子的单方向导电性能越好。值得注意的是,反向电流与温度有着密切的关系,大约温度每升高10 ℃,反向电流增大一倍。

4. 最高工作频率

最高工作频率是指二极管工作的上限频率,超过此值时,二极管将不能很好地体现单向导电性。

> **☞ 关键知识点**
>
> 二极管除了单向(正向)导电性之外,反向击穿特性也是不可忽略的重要特性。其典型的应用是利用二极管的反向特性做稳压管。但无论正向特性还是反向特性,都必须串联一个限流电阻,否则会因为电流增大而烧坏二极管。因此在选择二极管时,最重要的两个参数是最大正向电流和最大反向耐压。通过"二极管-百度百科"发现,二极管有7种主要用途。如果按构造分类,大约有9种;如果按用途分类,大约有21种;如果按特性分类,大约有4种。由此可见,二极管的种类很多,建议读者在百度检索一下。

2.3.5 二极管特性实验

如图2.44所示为二极管特性测试电路图,CN4为电源接口,R_3为限流保护电阻器,RW1为电位器,断开JP1即可测量电流,D1是被测试的二极管。D1是可拔插式的,除了能够测量普通二极管外,还可以支持其他特种二极管的测试,如稳压二极管、发光二极管等。通过此电路可以直接测量二极管的正向伏安特性。如果要测量反向特性,则可以将二极管颠倒过来插接。由于普通二极管的反向击穿电压通常为数百伏,而实验用的直流电源只有5 V,因此看不到击穿效果。

本实验的目的就是绘制出二极管的正向和反向特性曲线,加深对二极管的理解。测试前应先准备好必要的测试仪表:万用表与微安表。还要预先制作一张空的表格,用于记录电压与电流等数据,作为绘制伏安特性曲线的依据。

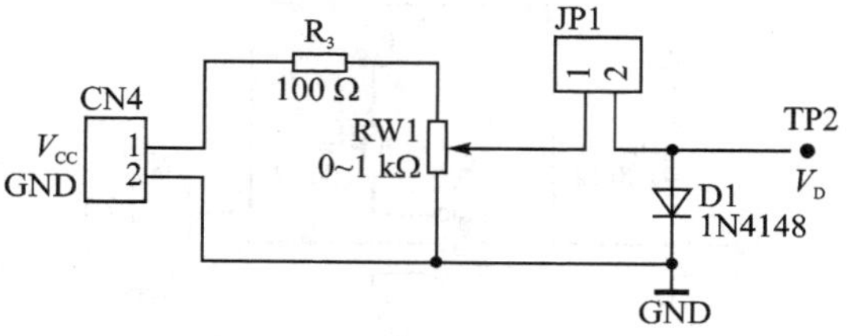

1. 二极管的识别

图 2.44 二极管特性测试实验电路

小功率二极管的阴极,在二极管外表大多采用一种色圈标出来,有些二极管也用二极管专用符号来表示 P 极(A 极或正极)或 N 极(K 极或负极),也有采用符号标志为 P、N 来确定二极管极性的。发光二极管的正负极可从引脚长短来识别,长引脚为正,短引脚为负。

> **注意**:用数字式万用表测量二极管时,红表笔接正极,黑表笔接负极,此时测得的阻值才是二极管的正向导通阻值。这与指针式万用表的表笔接法刚好相反。

2. 正向特性

如图 2.44 所示,从 CN4 接入 5 V 电源,拔去跳线帽 JP1 并串入电流表,电压表接在测试点 TP2 和 GND 之间。调整电位器,电压从 0 V 开始逐步增加,每隔 0.1 V 记录一次电压和电流数据填入表格,直到电压无法增加为止。待测试完毕后,绘制二极管的正向特性曲线。

3. 反向特性

由于普通二极管的反向击穿电压太高,因此将采用稳压二极管来代替,例如标称值为 3.3 V 的稳压二极管型号。稳压二极管的特性与普通二极管相似,其主要的区别是稳压二极管的反向击穿电压很低,通常仅有几伏~几十伏。

在大多数应用电路中,普通二极管可能工作于正向状态,也可能工作于反向状态,而稳压二极管通常只利用其反向击穿特性。将稳压二极管反向插入电路,测试方法仍然是接入电流表和电压表并调整电位器,及时记录测试数据,最后绘制反向特性曲线。

4. 反向饱和电流与温度的关系

这里仍然用普通二极管来做实验,反向插入电路,接入微安表,调整电位器到适当的电压(如 3.0 V),记录常温下的电流值。接着用炽热的电烙铁靠近二极管,再次记录电流值。对比前后的电流值,看看有什么不同?

5. 测量 LED 的正向导通压降

找几只 φ3 或 φ5 大小的 LED 来做实验,最好有多种颜色。用 LED 代替图 2.44 中的 D1 进行测试。调节电位器 RW1 使 LED 正常发光,然后用万用表测量 LED 的正向导通压降。LED 和普通二极管的正向导通压降有何不同?不同颜色 LED 的正向导通压降有何区别?

6. LED 驱动电路测试

LED 是一种常用的辅助性电路,串联限流电阻的作用是避免过流烧坏 LED,K1 与 K2 开关的作用是产生高、低电平信号,详见图 2.45。

第 2 章 计算机逻辑基础

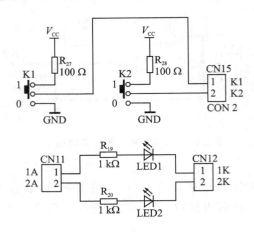

图 2.45 逻辑开关与 LED 显示电路

由此可见,只要用杜邦线分别将 K1 和 K2 逻辑开关输出信号从 CN15_1 和 CN15_2 连接到 CN11_1A 和 CN11_2A,同时用杜邦线分别将 CN12_1K 和 CN12_2K 连接到 GND,即可开始做实验了。当逻辑开关处于当前位置时,输出高电平信号,LED 全部点亮;反之,全部熄灭。

LED1 和 LED2 都是小功率高亮型 LED,所需的驱动电流不大,因此 1 kΩ 的限流电阻已经足够。如果要驱动较大功率的 LED(如 ϕ10 绿色),则限流电阻取值必须降低(330 Ω 以内)。

2.4 晶体三极管

2.4.1 三极管的特性

1. 三极管的电路符号

顾名思义,晶体三极管有 3 个电极,分别是基极 b(base)、集电极 c(collector)和发射极 e(emitter),如图 2.46 所示为三极管的电路符号。有 2 种类型的三极管,图 2.46(a)为 NPN 型,图 2.46(b)为 PNP 型。与二极管一样,图中箭头所指方向为电流容易流过的方向,因此,NPN 型三极管是由管子流向发射极,而 PNP 型三极管是由发射极流向管子。若给三极管加反向偏压,如给 NPN 三极管的发射极 e 接正电压,而基极或集电极接负电压,则三极管将无电流流过,因而也不会有什么作为。因此要使三极管正常工作,必须使电流的流向与符号中箭头所指的方向一致。实际上,三极管的基极和发射极之间相当于一个二极管的 2 个电极:对 NPN 管来说,基极为阳极,发射极为阴极;对于 PNP 来说则相反。它的导通电压也为 0.7 V。

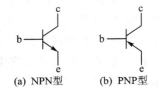

图 2.46 三极管电路符号

2. 三极管的实验电路及分析

如图 2.47 所示为晶体三极管实验电路原理图,图中有两个回路:基极回路和集电极回路。基极回路由基极电源 E_b、电阻 R_b 和三极管 be 组成。因三极管的 be 相当于一个二极管,故导通时 $V_{be}=0.7$ V,基极电流 I_b 可通过欧姆定律得到:

$$I_b = \frac{V_b - V_{be}}{R_b} = \frac{V_b - 0.7 \text{ V}}{R_b}$$

因此,通过改变基极电源电压 V_b 就可以改变基极电流的大小。

集电极回路由集电极电源 E_c、集电极电阻 R_c 和三极管 ce 组成,则回路方程为:

$$V_c = I_c \times R_c + V_{ce}$$

式中 V_c 为集电极电源 E_c 的电压。由于两个回路的电流都要流过发射极,因此发射极电流

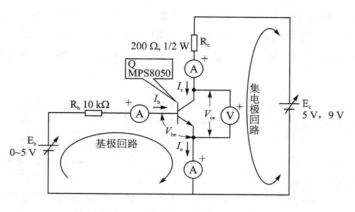

图 2.47 晶体三极管实验电路

I_e 应是基极电流 I_b 和集电极电流 I_c 之和,即 $I_e = I_b + I_c$。

2.4.2 三极管伏安特性仿真

本小节将对三极管的伏安特性进行仿真。用两个电源分别对基极回路和集电极回路供电,基极回路电源使基极和发射极之间正偏,改变该电源电压值,从而观察基极电流、集电极电流和集电极电压的变化。集电极回路电源为集电极提供电流,改变该电源电压值,观察三极管工作状态的变化。因此本仿真为直流扫描分析——DC Sweep。

1. 画原理图

建立一个新原理图文件 Transistor.sch。在库文件 Simulation Symbols.Lib 中选择两个直流电压源 VSRC 和两个电阻器 RES,在库文件 BJT.LIB 中选择三极管 MPS8050,且按如图 2.48 所示设置它们的标号和元件值。画好电气连接线,并且添加一个地电位点。

最后添加一个网络标号 Vo,以标识三极管集电极电压。

2. 选择一个仿真

选择菜单项 Simulate→Setup,弹出 Analyses Setup 对话框,在 General 选项卡中只选中直流扫描分析 DC Sweep,其余设置详见图 2.49。

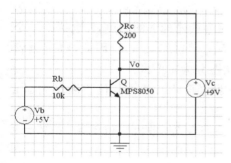

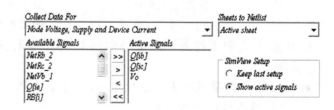

图 2.48 三极管仿真原理图　　　　图 2.49 三极管仿真设置

3. 设置仿真分析

在 Analyses Setup 对话框内选择 DC Sweep 选项卡。选中 DC Sweep Primary 和 Secondary

复选框，在 DC Sweep Primary 选项区域内的设置详见图 2.50。在 Secondary 选项区域内设置从扫描源参数，选择 VC 为从扫描源，起始值框内填入 5.000，停止框内填入 9.000，步长框内填入 4.000，则在扫描波形上，同一个仿真参数同时显示集电极电源电压分别为 5 V 和 9 V 的两个波形。

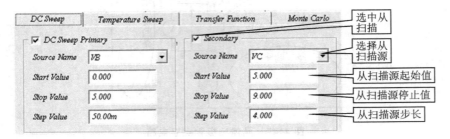

图 2.50 三极管分析设置

4. 运行仿真和调整显示

运行仿真分析，则仿真波形表显示三极管基极电流、集电极电流和集电极电压的波形，每个波形都有两条曲线，分别对应集电极电源电压 V_c 为 5 V 和 9 V，X 轴为基极电源电压。

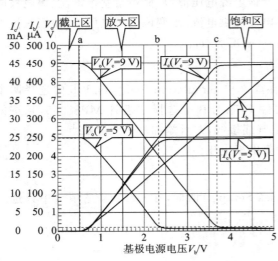

图 2.51 三极管直流扫描分析曲线

将所有波形拖动到 Vo 内，且在 View 选项区域中选中 Single Cell 单选按钮，则仿真波形表中放大显示波形，调整好各个波形的显示刻度后，仿真结果详见图 2.51。

从图 2.51 可看出，基极电流 I_b 的波形与二极管正向电流相同。当基极电源电压 V_b 达到约 0.7 V 时，I_b 随着 V_b 的增加而线性增长，且不受集电极电源电压 V_c 的影响。在测量光标 b(V_b=2.35 V) 的左侧，集电极电流 I_c 随着 I_b 而增长也几乎与 V_c 无关，只是在 b 的右侧，V_c 为 5 V 时 I_c 达到一个最大值(I_{cmax}=24.5 mA)而不随 I_b 增长。而 V_c 为 9 V 时，在测量光标 c 的右侧，I_c 也达到一个最大值(I_{cmax}=44.5 mA)。因此，将三极管的工作状态分为三个区：

- 截止区，I_b 和 I_c 均为 0，集电极电压 V_o 等于集电极源电压 V_c。截止区位于测量光标 a 左侧。
- 放大区，I_c 几乎只随 I_b 而成倍增加，V_o 逐渐下降。V_c=5 V 时，放大区位于 a～b；V_c=9 V 时，放大区位于 a～c。
- 饱和区，I_c 达到最大值，V_o 约等于 0.2 V。V_c=5 V 时，饱和区位于 b 右侧；V_c=9 V 时，饱和区位于 c 右侧。

5. 仿真实验

对如图 2.47 所示的三极管电路进行仿真，仿真类型选择 DC Sweep，扫描主电源为 E_b，从

电源为 E_c,重点观察 I_b、I_c 和 V_{ce} 的波形。

6. 实验结论

即使加有集电极电压,但在基极无电流流过时,集电极和发射极也无电流流过。这样的状态称为三极管的"截止状态",此时集-射电压 V_{ce} 等于电源电压。

若基极有微量的电流流过,则在集电极可以获得较大的电流。但因集电极回路电源电压的变化所引起的集电极电流的变化并不大,因此可以说集电极电流仅受控于基极电流。这样的状态被称为三极管的"放大状态",集电极电流与基极电流之比被称为三极管的直流放大倍数:

$$\beta = \frac{I_c}{I_b}$$

在放大状态下,随着基极电流的上升,集-射电压 V_{ce} 逐渐降低。

当基极电流增加到一定值时,集电极电流将保持在一个最大值 I_{cs} 而不再增加,此时集电极电流与基极电流的比值将小于放大状态时的直流放大倍数(即有 $\beta I_b > I_{cs}$)。这样的状态称为三极管的"饱和状态"。在饱和状态下,集-射电压 V_{ce} 为 0.2~0.3 V。实际上,三极管在饱和时的集电极电流就是集电极回路所能够提供的最大电流。

结论:三极管是一个电流控制器件,即用基极电流去控制集电极电流。若基极电流为零,则集电极电流也为零,此时三极管处于截止状态;若基极有微小电流流过,则集电极中可得到较大的电流,此时三极管处于放大状态,集电极电流与基极电流的比值被定义为三极管的放大倍数;当基极电流较大,使集-射电压为 0.2~0.3 V 时,三极管处于饱和状态,此时集电极电流为集电极回路能提供的最大电流。

2.4.3 三极管的重要参数

本小节以 S8050 为例介绍几项三极管的重要参数及意义,这对于三极管的选型非常重要。

- 集电极-发射极最大耐压 V_{ceo}。V_{ceo} 是基极开路时集电极和发射极之间所能承受的最大电压,若超过此值,则三极管将被击穿。在选择晶体管时,V_{ceo} 大约为所用电源电压的 2 倍。S8050 的 V_{ceo} 为 25 V。
- 最大集电极电流 I_{cm}。I_{cm} 是能够流过三极管集电极的最大电流。在选择晶体管时,I_{cm} 大约为三极管正常工作时流过集电极最大电流的 2 倍。S8050 的 I_{cm} 为 0.5 A。
- 最大集电极功耗 P_{cm}。P_c 是集电极-发射极间消耗的功率,为集电极电流 I_c 与集-射间电压 V_{ce} 的乘积,即:

$$P_c = I_c \times V_{ce}$$

P_c 在三极管内部转换为热,可导致三极管内部温度上升。P_{cm} 则是可消耗的功率的最大值。S8050 的 P_{cm} 为 0.625 W。

当三极管处于截止状态时,虽然集-射电压 V_{ce} 最大,但 I_c 电流最小,因此功耗较小;当三极管处于饱和状态时,虽然 I_c 电流最大,但集-射电压 V_{ce} 最小,因此功耗也较小;当三极管处于放大状态时,I_c 电流和集-射电压 V_{ce} 都较大,因此功耗最大。

2.4.4 三极管的使用

因本教材是为计算机逻辑电路打下硬件基础的,故本小节只讨论三极管的"截止"和"饱和"两个状态。至于"放大"状态则比较复杂,将在大学二年级的"电子技术基础(模拟部分)"课程中重点介绍。

1. 开关应用

如图 2.52(a)所示为三极管开关电路图。当输入 V_i 在 0 V 左右时,三极管截止(关),输出 V_o 被 R_3 拉为高电平;当输入 V_i 在 $+V_{cc}$ 左右时,三极管饱和(开),输出 V_o 接近 0 V。

为了保证三极管工作在开(饱和)关(截止)状态,输入 V_i 必须不是较高电平就是较低电平。例如,输入 V_i 为某个中间值 2.3 V(设 $V_{cc}=5$ V),则三极管将进入放大状态,这是开关电路所不允许的。若输入在较高电平和较低电平之间变化,则必须迅速通过放大区。这样一来,图 2.52(a)就等效为图 2.52(b)所示的开关电路,即三极管等效为一个受控开关。

图 2.52(c)为电路的输入/输出波形图。图中输入 V_i 和输出 V_o 的取值仅为 0 V 和 V_{cc} 两者之一,且输入为 0 V 输出就为 V_{cc},输入为 V_{cc} 输出就为 0 V,相当于一个反相器。

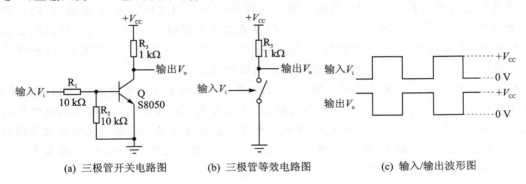

(a) 三极管开关电路图　　(b) 三极管等效电路图　　(c) 输入/输出波形图

图 2.52　三极管的开关应用

2. 认识继电器

继电器(Relay)是一类常见的电子控制器件,具有控制系统(又称输入回路)和被控制系统(又称输出回路),通常应用于各类自动控制电路中。它实际上是用较小的电流去控制较大电流的一种"自动开关",故在电路中起着自动调节、安全保护、转换电路等作用。从制作工艺上看,继电器可分为多种不同的类型,如电磁继电器、热敏干簧继电器、固态继电器、磁簧继电器和光继电器等,其中电磁继电器是最常见的一种。

如图 2.53(a)所示为电磁式继电器的基本结构。从结构上看,电磁式继电器主要由支架、衔铁(被线圈吸引的部分)、弹簧、电磁线圈、触点和外壳等部分组成。

当输入端 1 和 2 之间通过足够大的直流电时,电磁线圈产生磁力吸引衔铁,使公共触点 4 离开触点 3 而与触点 5 短接在一起;当撤销输入端电流时,电磁线圈失去磁性,在弹簧的作用下触点 4 弹回触点 3 而与触点 5 断开。通常,控制输入线圈的是低电压毫安(mA)级的信号,而输出触点与输入之间是绝缘的,并且触点能够承受高电压安培(A)级的强电信号,输出功率与输入功率之比可达千倍以上。图 2.53(b)是继电器的电气符号,在输入端 1 和 2 之间

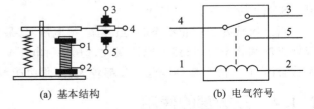

(a) 基本结构　　　　(b) 电气符号

图 2.53　继电器结构原理和电气符号

用形象的电感表示,4 是公共端 COM,3 是常闭端 NC(Normal Close),5 是常开端 NO(Normal Open),中间的虚线表示开关受控于电感线圈。继电器的触点结构实际上有很多种形式,图中给出的是较常见的单通道单刀双掷型,其他常见的还有单刀单掷、双刀双掷、多通道等各种组合。

如图 2.54 左边所示为一些小型继电器的实物照片,右边所示为一只被封装在透明塑料壳内的继电器实物照片,可以清楚地看到底座、线圈、弹簧、触点等组件。

图 2.54 继电器实物照片

3. 驱动继电器

继电器线圈需要流过较大的电流(约 50 mA)才能使继电器吸合,一般的集成电路不能提供这样大的电流,因此必须进行扩流,即驱动。如图 2.55 所示为用 NPN 型三极管驱动继电器的电路图。图中阴影部分为继电器电路,继电器线圈作为集电极负载而接到集电极和正电源之间。当输入为 0 V 时,三极管截止,继电器线圈无电流流过,则继电器释放(OFF);相反,当输入为 $+V_{CC}$ 时,三极管饱和,继电器线圈有相当的电流流过,则继电器吸合(ON)。当输入电压由 $+V_{CC}$ 变为 0 V 时,三极管由饱和变为截止,这样继电器电感线圈中的电流突然失去了流通通路,若无续流,二极管 D 将在线圈两端产生较大的反向电动势,极性为下正上负,电压值可达 100 V 以上,这个电压加上电源电压作用在三极管

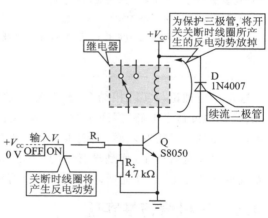

图 2.55 用 NPN 三极管驱动继电器电路图

的集电极上足以损坏三极管,故续流二极管 D 的作用是将这个反向电动势通过图中箭头所指方向放电,使三极管集电极对地的电压最高不超过 $+V_{CC}+0.7$ V。

图 2.55 中,电阻器 R_1 和 R_2 的阻值 R_1 和 R_2 必须使当输入为 $+V_{CC}$ 时的三极管可靠地饱和,即有 $\beta I_b > I_{cs}$。例如,在图 2.55 中假设 $V_{CC}=+5$ V, $I_{cs}=50$ mA, $\beta=100$,则有 $I_b > 0.5$ mA。而

$$I_b = \frac{V_{CC}-V_{be}}{R_1} - \frac{V_{be}}{R_2}$$

则

$$\frac{5\text{ V}-0.7\text{ V}}{R_1} - \frac{0.7\text{ V}}{R_2} > 0.5\text{ mA}$$

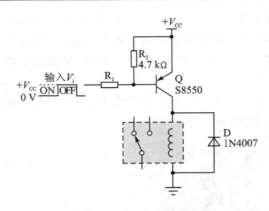

图 2.56 用 PNP 三极管驱动继电器电路图

若取 $R_2=4.7$ kΩ,则 $R_1<6.63$ kΩ。为了使三极管有一定的饱和深度,并兼顾三极管电流放大倍数的离散性,一般取 $R_1=3.6$ kΩ 左右即可。

若取 $R_1=3.6$ kΩ,当集成电路控制端为 $+V_{CC}$ 时,应至少能提供 1.2 mA 的驱动电流(流过电阻器 R_1 的电流)给本驱动电路,而许多集成电路(例如标准 80C51 单片机)输出的高电平不能达到这个要求,但它的低电平驱动能力则比较强,则应该用如图 2.56 所示的电路来驱动继电器。

与图 2.55 比较,将 NPN 三极管变为 PNP 三极管,电流方向、电压极性和继电器逻辑都应有所变化。当输入为 0 V 时,三极管饱和,从而使继电器线圈有相当的电流流过,继电器吸合;相反,当输入为 $+V_{CC}$ 时,三极管截止,继电器释放。

> **经验之谈**
>
> 下面是作者在 2006 年 10 月份全国巡回人才招聘的考题,70%的同学居然得 0 分,但也只有不到 10%的同学得满分。
>
> 继电器驱动电路,回答下列问题(12 分):
>
> (1) 完整地画出用一个 PNP 三极管驱动一个 5 V 继电器的电路,说明各个元器件的作用。
>
> (2) 若继电器的内阻为 100 Ω,三极管的放大倍数为 100,试计算在满足什么样的条件下,继电器能可靠地吸合?

这是一道理论与实践相结合,重在考查学生动手能力的试题,不少参加过电子大赛的同学,虽然曾用过这个电路,但还是考不出来。原因何在?"抄"电路是新手入门的基本方法,但大多数人却没有真正"抄"懂,他们很少花心思分析和验证电路的参数。

其实仅仅是看懂了,那是没有用的,一定要动手做出来,并搞清楚来龙去脉,所以读者一定要养成良好的习惯,独立完成本书安排的所有任务,而不是去抄别人的答案。

2.4.5 三极管特性实验

1. 辨认三极管

在实际电子产品当中,所使用的三极管有很多种封装形式,其中常见的封装有 TO-92、SOT-23、TO-220、TO-126 和 SOT-89 等。两种最常见的小功率三极管封装形式 TO-92 和 SOT-23 详见图 2.57。

对于 TO-92 封装,不论是 NPN 还是 PNP 型,引脚顺序通常都是 1-e、2-b、3-c。对于 SOT-23 封装,不论 NPN 还是 PNP 型,引脚顺序通常都是 1-b、2-e、3-c。其他封装形式的三极管引脚顺序都有各自的规定,可通过网络下载相关资料查阅。另外,也可搜索三极管还有哪些常见的封装形式。

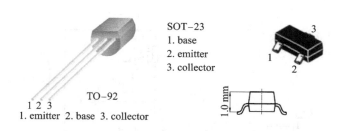

图 2.57　两种常见的小功率封装形式 TO-92 和 SOT-23

到底如何确定三极管是 NPN 型还是 PNP 型？有多种方法。先看三极管上面是否标有型号，如果有，则查阅其数据手册就能明确得知。有些万用表具有三极管测试功能，只要将三极管插入测试孔，如果正确显示 h_{FE} 的数值（相当于 β 值），则可立即确认出来。有的三极管封装太小，如 SOT-23 贴片封装，生产厂家不便标出型号名，此时上述两种方法都失效。其实，NPN 三极管相当于两只"背靠背"的二极管，即基极到集电极是一只正向的二极管，基极到发射极也是一只正向的二极管；PNP 三极管相当于两只"头对头"的二极管，方向与 NPN 的情况刚好相反。根据此特性，当拿到一只未知型号的三极管时，可按照以下方法辨认：将万用表切换到"二极管档"（如果没有该档，可用欧姆档代替），先假定一个电极是基极，用万用表测量其是否符合"背靠背"或"头对头"的特性，如果不符合，则再分别换另外两个电极试试。当测量某电极时，如果符合"背靠背"，则是 NPN 管；如果符合"头对头"，则是 PNP 管，同时可以确定该电极就是基极。

面对一只未知型号的三极管，在先确认其是 NPN 还是 PNP 的情况下，如何进一步确认 3 个电极的顺序呢？也有多种方法。如果已知封装形式，则查看对应的封装图就能确认。如果万用表带有三极管测试功能，则也可以马上确认出来。另外，按照万用表二极管档测试的方法，在判定出是 NPN 还是 PNP 的同时，也就知道了基极所在位置。那么另外两只电极哪个是集电极哪个又是发射极呢？将万用表切换至"欧姆档"，表笔接在另外两只电极之间，再用一根手指触摸基极（也有人用舌尖），看电阻是否有剧烈变化，如果没有，则交换表笔顺序再次测量；如果电阻有明显变化，则马上可以判定出来：如果是 NPN 管，则电流进入三极管的一端是集电极，流出一端是发射极；如果是 PNP 管，则电流进入的一端是发射极，流出的一端是集电极。

2. 实验电路

如图 2.58 所示为三极管特性测试电路原理图，Q1 是被测试的三极管，8050 是常见的小功率三极管型号。三极管有 3 个电极：基极 b、集电极 c、发射极 e。从每个电极上都引出有测试点 TP3、TP4、TP5；每个电极都有一个短路器，拔下跳线帽后，可接入电流表测量电流的大小。三极管是一种用较小的基极电流控制较大的集电极电流的器件，因此串联在集电极的限流保护电阻器 R_5 的阻值要比串联在基极的电阻器 R_4 的阻值小得多。电位器 RW2 和 RW3 可调整流过基极和集电极的电流大小，进而分析三极管的特性。在图 2.58 中，采用的是共发射极接法（简称共射），可以把三极管看成是一个双口器件，输入端口在基极和发射极之间，输出端口在集电极和发射极之间，两个端口共用发射极。基极回路的电源电压是 V_b，集电极回路的电源电压是 V_c，V_b 和 V_c 可以相同，也可以不同。

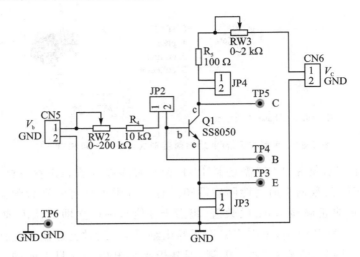

图 2.58 晶体三极管特性测试电路

3. 输入特性测试

可以利用图 2.44 的二极管测试电路来测试三极管的输入特性。取下二极管,把被测三极管的基极和发射极插入,而集电极悬空。剩下的测试方法与测试二极管的正向特性曲线完全相同(反向特性不必测试),测试过程中及时记录数据,最后绘制 $V_{ce}=0$ 时的输入特性曲线。

4. 测定 β 值

如图 2.58 所示的三极管测试电路,推荐 V_b 接 5 V 电源,V_c 接 5 V 电源。电路正常连接,RW3 先调整到适当位置(阻值约 20 Ω),再调整 RW2 改变基极电流的大小,同时拿万用表的直流电压档测量集电极到发射极之间的电压 V_{ce}(即 TP5 到 TP3 之间)。当调整到 V_{ce} 为电源电压 V_c 的 2/3 左右时为止。拔下跳线 JP2、JP4,分别接入电流表测量此时的基极电流 I_b 和集电极电流 I_c 的大小,记录数据。撤除电流表,恢复跳线帽设置。再次调整 RW2,使 V_{ce} 逐步减小到电源电压 V_c 的 1/3 左右,在此期间多次测量 I_b 和 I_c 的大小并记录。测量完毕,按照公式 $\beta = \Delta I_c / \Delta I_b$ 计算 β 的大小(取平均值),看看你手头上的三极管 β 值究竟是多少?

5. 输出特性测试

以图 2.58 所示的电路为基础来测量三极管的输出特性曲线。为了使横轴电压 V_{ce} 能够真正从 0 V 开始在大范围内变化,可以接入图 2.44 所提供的可变电源。具体做法是:拔去图 2.44 的 JP1,从 JP1-1 引线到图 2.58 的 V_c。V_b 可以正常接入 5 V 电源,我们将通过调整 RW2 来改变基极电流 I_b。

先测量 $I_b=0$ 的情况。要使 $I_b=0$,应当拔去跳线 JP2 或者 V_b 不接电源。RW3 调整到 1 kΩ 左右,从 JP4 接入微安表,调整 RW1 使 V_{ce} 从 0 V 开始增长到接近 5 V,同时观察 I_c 的变化。在测试过程中注意及时记录 I_c 和 V_{ce} 的值。

再来看 $I_b \neq 0$ 的情况。把 RW3 调到最小阻值,在 JP4 处接入电流表,JP2 处接入微安表,先调整 RW2 使 $I_b=45$ μA 固定。再调整 RW1 使 V_{ce} 在 0~5 V 之间变化,同时记录 I_c 的值(注意在 $V_{ce}<1$ V 时测量点要密集些)。在测量 $I_b=45$ μA 之后,按照同样的方法再分别测量 $I_b=60$ μA、85 μA、110 μA 时的 I_c 和 V_{ce} 值,并记录数据。

最后，依据测试数据绘制出三极管的输出特性曲线。

6. 开关特性测试

三极管的开关特性就是指工作在截止区或饱和区的状态。下面仍然以图2.58所示的电路来测试三极管的截止特性和饱和特性。

先看截止特性。V_b 不接电源，而是与GND短接，这样三极管就处于截止状态，基极电流 $I_b=0$。V_c 接入5 V或9 V电源，从JP4接入微安表，调整RW3，观察 I_c 的变化情况。通过测量数据计算三极管的功耗。

再看饱和特性。V_b 接入5 V电源，JP2接入微安表，调整RW2到适当大小（例如使 $I_b=50~\mu A$）。V_c 接入5 V或9 V电源，调整RW3使 V_{ce} 电压逐步降低到接近0 V，即进入饱和状态。JP4也接入电流表进行测量。通过测量数据计算三极管的功耗（$P=V_{be}\times I_b + V_{ce}\times I_c$）。

2.4.6 简易时间继电器

1. 为继电器增加一个控制端

普通的继电器动作时都需要较大的电流，这是一般控制电路无法直接给出的，因此需要为它增加一个驱动器。前面重点阐述了控制继电器的两种驱动方式，下面将根据具体情况选用其中的一种作为时间继电器的输出控制电路。

2. 使用RC电路实现延时

通过前面的学习可知，RC充放电回路串联的电阻值越大，充电电流就越小，充电时间也就越长；电容量越大，所需要的电荷量就越大（即储能越多），充电时间也就越长，这就是能够用RC电路实现延时的理论依据。我们不妨还是以2.2.2小节"电容器"中的图2.7为例进行分析。

假设开关K初始状态是接通2端点，电容器中初始电荷量为0。当某一时刻开关K由2端点转向1端点时，输入信号由0 V跳转为电源电压 V_E，电容开始充电，波形如图2.59所示。这里再假设在输出级接入一负载，这种负载的特点是存在一个反转电压，当输入电压低于或高于该反转电压值时，会被识别为0或者1，而输出不同的状态。

因此会有这么一个过程，当输入信号由低电平（0 V）跳转到高电平（V_E）时，电容开始充电，但因为此时电容两端电压还没有达到负载的动作反转电压，则负载识别输入信号为0（不动作）。当电容两端电压达到负载动作阈值电压时，负载识别为1。此时从波形上可以看出，从输入信号跳变为1到负载识别输入信号为1之间，相隔了 ΔT 的时间。换句话说，输入信号被延迟了 ΔT 时间。这也就是RC延时电路的工作原理。

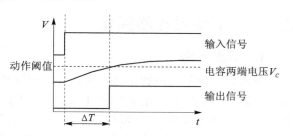

图2.59 RC电路延时原理示意图

3. 工作原理

有了前面的铺垫，我们已经可以实现由微弱信号控制继电器了，并且也可以对一个信号进行延时处理。现在要做的就是将这两部分电路结合起来，详见图2.60。

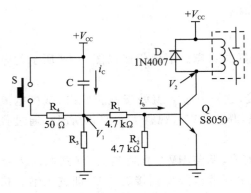

图 2.60 简易时间继电器电路原理图

因为我们需要实现的功能是,按下按键时继电器吸合,松开按键后继电器延迟一段时间再进入关断状态,所以需要将原来的 RC 电路进行相应的调整,将电容器置于电阻器上方,这样初始状态电容器中没有存储电荷,两端压差为零,三极管 Q 的输入端为高电平($+V_{CC}$),三极管导通。随着电容器中充入的电荷量越来越多,两端的压差也越来越大,三极管输入端电压也将越来越低,当三极管中电流不足以维持继电器吸合时,继电器关断。电路中的电阻器 R_4 是用于电容器放电时,限制放电电流不至于过大而损坏电容器。

这个电路的延迟时间可以通过 RC 电路的时间常数 $\tau = R \cdot C$ 进行估算,但因三极管放大倍数的离散性较大,故延时无法做到非常精确。公式中的 C 就是电路中电容器 C 的电容量,而 R 则可以近似等于电阻器 R_3 与 R_1 并联后的阻值。因为三极管驱动电路已经确定了电阻器 R_1 的阻值范围,并限定了阻值 R 无法取较大值。如果要通过这个电路实现较长时间的延时,则需要采用电容量较大的电容器,该电路的波形详见图 2.61。

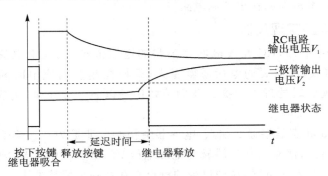

图 2.61 继电器动作波形

2.4.7 继电器驱动实验

1. 实验电路

时间继电器是一种利用电磁原理或机械原理等实现延时控制的继电器。它有很多种类,如空气阻尼型、电动型、电子型和其他型等。不同类型的时间继电器实现延时的长短不同,短的从零点几秒至数秒,长的可达几小时到几天,若采用单片机程序控制,则延时长短几乎不受限制。在这里只介绍一种简易的 RC 时间继电器,利用 RC 充放电的原理,控制时间可以从 0.1 s 到数 s。

如图 2.62 所示的继电器实验电路已经包含 RC 充放电和按键触发部分。

如果拔下 JP6 的跳线帽,则继电器与整个电路板在电气上是完全脱离的,可以用万用表来测量其直流输入电阻值。二极管 D12 起续流保护作用,R_{26} 是可选的限流电阻器。JP5 接在 RC 延时器和晶体管控制电路之间,如果拔掉 JP5,则可以直接接入 V_{CC} 和 GND 信号来控制继电器的吸合。

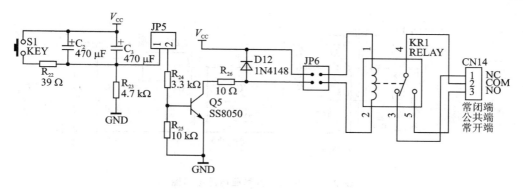

图 2.62　继电器实验电路

电容器 C_2 和 C_3 是并联关系,其总电容量相当于 RC 电路当中的电容量 C。电阻器 R_{23} 和晶体管等效输入电阻之间是并联关系,其并联电阻值相当于 RC 电路当中的电阻值 R。电容器 C_2 和 C_3 都是可插拔的,用户可以通过更换不同容量的电容器来控制开关的延迟时间。

在整个电路的上电瞬间,电容器 C_2 和 C_3 视为短路,JP5 就是高电平,因此继电器会吸合。随着 RC 充电过程的进行,输入到晶体管基极的电流在不断减小,到了一定程度,在集电极产生的电流不足以维持继电器的吸合状态,则继电器就被断开。

在继电器断开的情况下,如果手动按下 S1,则电容器 C_2 和 C_3 上的电荷通过限流电阻器 R_{22} 很快释放(如果没有 R_{22},则电容器正负极将直接短路,可能会产生火花),JP5 处重新变成高电平,于是继电器会立即吸合。松开 S1 后,RC 电路开始缓慢充电,经过一段时间后继电器就会自动断开。

2. 测量继电器输入线圈的直流电阻

拔去跳线 JP6,用万用表的欧姆档测量继电器输入线圈的直流电阻大小,记录数据,并推算在直接外加 5 V 电源的情况下,继电器输入电路所消耗的功率有多大。

3. 继电器吸合

正常连接 JP6,但拔去 JP5。继电器输出的 COM 端和 NO 端接到图 2.45 中的 LED。用杜邦线将 JP5-2 端分别接到 V_{CC} 和 GND,观察继电器的吸合/断开控制功能。

4. 按键触发的时间继电器

正常连接 JP5 和 JP6,用继电器输出端控制图 2.45 中的 LED。分别试验上电和按下 S1 时继电器的动作情况。

2.5　直流稳压电源

我们最熟悉的电源是 220 V 交流市电,但若直接使用这个市电,虽然能够点亮一盏灯或转动一个电风扇等,但要在一个电子电路或计算机上使用市电,则必须首先将其转换为直流稳压电源后才能使用。

典型的线性直流稳压电源的电路图详见图 2.63,它由电源开关 K、保险管、AC/DC 适配器、集成稳压器和后级滤波器组成。当输入 220 V 交流电且开关 K 闭合时,则输出稳定的直流电压,且在一定范围内不受 220 V 交流电网的波动和电子电路负载大小的影响。

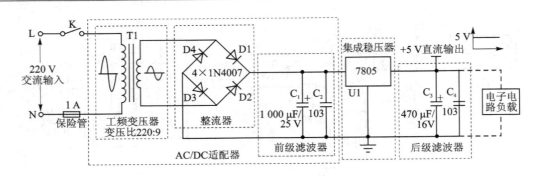

图 2.63 线性直流稳压电源电路图

2.5.1 AC/DC 适配器

如图 2.64 所示为一种常用的规格为 9 V/500 mA 的 AC/DC 适配器实物照片。如图 2.63 所示,通常 AC/DC 适配器由工频变压器、整流器和前级滤波器三部分组成。工频变压器将 220 V 交流电网电压降低,它的输出仍为工频交流,只是有效值降为所需的电压值。例如,图 2.63 中所示的工频变压器变压比为 220∶9,则变压器输出就为 9 V。

整流器的作用是将降低后的工频交流电压变换为直流电压,图 2.65 展示了整流器的工作原理。在交流的正半周期,变压器次级上正下负,电流从正极经 D1、负载和 D3 流回变压器的负极,这样若忽略二极管的导通电压,在负载上会得到一个大小与变压器次级相同的电压波形,极性为上正下负;在交流的负半周期,变压器次级上负下正,电流从正极经 D2、负载和 D4 流回变压器的负极,这样在负载也得到一个大小与变压器次级相同的电压波形,极性与正半周期一样,也为上正下负。因此,在交流信号的正负半周期的分别作用下,整流器均输出单极性的脉动电压,该输出的直流成分已大于零。

图 2.64 AC/DC 适配器

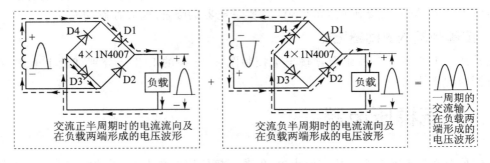

图 2.65 整流器工作原理示意图

图 2.63 中的前级滤波器由大电容器 C_1 和小电容器 C_2 并联组成,我们知道电容器能够滤除交流信号。它的滤波原理可通过图 2.66(a)所示电源滤波器等效电路来说明,图中 C 即为用于滤波的电容器,R_L 为模拟负载,相当于集成稳压器及后级电路,二极管 D 模拟整流电路。输入信号如图 2.66(b)所示,是整流器的输出信号,本电路的作用就是要将其中的交流成分滤除。

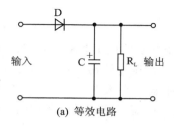 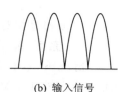 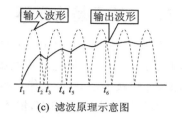

(a) 等效电路　　　　　　(b) 输入信号　　　　　　(c) 滤波原理示意图

图 2.66　电源滤波器工作原理示意图

如图 2.66(c)所示为滤波原理示意图,虚线部分为输入波形,实线部分为输出波形。假设电容器 C 两端初始电压为 0 V,在 $t_1 \sim t_2$ 时间内,输入电压大于电容器电压,二极管导通,输入电压一方面向负载供电,另一方面对电容器 C 充电;在 $t_2 \sim t_3$ 时间内,输入电压小于电容器电压,二极管截止,电容器只对负载供电。

在这一充放电过程中,由于流入电容器的电荷量大于流出电容器的电荷量,因此在 t_3 时刻,电容器因积累了一定的电荷而呈现出一定的电压。同样,在下一个充电($t_3 \sim t_4$)和放电($t_4 \sim t_5$)过程中,流入电容器的电荷量仍大于流出电容器的电荷量,因此在 t_5 时刻,电容器两端呈现出比 t_3 时刻更高的电压。

但由于充电时间的缩短($t_4 - t_3 < t_2 - t_1$),使流入电容器的电荷量已有所减少,而若负载保持不变,则流出电容器的电荷量保持不变。这样一来,经过数个充放电周期(本例中只有 3 个,实际上不止)之后,在 t_6 时刻,电容器流入、流出的电荷量相同,使输出电压基本稳定。达到稳定之后的输出电压是有一点波动的直流信号。即整流器输出的单极性脉动电压经过该滤波器后,就变成了较为平坦的直流信号了。小电容器 C_2 的作用是滤除高频干扰。

AC/DC 适配器输出的直流电压是不稳定的,它的输出电压值会随着电网电压的波动和负载的大小而变化,并不适合直接应用于计算机系统和电子电路,因此还必须进行稳压。

2.5.2　线性集成稳压器

图 2.63 中的集成稳压器 7805 是一个固定 5 V 输出的集成三端线性稳压器,图 2.67 是它的实物照片。它内部有一个类似于稳压管的电压基准源,且利用深度负反馈电路将输出稳定控制在 5 V,在一定范围内不受电网电压和负载大小的影响。它的最大输出电流为 1 A,最高输入电压为 36 V,输入引脚和输出引脚之间的最小压差为 2.5 V,即最低输入电压为 7.5 V。

图 2.63 中后级滤波器的作用是进行进一步的滤波,为防止电源在稳压过程中和负载变化过程中所产生的直流输出电压波动。

线性稳压器是一种稳定度高,但同时效率却非常低的稳压电源,特别是当输入/输出压差变大时,在稳压器本身上的损耗就变得更大了。而像 7805 这样的稳压器,其输入/输出之间的压差不能低于 2.5 V,这同时也限制了当今一些电池供电设备的使用。

图 2.67　集成稳压器 7805 实物照片

相应地,电压可变型 3 端调节器 LM317、LM337 也是业已大量上市的通用品。其中,LM317 的电压可变范围为 +1.2~34 V,电流容量为 0.5 A;LM337 的电压可变范围为 -1.2~34 V,电流容量为 0.5 A。

2.5.3 低压差稳压器

低压差稳定器 LDO(Low Dropout Regulator)是相对于传统的线性稳压器来说的,意为低压差线性稳压器。传统的线性稳压器,如 78xx 系列,都要求输入电压比输出电压高出 2.5 V 以上,否则就不能正常工作。但是在一些情况下,这样的条件显然是太苛刻了,如 5 V 或 4.5 V(3 节电池)转 3.3 V,输入与输出的压差只有 1.7 V 或 1.2 V,显然是不满足条件的。针对这种情况,才有了 LDO 类的线性稳压器。

如图 2.68 所示为安森美(ON semi)公司生产的一种 LDO 芯片 CAT6219 的引脚配置和典型应用电路图。它的主要特征如下:

- 输入电压范围为 2.3~5.5 V,最大输出电流可达 500 mA;
- 负载为 500 mA 时典型压差(即 $V_{IN}-V_{OUT}$)可低至 300 mV;
- 有 1.8 V、2.85 V 和 3.3 V 三种固定电压可选。

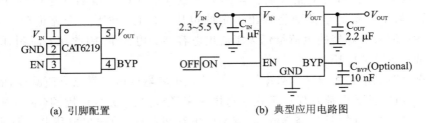

(a) 引脚配置 (b) 典型应用电路图

图 2.68 CAT6219 引脚配置和典型应用电路图

在图 2.68(b)中,若输入为 3 节干电池,则电量饱满时总电压为 4.5 V,输出为 3.3 V。随着电池的放电,输入电压逐渐降低,只要电池电压不低于 3.6 V,输出电压可保持稳定。当 3 节电池电压低于 3.6 V(每节 1.2 V)时,电池电量早已完全耗尽。即 LDO 的使用可充分耗尽电池电能,提高电池使用效率。

2.6 模拟信号和数字信号

2.6.1 模拟信号

在自然界中人类可以感知的所有物理量都是在时间上连续变化的,且幅值上也是连续取值的。例如温度、压力、声音和速度等,若用一个传感器将这些物理量转变为电信号,则这些电信号在连续的时间轴上是连续取值的。这种连续变化的电信号称为模拟信号,处理模拟信号的电路称为模拟电路。

如图 2.69(a)所示为一温度传感器在连续 16 小时内输出的与某环境温度相关的连续取值的模拟电压信号,该模拟信号可通过如图 2.69(b)所示的模拟电路进行放大。模拟信号用电学的方式精确、真实地模拟了自然界中物理量随时间连续变化的规律,但它也有不易运算、存储和传输的缺点,且容易受到其他杂散电信号的干扰。

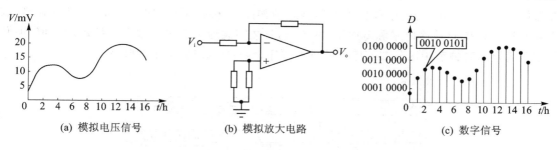

图 2.69 模拟信号与数字信号

2.6.2 数字信号

与模拟信号相对应,在一系列离散的时间点上对某一物理量以一定的分辨率进行取值,则得到一系列离散的数字量,将这些数字量均用 0 和 1 组成的二进制数值来表示,即为数字信号。例如,在 16 个小时内每隔一小时从温度计上人工读取、记录与图 2.69(a)相同的环境温度,读取时以四舍五入的方式只记录摄氏温度的整数位,则温度分辨率为 1 ℃。将这些温度值转换为二进制数,就得到表示该环境温度的数字信号,详见图 2.69(c)。假设所读出的温度值有一个为 37 ℃,则可用二进制数值 0010 0101B 来表示这个数字量。

显然,图 2.69(c)所示的数字信号只是图 2.69(a)所示的模拟信号在特殊时间点上以一定的分辨率进行的采样,这就是模拟信号的数字化。采样的时间间隔越短且所记录的分辨率越高(小数点后的位数越多),则所得的数字信号就越逼近真实的模拟信号,但所得的数字信号量和位数就越多,处理这些数字信号所需的资源要求就越高。当然在现代电子技术中,模拟信号的数字化并非都是靠人工读取的,而是通过模/数转换器自动实现的。

处理二进制数字信号的电路称为数字电路。如图 2.52 所示的三极管开关电路只能处理一位二进制数字信号,8 个相同的电路则能处理 8 位二进制信号。现代计算机就是非常典型的、普遍的、功能强大的数字处理机器,它能够对数字信号进行各种复杂的运算和存储,也可以利用通信网络对数字信号进行远距离传输。

2.6.3 数字信号的电学描述

在电子学中,数字信号实际上就是一组由 0 和 1 表示的二进制数值。在数字电路系统中通常用 0 表示低电平,用 1 表示高电平,而高、低电平并不是指一个精确的电压值,而是一段电压范围,详见表 2.2。因此,可以很方便地用开关电路来实现二进制数值,同时可以看出数字信号具有很好的强壮性,不易受到其他杂散信号的干扰。

表 2.2 二值信号电学描述表

5 V 电压系统	3.3 V 电压系统	电 平	二值逻辑
3.5～5.5 V	2.3～3.6 V	高电平	1
−0.5～1.5 V	−0.3～1 V	低电平	0

如图 2.70(a)所示是在数字电路中可用示波器测量出的波形。可以看出,虽然每个高(或低)电平脉冲的电压值都不相同,但只要在允许的高(或低)电平范围内,就认为是正确、可用的

第 2 章 计算机逻辑基础

二值信号。为了分析方便,于是将该波形整理为如图 2.70(b)所示的数字波形,可以看出,数字波形只有 0 和 1(或高电平和低电平)两个值,且数字波形也不关心波形的精确时间值,但必须按照固定的时钟节拍区分二值序列的排列顺序,详见图 2.70(b)中的竖虚线。

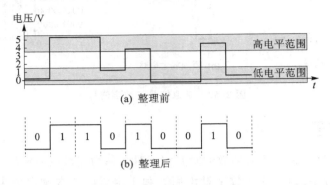

图 2.70 数字波形的整理

2.7 逻辑代数

计算机中经常会出现这样的变量,它的可能取值只有 0 和 1,而这 2 个值并不代表数值,而是代表某种因果关系,称这种变量为二值变量,这种因果关系的运算被称为逻辑运算。

2.7.1 基本逻辑运算

1. "与"逻辑

定义:只有当某事件的所有条件满足之后,该事件才会发生。

如图 2.71(a)所示电路,开关 A 和 B 的闭合及灯 L 亮用 1 表示,开关 A 和 B 的断开及灯 L 灭用 0 表示。从电路可以看出,只有当开关 A 和 B 均为 1(闭合)时,灯 L 才为 1(亮);只要开关 A 和 B 有一个为 0(断开),灯 L 就为 0(灭)。根据开关的每一种组合可以得出如表 2.3 所列的真值表,这样的因果关系称之为"与",可以用 L=A·B 逻辑表达式来描述,"与"逻辑图形符号详见图 2.71(b)。表示"与"逻辑功能的图形符号,也可用做实现该逻辑功能的"与"门元件的图形符号(其他逻辑功能的图形符号亦如此)。

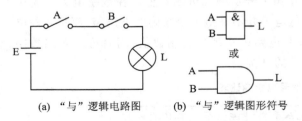

(a) "与"逻辑电路图 (b) "与"逻辑图形符号

图 2.71 "与"逻辑电路图及图形符号

表 2.3 "与"逻辑真值表

A	B	L
0	0	0
0	1	0
1	0	0
1	1	1

2. "或"逻辑

定义:只要当某事件的所有条件中的任一个条件满足之后,该事件就会发生。

如图 2.72(a)所示电路,只要开关 A 和 B 中的任一个为 1(闭合),灯就为 1(亮);只有开关 A 和 B 都为 0(断开)时,灯才为 0(灭)。也可得出如表 2.4 所列的真值表,这样的因果关系称之为"或",可用 L=A+B 逻辑表达式来描述,"或"逻辑图形符号详见图 2.72(b)。

表 2.4 "或"逻辑真值表

A	B	L
0	0	0
0	1	1
1	0	1
1	1	1

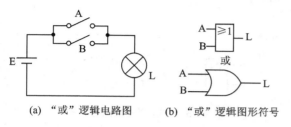

(a) "或"逻辑电路图　　(b) "或"逻辑图形符号

图 2.72 "或"逻辑电路图及图形符号

3. "非"逻辑

定义:输出等于输入的反。"非"逻辑运算是一种单值运算,又称反相器。

若输入为 1,则输出为 0;若输入为 0,则输出为 1。真值表详见表 2.5,用逻辑表达式 L=$\overline{A}$ 来描述。

"非"逻辑图形符号如图 2.73 所示。"非"运算是一种单变量的运算,而"与"、"或"则可推广到多变量:

$$Y=A \cdot B \cdot C \cdot D \cdot \cdots$$
$$Y=A+B+C+D+\cdots$$

表 2.5 "非"逻辑真值表

A	L
0	1
1	0

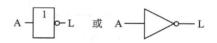

图 2.73 "非"逻辑图形符号

2.7.2　常用逻辑运算

1. "与非"逻辑

将"与"逻辑和"非"逻辑组合就成了"与非"逻辑,其逻辑真值表详见表 2.6,图形符号表示详见图 2.74,可以用逻辑表达式 L=$\overline{A \cdot B}$ 来描述。

表 2.6 "与非"逻辑真值表

A	B	L
0	0	1
0	1	1
1	0	1
1	1	0

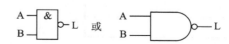

图 2.74 "与非"逻辑图形符号

2. "或非"逻辑

将"或"逻辑和"非"逻辑组合就成了"或非"逻辑,其逻辑真值表详见表2.7,图形符号表示如图2.75所示,可以用逻辑表达式 $L=\overline{A+B}$ 来描述。

表 2.7 "或非"逻辑真值表

A	B	L
0	0	1
0	1	0
1	0	0
1	1	0

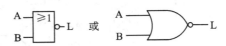

图 2.75 "或非"逻辑图形符号

3. "异或"逻辑

两个输入变量相同结果就为0,不同结果就为1,这就是"异或"逻辑。它的逻辑真值表详见表2.8,图形符号表示详见图2.76,可以用逻辑表达式 $L=A\oplus B=\overline{A}B+A\overline{B}$ 来描述。

表 2.8 "异或"逻辑真值表

A	B	L
0	0	0
0	1	1
1	0	1
1	1	0

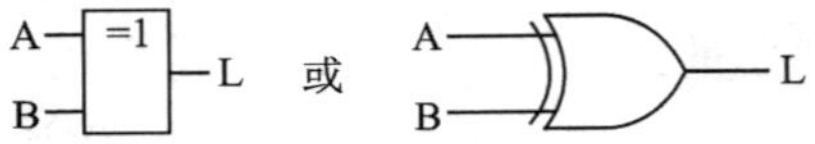

图 2.76 "异或"逻辑图形符号

2.7.3 摩根定律

如果将表2.7所列的"或非"门真值表表示成负逻辑,则得到如表2.9所列的真值表。与表2.6所列的"与非"门逻辑真值表比较,可以看出表2.9中的三个逻辑变量 $\overline{A}$、$\overline{B}$ 和 $\overline{L}$ 呈现出"与非"逻辑关系,即:

$$\overline{L}=\overline{\overline{A}\cdot\overline{B}}$$

由于 $L=\overline{A+B}$,代入上式得:

$$A+B=\overline{\overline{A}\cdot\overline{B}}$$

表 2.9 "或非"负逻辑真值表

$\overline{A}$	$\overline{B}$	$\overline{L}$
1	1	0
1	0	1
0	1	1
0	0	1

同理,将表2.6所列的"与非"门真值表表示成负逻辑,则可得到:

$$A\cdot B=\overline{\overline{A}+\overline{B}}$$

$A+B=\overline{\overline{A}\cdot\overline{B}}$ 与 $A\cdot B=\overline{\overline{A}+\overline{B}}$ 统称为摩根定律,也就是说,"与非"逻辑和"或非"逻辑互为负逻辑。

2.8 简单门电路

2.8.1 用晶体管实现的门电路

1. "与"门

如图 2.77 所示上半部分是用二极管 D2、D3 和电阻器 R6 构成的"与"门逻辑电路。从二极管的单向导电性可以看出,只要输入 A 或 B 有一个为低电平(接地),相应的二极管 D1 或 D2 就导通,输出 Y 就被箝位到二极管的导通电压 0.7 V,可认为输出为低电平;只有当输入 A 和 B 均为高电平(V_{CC})时,D1 和 D2 均不导通,输出 Y 被电阻器 R 拉到 V_{CC}(+5 V),可认为输出为高电平。

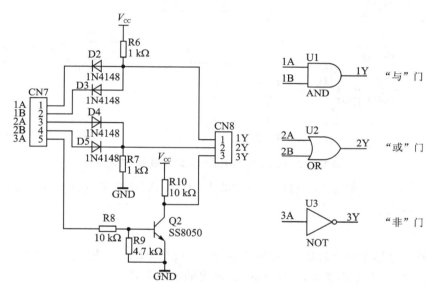

图 2.77 用二极管实现的"与"、"或"、"非"门电路

2. "或"门

如图 2.77 所示中间部分是用二极管 D4、D5 和电阻器 R7 构成的"或"门逻辑电路。从二极管的单向导电性可以看出,只要输入 A 或 B 有一个为高电平(V_{CC}),相应的二极管 D1 或 D2 就导通,输出 Y 就被箝位到 $V_{CC}-0.7$ V,可认为输出高电平;只有当输入 A 和 B 均为低电平(接地)时,D1 和 D2 均不导通,输出 Y 被电阻器 R 拉到地,即输出低电平。

3. "非"门

如图 2.77 所示下半部分是用电阻器 R8、R9、R10 和三极管 Q2 构成的"非"门逻辑电路。三极管 Q 工作在开关状态,当输入 A 接高电平(V_{CC})时,Q 饱和导通,输出 Y 为 0.2 V,相当于输出低电平;当输入 A 接低电平(地)时,Q 截止,输出 Y 被电阻器 R3 拉至 V_{CC},相当于输出高电平。

4. "与非"门以及"或非"门

将如图 2.77 所示的"与"门输出 Y 和"非"门输入 A 通过二极管相连即成了"与非"门,详见图 2.78 上半部分电路。串入二极管 D3 的作用是当"与"门输出低电平(0.7 V)时,能够使三极管 Q 可靠截止。

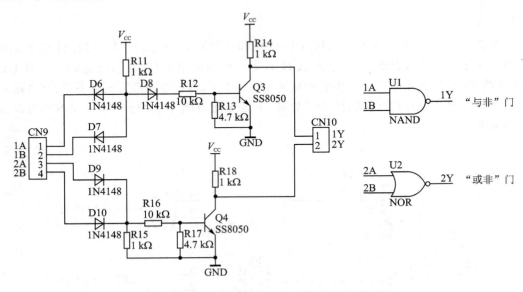

图 2.78 用晶体管实现的"与非"、"或非"门电路

将如图 2.77 所示的"或"门输出 Y 和"非"门输入 A 直接连接即成了"或非"门,详见图 2.78 下半部分电路。

5. 实 验

这部分的实验操作相当简单,请对照原理图和 PCB 板依次完成"与"门、"或"门、"非"门、"与非"门、"或非"门电路的连接,并验证输入/输出的逻辑关系。

输入端 A 和 B 的高、低电平信号是由逻辑开关 K1 与 K2 产生的,输出端 Y 连接如图 2.45 所示 LED 的 A 端,而 LED 的 K 端接 GND。请读者自行撰写实验报告并列出真值表。

2.8.2 集成门电路

1. 集成电路的分类

数字集成电路是将元器件和连线集成于同一半导体芯片上而制成的数字逻辑电路或系统。根据数字集成电路中包含的门电路或元器件数量,可分为小规模集成(SSI,Small Scale Integration)电路、中规模集成(MSI,Middle Scale Integtation)电路、大规模集成(LSI,Large Scale Integration)电路、超大规模集成(VLSI,Very Large Scale Integrated)电路和特大规模集成(ULSI,Ultra-Large Scale Integration)电路,其分类详见表 2.10。

表 2.10　数字集成电路的分类

分　类	门的个数	典型集成电路
小规模集成电路	最多 12 个	逻辑门、触发器
中规模集成电路	12~99	计数器、加法器
大规模集成电路	100~9 999	小型存储器、门阵列
超大规模集成电路	10 000~99 999	微控制器
特大规模集成电路	10^6 以上	32 位 ARM 处理器

标准逻辑集成电路 IC 从诞生到发展的成长过程中，大致可以分为用双极工艺制造的 TTL(Transistor Transistor Logic)、ECL(Emitter Coupled Logic)系列产品及 CMOS 系列产品，近年来又出现具有双极和 CMOS 特点的 BiC-MOS。尽管系列品种很多，但它们在逻辑功能方面还是一样的，只不过它们在处理信号的速度、功率与驱动能力等方面各有不同。

典型的 74 系列 TTL 标准逻辑电路诞生于美国，后面的数字定义为逻辑电路的功能。在 20 世纪 70 年代，在待机时接近零功耗的 CMOS 标准逻辑电路诞生了，而且具有 CMOS 特点的模拟开关等器件也相继诞生。主要有 4000/14000 系列产品，相对于工作电压为 5 V 的 TTL 来说，CMOS 可在 3~18 V 之间的任何电压下工作。

大约 20 世纪 70 年代后期，工作速度更快的 74C/40H 系列 CMOS 器件开始商品化。在 20 世纪 80 年代前半期，74HC 系列标准逻辑器件迅速被美国 JEDEC 标准委员会标准化，从此 74HC 系列产品确立了在标准逻辑器件中的核心地位。

2. CMOS 器件的特点

与模拟电路相比，数字电路主要有以下优点：

① 低压与宽压。与双极型 TTL 的(5±0.25)V 相比，不仅工作电压范围宽，而且工作电压更低。

② 功耗低。当使用 CMOS 器件进行数据处理时，由于输入信号的上升时间和下降时间非常短，以至于贯穿电流所引起的功耗非常少，因此低功耗也是 CMOS 器件拥有巨大市场的最大原因。

③ 噪声容量大。数字电路的噪声容量是由输出振幅的最小值与输入信号的最小必要振幅之差来定义的，这个差值越大，对于电源/GND 线或由信号线产生的突发噪声来说，越不容易引起误动作。作为标准逻辑器件，与双极型 TTL 相比，CMOS 具有更宽的噪声容量。

④ 容易集成。由于 CMOS 的低功耗特征，在发热问题上比双极器件更优越，也有利于集成化。

⑤ 输入阻抗高。实际的 CMOS 器件输入级都配备有保护电路二极管或 MOS 晶体管，这些器件通常是反向偏置的，所以具有几十 MΩ 以上的输入阻抗。

3. 常用门电路

在实际应用中，有专门实现门电路功能的集成电路可供选择，如 74HC00 为二输入四"与非"门，详见图 2.79(a)；74HC04 为六反相器，详见图 2.79(b)。

这些集成电路采用了比较先进的半导体技术，线路较为复杂，但其功能齐全，可靠性高。例如，它的输入阻抗高，输出驱动能力强，功耗低，工作速度快，所有输入/输出端都加了二极管

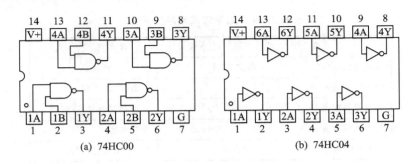

图 2.79 常用门电路

箝位保护,等等,因此在设计数字电路时尽量采用集成电路。

2.8.3 门电路实验

如图 2.80 所示为逻辑拨码开关与 LED 发光二极管显示电路。A3 实验区的 K1～K10 是 10 个单刀双掷的拨动开关,用于产生高电平逻辑 1 和低电平逻辑 0。其当前的状态是通过电阻连接到+5 V 电源的上拉方式,这个电阻常称为"上拉电阻",此时 A3 实验区的 JP1_1～JP1_8 输出高电平。当逻辑拨码开关 K1～K8 向下平移,通过下拉电阻接地,则 JP1_1～JP1_8 输出低电平。D1～D8 为共阳极 LED 驱动电路,其中 U1 与 U2 为 74HC04 反相器驱动电路。

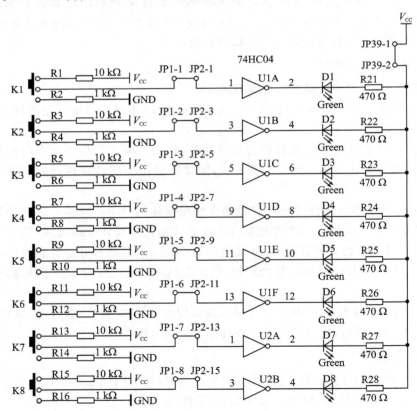

图 2.80 门电路实验原理图

首先用并行排线将逻辑拨码开关 K1~K8 连接到 B1 实验区与绿色 LED 显示器(D1~D8)相连的 JP2 单号插针(注意：不要搞错连线的编号顺序)，然后用短路器连接 JP39_1 与 JP39_2 接通电源。

当 JP2 某引脚输入高电平时，对应的 LED 发光，反之熄灭。假设 8 个逻辑拨码开关中只有 K1 处于高电平状态，即可以用 0000 0001 数字信号表示 8 个逻辑拨码开关的状态，那么与之对应的 8 个 LED 中只有 D1 是发光的，而其余全部熄灭，即 8 个 LED 对应的状态为 0000 0001。由此可见，LED 的显示状态一一对应逻辑拨码开关的信号状态，8 个逻辑拨码开关与 8 个 LED 之间对应的关系详见表 2.11，其中，"HEX"表示十六进制数，"●"表示 LED 熄灭(低电平信号)，"☼"表示 LED 发光(高电平信号)。虽然 LED 看起来只能表示 0、1 两种状态，但是它的作用却不可忽视，如家用电器常用 LED 来表示电源的开关状态。

通过上述实验可以看出，8 位二进制数可以表达 0~255 种状态。与此同时，还可以将十六进制数转换为二进制数的表示形式，用 LED 显示数据的状态，因此也常常将 LED 显示器作为人与计算机之间的信息交互界面。

表 2.11 逻辑开关状态表

K8~K1	HEX	D8~D1	K8~K1	HEX	D8~D1
0000 0000	00H	●●●● ●●●●	0000 0110	06H	●●●● ●☼☼●
0000 0001	01H	●●●● ●●●☼	0000 0111	07H	●●●● ●☼☼☼
0000 0010	02H	●●●● ●●☼●	0000 1000	08H	●●●● ☼●●●
0000 0011	03H	●●●● ●●☼☼	0000 1001	09H	●●●● ☼●●☼
0000 0100	04H	●●●● ●☼●●	……	……	……
0000 0101	05H	●●●● ●☼●☼	1111 1111	0FFH	☼☼☼☼ ☼☼☼☼

2.8.4 OC 门和三态门

1. OC 门

OC(Open Collector)门又称集电极开路门，它的结构如同在图 2.77 所示的"非"门电路中，将上拉电阻器 R3 去掉形成集电极开路的结构。

如图 2.81(a)所示为 OC"与非"门的电路结构，这样当三极管 Q 截止时，输出不是高电平而是"高阻"状态。即处于高阻态时，电路与负载之间相当于开路，输出端对地的电阻值和对电源端的电阻值都近似为无穷大。OC"与非"门的图形符号详见图 2.81(a)，它的逻辑真值表见表 2.12，注意与表 2.6 比较。

如图 2.81(b)所示为 OC 门的典型应用电路。图中各个 OC 门的输出连接在一起通过一只外接电阻器 R 上拉到 V_{CC}，只要有 1 个输出低电平，则总输出 Y 就为低电平，只有当所有 OC 门输出高阻时，总输出 Y 才被电阻器 R 拉为高电平，这就是"线与"功能。

OC 门除了组成"线与"电路完成某些特定的逻辑功能之外，还可以实现逻辑电平的转换，以驱动继电器、三

表 2.12 OC"与非"门逻辑真值表

A	B	Y
0	0	高阻
0	1	高阻
1	0	高阻
1	1	0

第 2 章 计算机逻辑基础

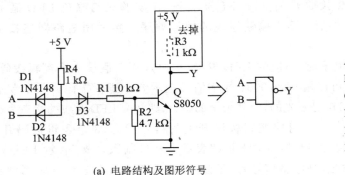
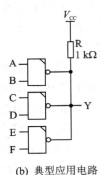

(a) 电路结构及图形符号　　　　　(b) 典型应用电路

图 2.81　OC "与非" 门电路

极管等电路，同时也可以组成信息通道（总线），实现多路信息采集。

2. 三态门

三态门有 3 种输出状态，除了"高"、"低"两种状态外，还有"高阻"态，它是在逻辑门的基础上加上使能控制信号和控制电路构成的，即通过 1 个额外的输入控制端来控制三态门进入"高阻"态。

三态"非"门的图形符号详见图 2.82(a)。图中 $\overline{EN}$ 为三态控制端，也称之为使能端，只要它为低电平，输出 Y 为输入 A 的反（$Y=\overline{A}$）；当 $\overline{EN}$ 为高电平时，则无论输入 A 为何状态，输出均为高阻态。其逻辑真值表详见表 2.13。

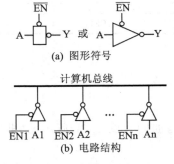

图 2.82　三态"非"门

表 2.13　三态"非"门逻辑真值表

$\overline{EN}$	A	Y
1	×	高阻
0	0	1
0	1	0

> 🔔 **注意**：由于 OC 门输出端的集电极处于开路状态，所以使用时若干个 OC 门的输出可以并接在一起，三态门亦然。而一般普通的 74HC 门电路，无论输出是高电平还是低电平，它的输出电阻太低，所以它们的输出不可以并联接在一起构成"线与"。

3. 计算机总线

在计算机中为了简化线路，将相互通信的多个器件连到一条线上，称之为总线（Bus），即用一个传输通道以选通方式传送多路信号，分时实现多路信息的采集。为了使总线上的各个器件之间互不影响,这些器件的输出则一定是三态门,详见图2.82(b),连接到总线上的各个三态门的使能端每一时刻只能有1个被使能,各门电路控制端轮流有效,从而将相应的信号轮流传输到总线上而互不干扰,其他三态门的输出均为高阻态。

如图2.83所示的74HC125是一个三态输出四总线缓冲器。图中$\overline{EN}$为三态控制(使能)端,当$\overline{EN}$为低电平时,输出Y与输入A的状态是一样的(Y=A);当$\overline{EN}$为高电平时,则无论输入A为任何状态,输出均为高阻态。

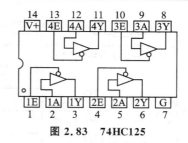

图2.83 74HC125

☞ 关键知识点

在输入/输出信号之间起缓冲作用的74HC125三态缓冲器,除输出为1和0两种状态之外,还要加上一个不与其他电路连接的"无效"状态。在控制信号$\overline{EN}$为0时,起普通缓冲器作用,输出Y=A;然而,在$\overline{EN}=1$时,不管输入A是什么,输出Y都是高阻态,即输出电路被切断,输出端Y处于无效状态。

2.8.5 计算机总线实验

1974年,美国人爱德华·罗伯茨设计了全球第一台计算机Altair 8800,人们称之为计算机原型机。它不仅没有显示器和键盘,更见不到鼠标,这是一台没有监控管理程序的计算机,因此只能用二进制机器语言为这台计算机编程。先是将程序的十六进制操作码和操作数用手工转换为二进制写在纸上,然后通过拨码开关来完成转换,接着将程序写入存储器。当检查程序输入正确无误之后,即开始执行第一条指令。

通过"门电路实验"可知,8个逻辑拨码开关可以表示256种二进制数据状态,只要将相应的电路稍加改进就是一个独立的8位数据输入与显示单元电路。

由于计算机总线上同时连接了CPU、存储器与数据输入电路,因此在输入程序的过程中,必须禁止CPU处于工作状态,让出总线给程序输入电路使用。当程序输入完毕后,必须将程序输入电路与CPU隔开,让出总线给CPU使用,否则肯定会引起系统混乱。

可想而知,只要在程序输入电路与总线之间增加两片74HC125三态总线缓冲器,且将8个三态控制使能端$\overline{EN}$均连接在一起,然后通过公共的$\overline{EN}$端,即可打开或关闭8路三态门,详见图2.84。

首先用杜邦线将A3实验区与逻辑开关K1相连的JP1_1,连接到C2实验区与74HC125的使能端$\overline{EN}$相连的JP5_1;接着用并行排线将C2实验区与U5、U6相连的JP6单号插针,连接到B1实验区与绿色LED显示器(D1～D8)相连的JP2单号插针(注意:JP2双号插针为D0～D7数据输出总线);然后用短路器连接JP39_1与JP39_2,即可接通电源。

第 2 章 计算机逻辑基础

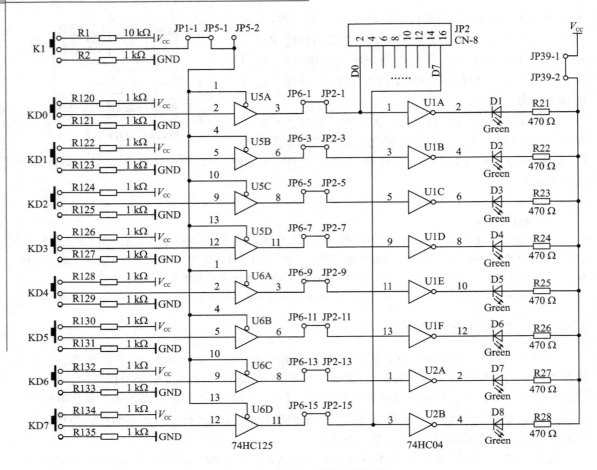

图 2.84 计算机总线实验原理图

2.9 组合逻辑电路

一个逻辑电路,它在任一时刻的输出状态只与当前的输入状态有关,而与电路以前的状态无关,将此类电路称之为组合逻辑电路。

2.9.1 加法器及其制作

算术运算电路是许多数字设备的核心部件。

算术运算主要有加、减、乘、除 4 种模式,其中以加法器为最基本的运算单元,因为其他几种运算都可以利用加法器来实现。

1. 半加器

当 2 个 1 位二进制数相加时,则只有 3 种情况发生,即 0+0=0,0+1=1,1+1=10。因此,要想得到 1+1 的结果,则需要有"和(Sum)"与"进位(Carry)"这样的两个数位。因此,只考虑 2 个 1 位二进制数 A 和 B 相加,且不考虑低位进位输入的加法器,称之为半加器。

例如,设计一位二进制的半加器,它的逻辑真值表见表 2.14,输出 S 表示和,C 表示向高

位的进位,如右边所示。从表中可以看出,"半加和 S"变为 1 的条件为:
$$S=A\oplus B=\overline{A}B+A\overline{B}$$
即"半加和 S"与 2 个加数 A、B 的关系是"异或"的关系;而 C 变为 1 的条件为:
$$C=AB$$
即进位 C 与 2 个加数则是"与"的关系。因此,可以得到半加器的逻辑电路图如图 2.85(a)所示,图 2.85(b)所示是半加器的图形符号。

表 2.14 半加器逻辑真值表

输入		输出	
A	B	C	S
0	0	0	0
0	1	0	1
1	0	0	1
1	1	1	0

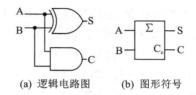

(a) 逻辑电路图　　(b) 图形符号

图 2.85 半加器

2. 全加器

实际上,在做二进制加法时,一般来说,2 个加数都不会是 1 位,仅利用考虑低位进位的半加器是不能解决问题的。因此,在半加器的基础上,不仅要考虑两数相加,还要考虑低位向本位的进位,则称之为全加器。

假设设计一位二进制的全加器,全加器的输入增加为 3 个,可以利用 2 个半加器来实现全加和。用第 1 个半加器先让 2 个加数 A 与 B 相加得到半加和 $A\oplus B$,再用第 2 个半加器使这个半加和与来自低位的进位 C_i 相加得到全加和,如右边所示,则全加和的逻辑表达式为:
$$S=A\oplus B\oplus C_i$$

3 个二进制数相加,只要有 2 个以上的加数为 1,则向高位的进位 C_o 就为 1。也可以这样认为,2 个半加器的进位只要有 1 个为 1,则全加器的进位就为 1,因此它们是"或"的关系。全加器进位的逻辑表达式为:
$$C_o=C_{o1}+C_{o2}$$

用 2 个半加器实现的全加器的逻辑电路图和图形符号详见图 2.86,全加器的逻辑真值表详见表 2.15。

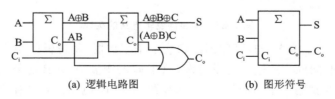

(a) 逻辑电路图　　(b) 图形符号

图 2.86 全加器

3. 全加器电路组成原理

通过前面的学习我们知道,半加器是由一个"异或"门($\overline{A}B+A\overline{B}$)和一个"与"门($A \cdot B$)组成的,则可以按照其逻辑表达式画出相应的逻辑电路,详见图 2.87(a)。由此可见,至少需要使用 3 种类型的芯片才能制作一个半加器电路,不仅使用了"非"门、"与"门,而且还使用了"或"门。电路结构过于复杂,无论是器件的采购,还是电路的制作,从工程的角度来看,这个方案很不经济,因此需要进行归一化设计。那么,是否可以仅用同一类型的门电路来构成呢?比如,"与非"门/"非"门(将"与非"门的输入端全部并联在一起即可构成一个"非"门)。可想而知,唯有将上述逻辑表达式转换为最简的"与非"表达式,才能使用"与非"门构成半加器。

表 2.15 全加器逻辑真值表

输入			输出	
A	B	C_i	C_o	S
0	0	0	0	0
0	0	1	0	1
0	1	0	0	1
0	1	1	1	0
1	0	0	0	1
1	0	1	1	0
1	1	0	1	0
1	1	1	1	1

一个不容忽略的事实告诉我们,如果对一个变量连续取反两次,则相当于还原变量,即 $\overline{\overline{A}}=A$。由此可以推出:$C=AB=\overline{\overline{AB}}$,其逻辑电路详见图 2.87(b)。与此同时,由摩根定理 $\overline{A+B}=\overline{A} \cdot \overline{B}$ 可以推出:$S=\overline{A}B+A\overline{B}=\overline{\overline{\overline{A}B} \cdot \overline{A\overline{B}}}$,其逻辑电路详见图 2.87(c)。

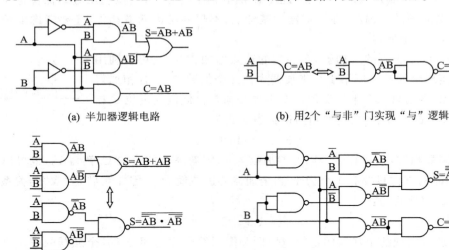

图 2.87 半加器逻辑电路的实现

由此可见,用 7 个二输入"与非"门即可组成一个半加器,其逻辑电路详见图 2.87(d)。但此电路还是存在一些问题——输入变量过多,除了输入变量 A 与 B 之外,还需要 2 个输入变量 $\overline{A}$ 与 $\overline{B}$。我们不妨猜想一下,如果只有输入变量 A 与 B,电路是否更加简单呢?由于 $\overline{A}B+A\overline{B}$ 是最小项,因此,唯有采取"配项消项法"。我们知道,无论 A 为 0 或 1,$A\overline{A}$ 始终为 0,即:
$$S=\overline{A}B+A\overline{B}=\overline{A}B+A\overline{A}+A\overline{B}+B\overline{B}=A(\overline{A}+\overline{B})+B(\overline{A}+\overline{B})=$$
$$A\ \overline{AB}+B\ \overline{AB}=\overline{\overline{A\ \overline{AB}}+B\ \overline{AB}}=\overline{\overline{A\ \overline{AB}} \cdot \overline{B\ \overline{AB}}}$$

通过上面的化简,无论是 S 还是 C,消除了输入变量 $\overline{A}$ 与 $\overline{B}$,其逻辑表达式只剩下输入变量

A 和 B。由此可见，通过归一化之后，只需 5 个二输入"与非"门即可组成一个半加器，其逻辑电路详见图 2.88。

通过前面的学习我们知道，使用 2 个半加器加上 1 个"或"门即可组成一个全加器。如图 2.89 所示的用 2 个半加器组成的全加器逻辑电路就是从图 2.86 与图 2.88 转换而来的，其中，C_i 为来自低位的进位，全加器的和 $S_1 = \overline{\overline{S_0} \cdot \overline{S_0 C_i} \cdot \overline{C_i} \cdot \overline{S_0 C_i}}$，全加器的进位 $C_o = C_{o1} + C_{o2}$。

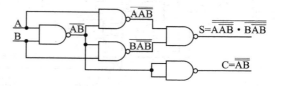

图 2.88 用 5 个"与非"门组成的半加器

如果将全加器作为一个整体来考虑，此电路还可以进一步化简。

通过进一步观察发现，虚线框内的电路是由 2 个"非"门＋1 个"或"门所组成的。由摩根定理 $A+B = \overline{\overline{A} \cdot \overline{B}}$ 可知，虚线框中的"或"门可以用 2 个"非"门＋1 个"与非"门来实现。由此可见，一共需要 13 个"与非"门才能构成 1 个全加器。但从电路的组成结构可以看出，虚线框内的电路经过转换之后，$\overline{AB}$ 和 $\overline{S_0 C_i}$ 经过了 2 次取反还原，可想而知，只需要 1 个"与非"门即可。

与此同时，如果将虚线框内的电路当做一个整体来看待，由摩根定理同样可以证明：

$$C_o = C_{o1} + C_{o2} = \overline{\overline{C_{o1}} \cdot \overline{C_{o2}}} = \overline{\overline{AB} \cdot \overline{S_0 C_i}} = AB + S_0 C_i$$

由此可见，仅需 1 个"与非"门即可，如图 2.90 所示的逻辑电路就是从图 2.89 转换而来的由 2 个半加器组成的全加器。

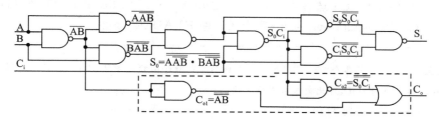

图 2.89 全加器逻辑电路

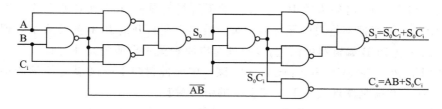

图 2.90 简化后的全加器逻辑电路

尽管通过化简之后得到了一个方案更加优化的全加器逻辑电路，但还需要进一步工程化才能用于制作 PCB 电路板，如器件的选型、电路的布局、PCB 的绘制与制作以及实验方案的设计。

如图 2.91 所示就是使用 3 片二输入四"与非"门 74HC00 组成的全加器电路，其中，共使用了 9 个"与非"门，还有 3 个多余的"与非"门。为了提高电路的抗干扰性能，将这 3 个门电路的输入端作接地处理。

传统的电类专业教学方法往往偏重理论学习，而缺少实际动手能力的训练。无数成功与

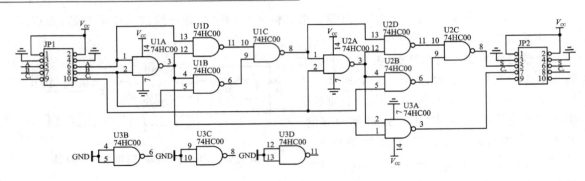

图 2.91 全加器电路原理图

失败的案例说明：如果仅仅注重理论的学习与研究，而缺乏足够的动手实践能力训练，则无异于纸上谈兵，因此让初学者制作硬件电路板来验证电路的设计思想是一个不可缺少的重要环节，但首先必须从学习绘制 PCB(Printed Circuit Board)图开始。

2.9.2 绘制 PCB 板

1. 绘制原理图(原理图编辑)

在 Protel 中建立一个全加器工程，取名为 FAdder.ddb。

将用 3 个 74HC00 实现的全加器电路用 Protel 软件绘制成原理图，详见图 2.91，取名为 FAdder.sch。图中 U1～U3 选择 Protel DOS Schematic TTL.lib 库中的元件 74HC00，JP1 和 JP2 选择 Miscellaneous Devices.lib 库中的元件 HEADER 5×2。

注意：每个器件的各个"与非"门组件和引脚的排列顺序必须与图 2.91 一致，否则所得 PCB 图与本教材将不一样。读者自行一试，可比较多种布线方法的优劣。

2. 设置元件引脚封装(原理图编辑)

在产生网络表之前，必须将原理图中元件的引脚封装设置成与 PCB 库中的元件封装名一致，PCB 编辑器才能根据网络表中元件的引脚封装名在所打开的 PCB 封装库中找到对应的元件封装。可以先到 PCB 编辑器中浏览，以找到对应原理图中合适的元件封装。

本例使用了 PCB 库 PCB Footprints.lib，该库中元件封装 DIP14 就是原理图中 U1～U3 的引脚封装，IDC10 就是原理图中 JP1 和 JP2 的引脚封装。

在原理图中设置元件引脚封装的方法为：用鼠标双击该元件，例如双击 U1(U1A～U1D 中的任何一个)可弹出如图 2.92 所示对话框。在 Footprint 下拉列表框中选择或直接键入 DIP14，然后单击 OK 按钮确认退出。以相同的方法，逐个设置好 U2、U3、JP1 和 JP2 的引脚封装。

3. 产生网络表(原理图编辑)

在原理图中产生网络表的方法为：在原理图编辑器中，在主编辑窗口为 FAdder.sch 文件的情况下选择菜单项 Design→Create NetList，弹出如图 2.93 所示对话框。注意对话框中的各选项均采用默认选项，然后单击 OK 按钮确认退出。在网络表转换成功后，主编辑窗口会自动切换显示网络表文件 FAdder.NET,且在 Document 文件夹下会出现 FAdder.NET 文件,该文件包含原理图中各元件的封装信息和各元件引脚间的电气连接信息,PCB 编辑器可直接调用该文件识别这些信息。

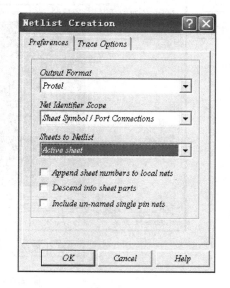

图 2.92　修改元件封装对话框　　　　图 2.93　建立网络表对话框

4. 启动和设置 PCB 库(PCB 编辑)

在 Document 文件夹窗口中右击鼠标,在弹出的菜单中选择 New,再在弹出的 New Document 对话框中选择 PCB Document 图标;然后单击 OK 按钮确认退出,则在 Document 文件夹下会出现 PCB1.PCB 文件,将其重命名为 FAdder.PCB;最后双击该文件进入 PCB 编辑器界面,详见图 2.94。

将光标移至 PCB 图主编辑区后右击鼠标,在弹出的菜单中选择 Options→Board Options 将弹出 Document Options 对话框。在该对话框的 Options 选项卡中将 Snap X、Snap Y 和 Component X、Component Y 均设置为"5mil",它们分别表示画图时用鼠标或光标键移动目标图形和元件的单位长度;在对话框的 Layers 选项卡中选中复选项 TopLayer、BottomLayer、Mechanical1、Top Overlay、Keep OutLayer、Multi Layer、Connections、Pad Holes 以及 Visible Grid 1 和 Visible Grid 2,且在 Visible Grid(可视栅格)下拉列表框中分别选择"5mil"和"100mil",其他复选框均不选项中,最后单击 OK 按钮确认退出。这样可在 PCB 图主编辑区下部的当前层选择区看见各层的标签,单击标签可切换当前层。在本例所画的单面板中,用 TopLayer 层放置元件,用 BottomLayer 层布线,用 Top Overlay 层放置文字,用 Keep OutLayer 层画禁止布线区。

PCB 图主编辑区上部及右侧的主工具栏和绘图工具栏分别可通过菜单项 View→Toolbars→Main Toolbar 和 View→Toolbars→Placement Tools 来打开和关闭。主工具栏中的 按钮非常有用,当看不到所需的图形实体时,它可以将所放置的所有图形实体均显示在 PCB 图主编辑区的可视区域内。

第 2 章 计算机逻辑基础

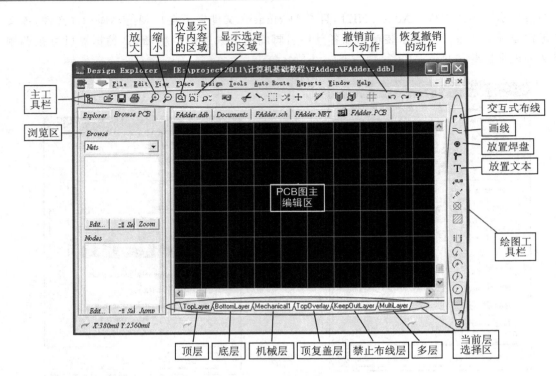

图 2.94 PCB 编辑器界面

现介绍几个在绘图时非常有用的按键：① End——刷新显示；② Home——以鼠标为中心刷新显示；③ PageUp——以鼠标为中心放大显示；④ PageUp——以鼠标为中心缩小显示。

为了使 PCB 编辑器在装载网络表时能正确地从 PCB 封装库中调入所需的元件封装，必须先把相应的 PCB 库打开。在如图 2.94 所示的 PCB 编辑界面左边的 Browse 选项区域的下拉列表框中选择 Libraries 项，如图 2.95 所示，然后单击 Add/Remove 按钮，弹出如图 2.96 所示的 PCB Libraries 对话框。

图 2.95 Browse 选项区域设置一

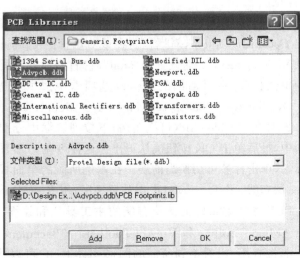

图 2.96 PCB Libraries 对话框

在 Generic Footprints 文件夹列表框中选择 Advpcb. ddb,然后单击 Add 按钮,则在 Selected Files 列表框中可看到有"…\Advpcb. ddb\PCB Footprints. lib"列表项,表明该库文件已经被装载,最后单击 OK 按钮确认退出。如图 2.97 所示,在 PCB 编辑界面左边的 Browse 选项区域的库列表框中可看到有 PCB Footprints. lib 列表项,在 Components 列表框中可以找到原理图中 U1、U2、U3 和 JP1、JP2 所需的元件封装 DIP14 和 IDC10。

5. 装载网络表(PCB 编辑)

在装载网络表之前,应首先在禁止布线层 KeepOutLayer 画一个方框,如图 2.98 所示。本例中此方框的长宽分别为 3 500 mil×1 400 mil(88.9 mm×35.56 mm)。

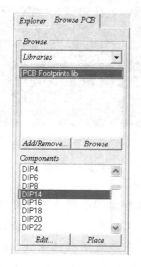

图 2.97 Browse 选项区域设置二

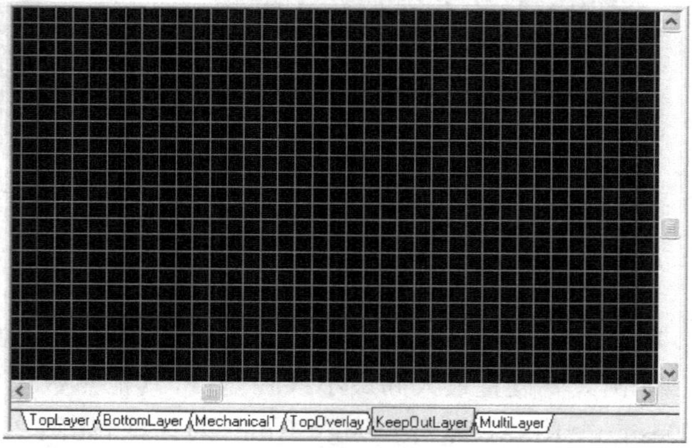

图 2.98 禁止布线层

画线的方法为:选择菜单项 Place→Line 或单击右边的 ≈ 按钮,则编辑窗口进入画线状态;将光标移至线的起点,单击鼠标左键开始画线,此时若按 Tab 键,则可设置线宽和线层,按预想的线段移动光标到线尾单击鼠标左键画线;此时若想继续画线,则可继续移动光标到另一点单击鼠标左键画线;若想要结束本次画线,则单击鼠标右键。

然后在 PCB 编辑器中选择菜单项 Design→Load Nets,弹出 Load/Forward Annotate Netlist 对话框,单击该对话框中的 Browse 按钮,在弹出的网络文件选择对话框中选择 FAdder. ddb →Docment→FAdder. NET,单击 OK 按钮确认退出,则 Load/Forward Annotate Netlist 对话框如图 2.99 所示。图中列表框下面的状态栏为 All mac-

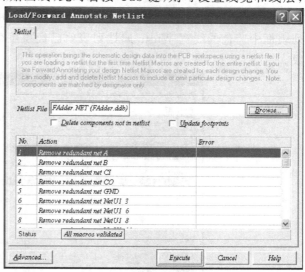

图 2.99 装载网络表对话框

ros validated,表明网络表所有宏单元有效,最后单击 Execute 按钮,PCB 编辑器将电气网络装入 PCB 图。

如图 2.100 所示,在刚才所画的方框旁边将会出现布线所需的元件封装和提示元件引脚电气连接的飞线,可以通过这些飞线进行交互式布线。

6. 布局和设置布线规则(PCB 编辑)

因 PCB 编辑器在装载网络表时将所有元件随意摆放,故在布线之前必须将元件放到合适的位置,这就是布局。本例的布局详见图 2.101。

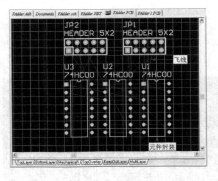
图 2.100 装载网络表后的 PCB 图

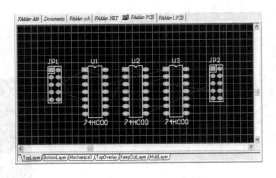
图 2.101 布局后的 PCB 图

在布线之前应该设置交互式布线规则,即线径宽度、线与线及焊盘间的最小安全距离等参数。本例只要设置最大和最小线径宽度,其他参数采用默认值即可。设置方法为:选择菜单项 Design→Rules,弹出 Design Rules 对话框,如图 2.102 所示。在该对话框的 Routing 选项卡中的 Rule Classes 列表框中选择 Width Constraint 列表项,则在下部的列表框中出现蓝色的线宽 Width 属性列表项,双击该列表项或单击 Properties 按钮,则进入线宽属性设置 Max-Min Width Rule 对话框,如图 2.103 所示。将 Rule Attributes 选项区域中的最大线宽 Maximum Width 和当前引用线宽 Preferred Width 项分别设置为"30mil"和"20mil",最小线宽 Minimum Width 不变,然后单击 OK 按钮确认退出并回到 Design Rules 对话框,可发现在下部列表框中蓝色的线宽 Width 属性列表项已经发生变化。单击 Close 按钮退出,则线宽设置完成。

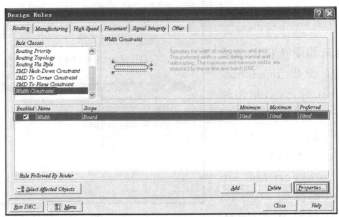
图 2.102 Design Rules 对话框

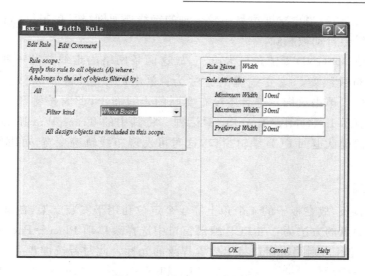

图 2.103　线宽设置对话框

7. 交互式布线

图 2.101 中各个飞线提示了元件引脚间的电气连接，通过这些飞线可以很方便地进行交互式布线——Interactive Routing。在 PCB 编辑窗口中选择菜单项 Place→Interactive Routing，或在最右边的布线工具栏中单击 按钮，则可进行交互式布线。

本例只需布单面板即可，因此选择 TopLayer 层为元件层，选择 BottomLayer 层为布线层，在布线前先选择 BottomLayer 为当前层。单击 按钮，将光标移至电气网络 A 的一个端点——JP1 的引脚 6，单击鼠标左键；然后滑动鼠标跟踪飞线的轨迹向该网络另一个端点——U1 的引脚 1 移动，如图 2.104 所示，这时可以发现很容易将连线折弯，每一次折弯都必须单击鼠标左键，以确认这次折弯；紧接着又可滑动鼠标继续布线，选择一个最合适的线路到达 U1 的引脚 1，单击鼠标左键确认这两个引脚间的走线。此时布线仍可继续，可以向该网络另一个端点——U1 的引脚 13 移动，选择一个合适的线路到达该端点，单击鼠标左键确认走线。到此发现，网络 A 已无法继续走线，可单击鼠标右键结束这次交互式布线。同一网络可一次性布完，也可分多次布完。网络 A 的最后一个端点——JP1 的引脚 5 可用同一方法布线，最后的结果如图 2.105 所示。从图中可看出，代表电气网络 A 的这条飞线已经消失，重复这样的操作直到所有的飞线消失（除了电源网络 VCC 和 GND 的飞线）。

若发现某一网络走线有问题，则可直接从该网络的任何一点（包括走线上的任何地方）重

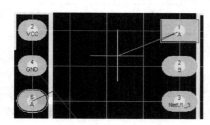

图 2.104　交互式布线

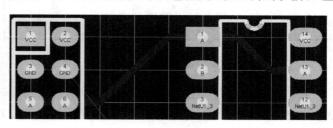

图 2.105　网络 A 走线

第 2 章　计算机逻辑基础

新开始进行交互式布线，当再次通过另一较合理的走线连通网络且单击鼠标右键结束布线时，先前有问题的走线会自动被删除。

因电源线 VCC 和 GND 要流过较大电流，故这两条网络的走线要宽一些，在实际布线之前要改变交互式布线线宽。改变线宽的方法为：单击「按钮，将光标移至 VCC 的一个端点——JP1 的引脚 1，单击鼠标左键后还没有实际的走线布上，此时按键盘上的 Tab 键，则会出现如图 2.106 所示 Interactive Routing 对话框。将其中的 Trace Width 项改变为"30mil"，然后单击 OK 按钮确认退回 PCB 编辑窗口，这时可发现布线轨迹变宽，可继续以新的线宽进行交互式布线。

8. 放置焊盘

因本例为实验板，故在板子的 4 个角上需 4 个定位孔用于安装支架，在这里 4 个定位孔用焊盘代替。放置焊盘的方法为：在 PCB 编辑窗口中选择菜单项 Place→Pad，或在最右边的布线工具栏中单击 ⊙ 按钮，则编辑窗口将出放置焊盘的光标。此时若按键盘上的 Tab 键，则编辑器弹出如图 2.107 所示的对话框，改变 X-Size 和 Y-Size 为"160mil"，形状为"Round"（圆形）不变，单击 OK 确认退回后，发现焊盘的大小已经变化。拖动鼠标将焊盘放到合适的位置，单击鼠标左键放下焊盘。放置第二个焊盘时会发现焊盘的大小已经改变，如此重复 3 次放置 4 个定位孔。

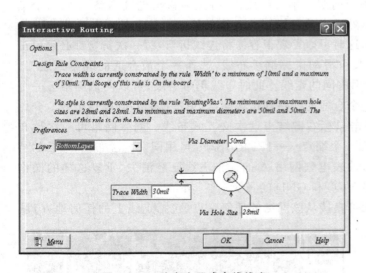

图 2.106　改变交互式布线线宽

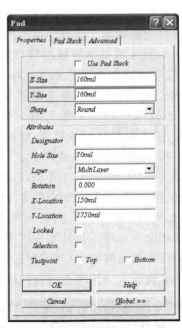

图 2.107　改变焊盘

细心的读者可能会发现，图 2.105 所示的焊盘与实际操作时的焊盘不一致，这是笔者在布线之前已经对各个元件的焊盘做出改变，元件调入后可双击某一焊盘，通过弹出的如图 2.107 所示的对话框进行改变。本例中 U1、U2 和 U3 的焊盘尺寸 X-Size 和 Y-Size 分别为 100 mil（2.54 mm）和 60 mil（1.524 mm），JP1 和 JP2 的焊盘尺寸 X-Size 和 Y-Size 分别为 60 mil

(1.524 mm)和 80 mil(2.032 mm)。读者可能会觉得这样去改变每个焊盘太麻烦,那么利用图 2.107 所示对话框的 Global 按钮可以批量改变所设置的同类型的所有焊盘。关于 Global 按钮的使用方法,读者可以查阅 Protel 使用的相关书籍。

9. 放置"水滴"

在一般情况下,与焊盘的直径相比,电气连线的线宽较小,因此焊盘的直径与电气走线间的宽度反差比较大,如图 2.108 所示为 JP1 引脚 5～10 焊盘(60 mil,即 1.524 mm)的走线(20 mil,即 0.508 mm),这样的连接可能引起干扰。Protel 软件提供了在每个焊盘、过孔与它们的连线间自动放置用于平缓过渡的、形状类似"水滴"的功能。其具体操作方法为:选择菜单项 Tools→Teardrops,编辑器弹出如图 2.109 所示的 Teardrop Options 对话框,选中复选项 All Pads,单选项 Add 和 Arc 后,单击 OK 键确认退出,编辑器经过计算后在每个焊盘与它的走线之间得到如图 2.110 所示的"水滴"。

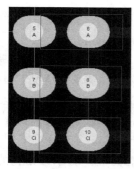
图 2.108　放置水滴之前

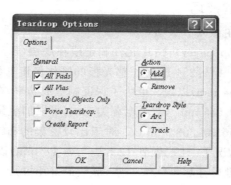
图 2.109　放置水滴选项

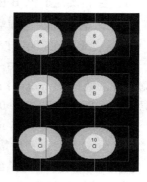
图 2.110　放置水滴之后

若在如图 2.109 所示的 Teardrop Options 对话框中,选中单选项 Remove,单击 OK 按钮后可将之前放置的"水滴"全部删除。

10. 放置文字

文字是用于向电路板的使用者提示电气功能的,因此必须使用 TopOverLay 层,也就是与元件的边框、文字说明相同的层面。按照本书实际操作的读者可能会发现,图 2.108 和图 2.110 与实际操作相比较缺少了 JP1 的边框,那是笔者之前关闭了 TopOverLay 层,打开已关闭板层的方法为:在编辑窗口中单击右键,在弹出的快捷菜单中选择 Options→Board Layers 项,则编辑器弹出 Document Option 对话框。该对话框中有各个板层选项,将对应板层的复选项选中,则在编辑窗口中可看到该层,否则禁止显示该层。将 Top OverLay 选中,单击 OK 按钮退出,即可显示 JP1 的边框。

设置 TopOverLay 为当前层,选择菜单项 Place→String 或单击右边的 **T** 按钮,则编辑窗口的光标处出现文字,此时按 Tab 键可设置文字的内容和字体、大小等属性。用鼠标将文字拖动到合适的位置,单击鼠标左键放置该文字。

放置文字边框的方法为:选择菜单项 Place→Line 或单击右边的 ≋ 按钮,则编辑窗口进入画线状态。将光标移至线的起点,单击鼠标左键开始画线,此时若按 Tab 键,则可设置线宽和线层,按预想的线段移动光标到线尾单击鼠标左键画线;此时若想继续画线,可继续移动光标到另一点单击鼠标左键画线;若想要结束本次画线,则单击鼠标右键。按图 2.111 所示将所有

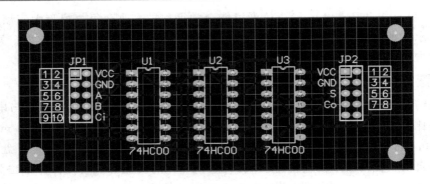

图 2.111 全加器 PCB 板图

文字放置完毕,则本次画板结束。

11. 绘制单面 PCB 的技巧

绘制 PCB 单面板必须注意以下事项:

① 插装元件在顶层(Top Layer),贴片元件和走线在底层(Bottom Layer)。

② 导线宽度最小取 10 mil(0.254 mm)。感光板的制作精度非常高,如果操作熟练,则导线的宽度可以做到 10 mil(0.254 mm)以内。但为了保证制板成功率,在无特殊需求的情况下,默认线宽为 15~25 mil(0.381~0.635 mm),对于电源类走线,可以加粗到 30 mil(0.762 mm)以上。

③ 线间距离最小取 8 mil(0.203 2 mm)。对于比较密集的布线,线间距离可以做到 8 mil(0.203 2 mm)。但在一般情况下,建议做到 12 mil(0.304 8 mm)以上。

④ 焊盘外径形状。焊盘尺寸尽可能大一些,形状最好用方形或椭圆形。对于带钻孔的焊盘,长宽尺寸推荐为 80 mil×60 mil(2.032 mm×1.524 mm)以上。如果焊盘之间需要走导线,则可适当变窄一些。

⑤ 焊盘孔径要小。一般来说,焊盘孔径为 36 mil(0.914 4 mm),但在绘制 PCB 图时孔径要小一些,推荐改为 20~30 mil(0.508~0.762 mm)。这样做的目的是为了在腐蚀时焊盘能够多留一些铜皮,这样在钻孔时更容易对准。孔的最终尺寸取决于钻头的粗细,而不是 PCB 图。

⑥ LED 指示灯。一般来说,单面板的顶层是插接件元件,底层是贴片元件和导线。LED 是指示信号的器件,放置在电路板的顶层,因此 LED 可选用 $\phi 3$ 或 $\phi 5$ 的插接件形式,否则表贴在底层的 LED 在正面看不到,起不到指示作用。

⑦ 布线走不通怎么办?与双面板不同,对于单面板的布线经常会遇到导线无法走通的情况。以下是推荐的多种解决方法:

➤ 绕——由于只能在一面布线,因此走线能绕则绕(除非涉及高频信号传输问题)。

➤ 钻(zuān)——在很多情况下两个相邻焊盘之间实际上至少可以通过一根 10~15 mil(0.254~0.381 mm)的导线,方法是适当减小焊盘宽度。

➤ 调(tiáo)——为了照顾 PCB 布线,在必要时可以调整元器件不同引脚之间的连线顺序,比如通用 I/O 线、数码管段选线等。

➤ 跨——采用 0 Ω 电阻(或者小于 5 Ω 的低值电阻)跨接,电阻下面可以通过多根导线。

➤ 飞——在适当位置打上焊盘,将来焊接飞线。当然,飞线太多会影响美观和可靠性,一般可限制在 3 根以内,最多不超过 5 根。

⑧ 泪滴和倒角。布线完毕后,建议给所有的T形走线都要补上倒角,焊盘添加上泪滴,从而使信号线更加平滑过渡,详见图 2.112。

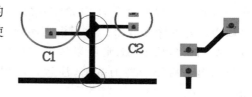

图 2.112　添加倒角和泪滴

2.9.3　PCB 制作流程

制作 PCB 有多种方法：将 PCB 图交给印制板厂,虽然制板效果最好,但成本较高；自己动手在万用板或面包板上搭电路,成本虽低但效果较差；手工腐蚀法制作 PCB,成本不高效果也还不错。其中,制作 PCB 腐蚀板有热转印腐蚀法和感光腐蚀法两类,在这里我们将采用在技术上更容易掌握的感光腐蚀法。用感光腐蚀法制作电路板具有出板快、成本低、质量好、容易掌握等优点,深受广大 DIY 爱好者的喜爱。

1. 材料准备

如表 2.16 所列为制作感光腐蚀板所需要的材料清单。

表 2.16　感光腐蚀法制作 PCB 板主要材料

材　料	用　途	材　料	用　途
激光打印机	打印 PCB 图	塑料饭盒 2 个	调配显影剂和腐蚀液
显影剂	用于电路板曝光后的显影	盐酸、双氧水	腐蚀电路板
美工刀与直尺	将电路板裁剪为合适尺寸	脸盆	盛放清水,应急用
剪刀	裁剪纸张	木筷或竹筷	翻动和捞取电路板
透明厚平板玻璃	压盖电路板,大小要适当	微型台钻	电路板钻孔
台灯	曝光电路板	洗板水	清洗电路板

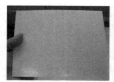 

图 2.113　感光板材(左)和显影剂(右)

由于盐酸和双氧水是危险的化学药品,需要到专卖店购买,因此在使用过程中必须格外小心,以免烧伤皮肤。其他大多数材料几乎来自我们的日常生活,比较容易获得,如剪刀、饭盒和筷子等。

只有感光覆铜板与显影剂是关键性材料,需要到专卖店购买,详见图 2.113。

2. 制作步骤

感光腐蚀制作电路板,顾名思义,就是要先感光后腐蚀。其具体制作步骤为：绘图、打印、裁板、曝光、显影、腐蚀、钻孔、清洗、贴丝印、焊接和调试。由于受到实际条件的限制,一般来说,制作双面板比较麻烦。不仅顶层和底层很难对齐,而且钻孔后的"过孔金属化"在业余条件下无法解决。因此下面具体介绍如何使用感光腐蚀法制作单面 PCB 板。

(1) 打　印

推荐采用激光打印机,这是目前市场上很普遍的类型。打印的纸张有多种选择,既可以采用半透明的硫酸纸,也可以用 60～70 g 的普通 A4 纸,都能够取得不错的效果,因为较强的灯光完全能够透过。显而易见,A4 纸更加便宜。打印操作比较简单,PCB 图按照 1∶1 的比例打印即可。刚才推荐把布线层安排在 PCB 的底层是有道理的：在打印时不必选择镜像,并且将来在曝光阶段可以使打印面紧贴在感光膜上，能够取得最好的曝光效果。为了提高制板成功率或者需要制作多块 PCB，则可以考虑拼板后再打印。打印出来后要用剪刀裁剪，注意边缘保留约 1 mm，详见图 2.114。

（2）裁　板

感光覆铜板是由多层结构组成的。最下面为板基，材料通常是环氧树脂或玻璃纤维。对于 DIY 爱好者来说，树脂板电气性能较差但较柔软易加工，推荐使用。在板基上紧紧附着有一层数十微米厚的铜箔。如果仅有板基和铜箔，则是普通的覆铜板，而感光板则在此基础上均匀涂抹一层感光膜，在感光膜上还覆盖一层遮光性很好的保护胶纸。感光膜一般为墨绿色，如果将一部分遮挡住进行充足曝光（灯管照射），则用专门的显影剂清洗时，曝光的部分就会被清洗掉而露出铜箔，未被曝光的部分则会保留。感光覆铜板应当遮光储藏，避免高温和表面划伤。

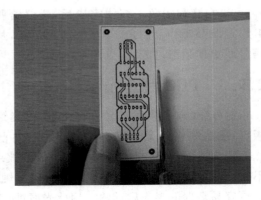

图 2.114　PCB 图打印在 A4 纸上并裁剪

如果剪下的 PCB 图纸明显小于感光板材的尺寸，则可以考虑把感光板裁剪成适当的大小，裁剩下的部分还可以留给以后制作其他 PCB 之用。裁剪方法可以用直尺配合刻刀或美工刀，也可以用小钢锯。正面和背面分别划若干刀，最后一掰就断，详见图 2.115。

（3）曝　光

先准备材料：感光板、透明玻璃板、灯箱（或台灯）。注意：不能是 LED 灯，白炽灯效果也不太理想，还是日光灯最好。应当在室内进行，环境光线不能太亮，最好拉上窗帘，调暗室内灯光。

图 2.115　用直尺和刻刀配合裁板

曝光时间必须精准，曝光过度或不足都会影响成败。究竟曝光多久才合适呢？这跟感光板材质、灯光强度等因素有关，可能需要 5～20 min。在正式制板前，应该首先找准恰当的曝光时间，我们可以通过浪费一块感光板的方法来解决。方法是把感光板裁成几个小块，以多次"曝光-显影"试验的方法来确定。

例如，第 1 次可以曝光 10 min 试试看，以后再根据情况增减时间。只有到了显影阶段，才能知道是曝光过度还是曝光不足。显影时，如果超过 1 min 还是不能明显看到 PCB 印迹，则是曝光不足。如果很快就能显现 PCB 印迹，几分钟后有用的 PCB 印迹也会被洗掉，则是曝光过度。正常的曝光效果应当是：在 1 min 内能够渐渐看到 PCB 印迹，3 min 左右完全显现，有用的 PCB 印迹完好保存。

现在就开始正式的曝光操作。揭去感光板表面的保护胶纸，揭去后曝光已在自动进行！不要耽误时间，尽快把 PCB 纸的打印面贴在感光板上（要看清正反面，一旦弄错就只有重来）；然后压上透明玻璃板，利用玻璃板的自重使 PCB 纸与感光膜紧贴在一起，详见图 2.116；最后盖上灯箱盖，通电进行照射。曝光时间到，关闭电源。

（4）显　影

在曝光的同时不要闲着，开始配制显影液，塑料饭盒派上用场了。

通常以 5 g 显影剂兑水 500 ml（具体应以实际的产品说明书为准）来调配溶液浓度。为保证有足够浓度,清水不可过多,实际经验说明水深 5～10 mm 为宜。将曝光后的电路板轻轻放入饭盒内显影。双手捧饭盒,小心地旋转涮动,PCB 印迹逐渐显现出来。

等待显影差不多时就要用筷子把电路板捞出,再用清水冲掉残液。注意:筷子不要划伤表面,也不可擦拭表面,应自然晾干。

图 2.116　揭去保护胶纸,覆盖上打印纸,用玻璃板压住

(5) 腐　蚀

对显影好的电路板,下一步就是腐蚀掉不需要的铜箔。注意:显影后应当自然晾干 15 min 以上才能进行腐蚀,这是因为有用的 PCB 印迹附着尚不牢固,易被误腐蚀掉。

另取一个塑料饭盒,准备配制腐蚀液。**配制之前必须准备一盆清水应急用!**

传统的做法是采用三氯化铁配置腐蚀液,腐蚀时还需要加热,溶液为棕红色浑浊不清,且腐蚀的过程也很忙。因此,我们采用"盐酸+双氧水"配置(见图 2.117),效果比使用三氯化铁好得多。按照 5∶3∶2 配置清水、盐酸、双氧水,控制溶液浓度不可过大,以免腐蚀过快而造成断线。

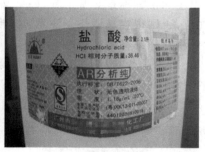

图 2.117　双氧水(左)和盐酸(右)

将电路板放入饭盒内腐蚀,仍然双手捧住饭盒小心旋转涮动,使腐蚀过程均匀,腐蚀效果详见图 2.118。待腐蚀差不多时,要及时用筷子捞起电路板,然后用清水冲洗,自然晾干(仍然不可擦拭)。上述操作应在通风处进行,废液需妥善处置。

(6) 钻　孔

钻孔工具可以用手钻或微型台钻,详见图 2.119。对于一般的排针、电阻等,焊盘孔钻头直径最好在 0.9～1.0 mm 之间。为适应不同的 PCB 孔径要求,应当常备以下规格的钻头:0.9 mm、1.0 mm、1.2 mm、1.5 mm、2.0 mm 和 4.0 mm。台钻操作容易,但价格较高。对于个人爱好者来说,手钻也是很不错的工具。如果操作还不熟练,可先拿一块废板练习。

(7) 清　洗

在焊接之前,必须清洗掉附着在导线和焊盘上的残余感光膜,可以用洗板水(或无水酒精)进行清洗。洗板水有一定的刺激性,要用棉签蘸洗板液清洗或者用镊子夹住纸巾擦拭。清洗完毕,崭新漂亮的 PCB 已呈现在眼前。

图 2.118　正在腐蚀　　　　　　　　图 2.119　手工打钻

(8) 贴丝印

如果在正规的印制板厂做板,会有非常漂亮的文字丝印层。用感光腐蚀板能不能做丝印层呢?答案是可以的。如图 2.120 所示是一种土办法,将 PCB 设计图的丝印层单独打印出来并沿边界剪下,然后在 PCB 板的顶层贴上薄双面胶,最后揭下蜡纸并把丝印纸小心对齐贴紧,这就成了漂亮的 DIY 丝印。当然,双面胶和丝印贴纸会挡住钻孔,影响插装元件的焊接,用粗一点的针刺穿即可。

(9) 焊　接

电烙铁、焊丝和松香等是必备工具,如果操作不熟练,则最好先拿一块废板来练习。<u>使用电烙铁必须注意,否则很容易烫伤</u>。注意:焊接时产生的烟雾对健康有害,应当在通风条件下进行,焊接后要注意仔细将手洗干净。

如图 2.121 所示是焊接后 PCB 板的正面特写效果图,其中,显示的字符是通过打印机打印在白纸上的,然后粘贴在 PCB 上,相当于 PCB 厂商的丝印层,便于安装和检查。

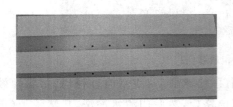 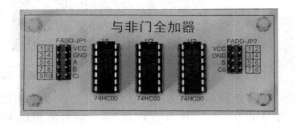

图 2.120　用双面胶贴丝印　　　　　图 2.121　焊接后的效果:正面特写

3. 调　试

最后一个步骤就是调试。为了直观地演示全加器的特性,本例使用 K1、K2、K3 逻辑开关模拟全加器的 2 个加数 A、B 与进位位 Ci,其全加和及进位分别用 LED1、LED2 作为显示器。

电路的连接方式如下:用杜邦线将 A3 实验区与 K1、K2、K3 相连的 JP1_1、JP1_2、JP1_3,分别连接到与全加器 A、B、Ci 相连的 JP1_6、JP1_8、JP1_10;然后用杜邦线将 B4 实验区与 LED1、LED2 相连的 JP13_1、JP13_2,分别连接到与全加器 S、Co 相连的 JP2_6、JP2_8;接着用杜邦线将 A1 实验区的 JP40A(VCC)、JP40B(GND)分别连接到 JP1_2(VCC)、JP1_4(GND)。注意:编号 JP1 分属 A3 实验区和全加器不同的 PCB 电路板。

当将 K1、K2、K3 拨到位置 0 时,可想而知 0+0 全加和的结果 S 为 0,也不产生进位,因此 Co 为 0,则 LED1 与 LED2 全部熄灭。当将 K1、K2、K3 拨到位置 1 时,很显然 1+1 全加和的结果 S 为 1,产生进位 Co 为 1,则 LED1 与 LED2 全部发光。请读者按照如表 2.15 所列的全加器逻辑真值表继续实验。

2.9.4 地址译码器及其实验

1. 3-8 线译码器

译码器是一个多输入、多输出的组合逻辑电路,它的作用是对输入代码进行"翻译",使输出通道中相应的一路或多路有信号输出。同时译码器也是计算机中最常用的逻辑部件之一,可以分为变量译码和显示译码两类。由于计算机技术的高速发展,用软件很容易实现显示译码器的功能,所以显示译码器在今天已经失去存在的价值,在此不再作介绍。根据需要输出信号可以是脉冲,也可以是高电平或低电平,本小节仅重点介绍地址译码器。

在半导体存储器中存储的大量数据是以"字"为单位计算的(详见 2.12 节),假设有 N 个字,为了寻找这些字,必须给每一个"字"一个唯一的编码,这个编码称为地址,故有 N 个地址。

由此可见,若 CPU 向存储器输入一个二进制地址,地址译码器即给出一个唯一的选通信号找到相应的字,因此地址译码器也就有 N 个选通信号输出。

如图 2.122 所示为地址译码器结构图,若地址译码器输入的二进制地址有 n 位,则 n 位二进制数有 2^n 个不同的编码($0 \sim 2^n - 1$),所以为了兼顾编码效率,通常使 $N = 2^n$。

1 个输入变量的二进制译码器逻辑图详见图 2.123。由于 1 个输入变量 A 仅有 1 种不同的状态,因而可以译出 2 个输出信号 D_0、D_1,故该图为 1 线输入、2 线输出译码器,简称 1-2 线译码器,其功能特性详见表 2.17。

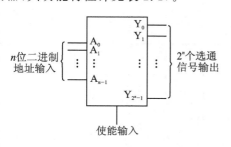

图 2.122 地址译码器结构图

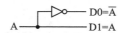

图 2.123 1-2 线译码器

表 2.17 1-2 线译码器功能表

A	D0	D1
0	1	0
1	0	1

由此可见,进一步推广将顺理成章地得到这样的结论:2 线输入可译码为 4 位输出信号,如 74HC139;3 线输入可译码为 8 位输出信号,如 74HC138;4 线输入可译码为 16 位输出信号,如 74HC154。下面将以最常用的 3-8 线译码器 74HC138 为例重点介绍译码器的原理。

集成 3-8 线译码器的 74HC138 是将 3 位二进制码转换为 8 位输出信号,这 8 位输出信号相对于输入的 3 位二进制码的 8 种编码始终只有 1 位输出有效(低电平),其余 7 位皆无效(高电平),它的逻辑电路原理图和图形符号详见图 2.124。

E1、E2 和 E3 分别为它的使能端,由原理图可知 $Ye = \overline{E1} \cdot \overline{E2} \cdot E3$,则只有当它们分别为 0、0 和 1 时,"与"门 G6 的输出 Ye 才为 1,输出"与非"门 G7~G14 被打开,输出 Y0~Y7 取决

第 2 章 计算机逻辑基础

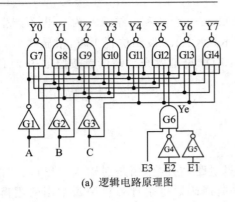
(a) 逻辑电路原理图

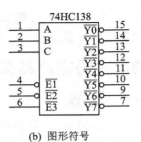
(b) 图形符号

图 2.124 3-8 线译码器 74HC138

于输入 A、B 和 C。当使能端取任何其他 7 种组合值时,门 G6 的输出均为 0,输出"与非"门 G7~G14 被封锁,Y0~Y7 均输出 1,而不受输入 A、B、C 的影响。假设器件已经使能,则根据原理图可得输出 Y0~Y7 与输入 A、B 和 C 的逻辑表达式为

$$Y0=\overline{\overline{C}\cdot\overline{B}\cdot\overline{A}} \quad Y1=\overline{\overline{C}\cdot\overline{B}\cdot A} \quad Y2=\overline{\overline{C}\cdot B\cdot\overline{A}} \quad Y3=\overline{\overline{C}\cdot B\cdot A}$$
$$Y4=\overline{C\cdot\overline{B}\cdot\overline{A}} \quad Y5=\overline{C\cdot\overline{B}\cdot A} \quad Y6=\overline{C\cdot B\cdot\overline{A}} \quad Y7=\overline{C\cdot B\cdot A}$$

根据以上逻辑表达式得到 74HC138 的功能表详见表 2.18。

表 2.18 74HC138 功能表

输入						输出							
$\overline{E1}$	$\overline{E2}$	E3	C	B	A	$\overline{Y7}$	$\overline{Y6}$	$\overline{Y5}$	$\overline{Y4}$	$\overline{Y3}$	$\overline{Y2}$	$\overline{Y1}$	$\overline{Y0}$
1	×	×	×	×	×	1	1	1	1	1	1	1	1
×	1	×	×	×	×	1	1	1	1	1	1	1	1
×	×	0	×	×	×	1	1	1	1	1	1	1	1
0	0	1	0	0	0	1	1	1	1	1	1	1	0
0	0	1	0	0	1	1	1	1	1	1	1	0	1
0	0	1	0	1	0	1	1	1	1	1	0	1	1
0	0	1	0	1	1	1	1	1	1	0	1	1	1
0	0	1	1	0	0	1	1	1	0	1	1	1	1
0	0	1	1	0	1	1	1	0	1	1	1	1	1
0	0	1	1	1	0	1	0	1	1	1	1	1	1
0	0	1	1	1	1	0	1	1	1	1	1	1	1

☞ **关键知识点**

当 74HC138 的"片选"输入端 $\overline{E1}$、$\overline{E2}$ 和 E3 分别为 0、0 和 1 时,译码器才能处于工作状态,否则禁止工作,且所有的输出端被封锁在高电平。假设译码器已经使能,此时其输出 Y0~Y7 取决于 A、B 和 C 的输入信号,且始终只有 1 位输出低电平,其余 7 位皆为高电平。由于其输出为低电平有效,因此实现逻辑功能时,输出端不能接"或"门及"或非"门。

2. 译码器实验

如图 2.125 所示为 74HC138 译码器逻辑功能测试电路。任何时刻其输出信号要么全为高电平 1,即芯片处于禁止工作状态;要么只有一个为低电平 0,其余 7 个输出引脚全为高电平 1。如果出现两个输出引脚同时为 0 的情况,则说明该芯片已经损坏。

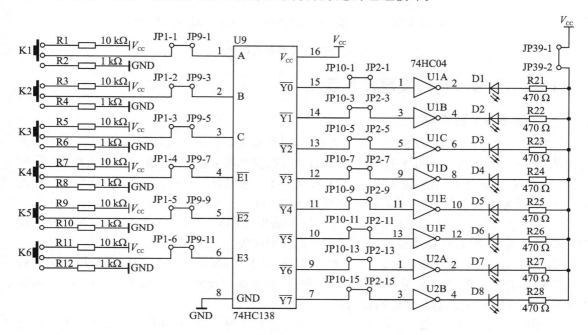

图 2.125　74HC138 译码实验电路

首先用杜邦线将 A3 实验区与逻辑开关 K1~K6 相连的 JP1_1~JP1_6,连接到 A7 实验区与 74HC138 相连的 JP9 单号插针;接着在 74HC138 的输出端连接绿色 LED 显示器;然后用跳线器连接 JP39_1 与 JP39_2,即可接通电源。

2.10　触发器

众所周知,计算机不但能进行运算,而且还具有记忆功能,能够将参加运算的信号和结果保存起来。在计算机电路里,实现记忆功能的最基本的单元就是触发器,我们把能够存储一位二值信号(0,1)的基本单元电路称为触发器。

如图 2.126(a)所示,当 A=0 时,X=1;当 A=0 消失后(即 A=1),X=0。显然,这个电路不能记忆曾经有 A=0 这个事实。

在图 2.126(b)中,当 A=0 时,X=1,Y=0;当 A=0 消失(即 A=1)时,由于 Y=0,则仍然有 X=1。可以这么说:X=1 记住了曾经有 A=0 这个事实,因此可以说该电路具有记忆功能。

而图 2.126(b)电路的问题在于:记住了第一个 A=0 后,怎样让它恢复可记忆下一个 A=0 呢？这样就演变成图 2.126(c)所示的电路。在 A=1 时,使 B=0,则 Y=1,X 恢复为 0,再将 B=0 取消(即 B=1)后,X 便可记忆下一个 A=0。

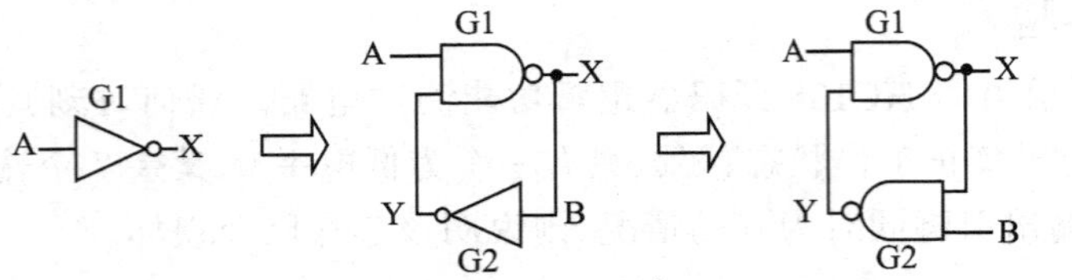

第 2 章 计算机逻辑基础

(a) 无记忆的电路　　(b) 可记忆的电路　　(c) 可重复记忆的电路

图 2.126　记忆功能的研究

2.10.1　基本 RS 触发器及其实验

1. 基本 RS 触发器

将图 2.126(c)中的"与非"门 G2 左右翻转,且保持逻辑连线不变,则变成如图 2.127 所示的基本 RS 触发器电路。由 2 个"与非"门 G1 和 G2 交叉组合而成,它有 2 个输入端 $\overline{Rd}$、$\overline{Sd}$ 和 2 个互补输出端 Q、$\overline{Q}$,我们定义当输出 $Q=0$、$\overline{Q}=1$ 为触发器的 0 态,$Q=1$、$\overline{Q}=0$ 为触发器的 1 态,$\overline{Rd}$ 称为置 0(复位、清零)端,$\overline{Sd}$ 称为置 1(置位)端。

当 $\overline{Sd}=0$、$\overline{Rd}=1$ 时,$Q=1$、$\overline{Q}=0$(1 态),在 $\overline{Sd}$ 消失(即 $\overline{Sd}=1$)后,有接回到 G1 另一输入端的 $\overline{Q}$ 的低电平,因而触发器的 1 态得以保持,此功能叫做置 1。

当 $\overline{Sd}=1$、$\overline{Rd}=0$ 时,$Q=0$、$\overline{Q}=1$(0 态),在 $\overline{Rd}=0$ 消失(即 $\overline{Rd}=1$)后,有接回到 G2 另一输入端的 Q 的低电平,因而触发器的 0 态得以保持,此功能叫做置 0。当 $\overline{Sd}=1$、$\overline{Rd}=1$ 时,电路维持原来的状态不变,这个功能叫做保持。

当 $\overline{Sd}=0$、$\overline{Rd}=0$ 时,$Q=1$、$\overline{Q}=1$,这既不是 0 态也不是 1 态,且在 $\overline{Rd}$、$\overline{Sd}$ 端的低电平同时消失后,无法断定触发器是恢复为 0 态还是 1 态,因此在正常工作时触发器不允许有 $\overline{Sd}=\overline{Rd}=0$ 的输入,即输入信号应遵守约束条件:$\overline{Sd}+\overline{Rd}=1$。

由以上分析可知,触发器的新状态 Q^{n+1} 不仅与输入有关,而且也与原状态 Q^n 有关,因此我们将 Q^n 作为变量也列入特性表,详见表 2.19。

表 2.19　基本 RS 触发器特性表

$\overline{Sd}$	$\overline{Rd}$	Q^n	Q^{n+1}	功能描述
0	0	0	1*	约束
0	0	1	1*	约束
0	1	0	1	置 1
0	1	1	1	置 1
1	0	0	0	置 0
1	0	1	0	置 0
1	1	0	0	保持
1	1	1	1	保持

* 当 $\overline{Sd}=\overline{Rd}=0$ 消失后,触发器的状态不定。

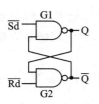

图 2.127　基本 RS 触发器

🌟 特别提示

本节是一个十分重要的知识点,请读者务必搞清楚各种触发器之间的来龙去脉,因此在做实验、写报告和阅读课外参考资料时,千万不要一味只追求结论,要直到熟练生巧为止,一定要注意细节。

2. 基本 RS 触发器实验

由于基本 RS 触发器实验中需要用到按键,因此下面详细介绍使用按键的注意事项。

(1) 按 键

人是通过人机界面向计算机发出指令的,而人工输入则是计算机人机界面的重要组成部分。人可以通过各种方式向计算机输入信息,例如声音、触摸和按键等。而按键则是最常用、最便捷的方式,例如计算机键盘就是由许多按键组成的。如图 2.128 所示为常用的两种按键符号。图 2.128(a)为单触点按键,按键未按下时,两端断开;按下时,两端接通。图 2.128(b)为双触点按键,按键未按下时,1、2 端接通,1、3 端断开;按下时,1、2 端断开,1、3 端接通。

如图 2.129(a)所示为单触点按键的无消抖电路。按键未按下时,输出 Y 为高电平,按下时应为低电平。但由于按键的机械特性和人手指的不稳定性等综合因素,致使按键按下的瞬间产生抖动,结果输出 Y 在这一瞬间产生多个窄脉冲干扰,这些脉冲信号的宽度一般可达毫秒,如图 2.129(b)所示,若加在相对高速的数字电路中将会产生很大的影响。例如,若将这个电路作为计数器的手动 CP 脉冲输入,则按一次键会产生无法预计的多个计数。同样,按键释放时也会产生类似的抖动。

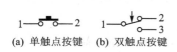

图 2.128 常用按键图形符号

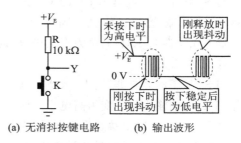

图 2.129 无消抖按键电路及输出波形

(2) RS 触发器消抖原理

如图 2.130(a)所示为用 RS 触发器的消抖电路,图中的按键 K 为双触点按键。当按键按下时,在 RS 触发器两输入和输出端产生的波形详见图 2.130(b)。在 t_1 时刻之前,按键未按下,S=0,R=1,则输出 Q 为高电平;在 $t_1 \sim t_2$ 时间内,按键 K 被按下且在 S 端出现抖动,但这段时间内 R 始终为 1,则输出 Q 保持不变;在 $t_2 \sim t_3$ 时间内,按键 K 的触点已与端 2 彻底分离,但未与端 3 接触,S=R=1,输出 Q 仍保持为高电平;在 t_3 时刻,按键 K 的触点刚与端 3 接触,出现短暂的低电平,即 S=1,R=0,根据触发器

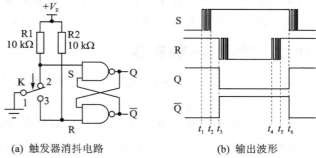

图 2.130 触发器消抖电路及输出波形

的特性,输出 Q 则立即翻转为低电平;在此后的 $t_3 \sim t_6$ 时间内,无论 R 端如何抖动、为低电平或高电平,S 端始终为 1,则输出 Q 保持为低电平不变,直至按键 K 与端 3 分离且刚与端 2 接触的 t_6 时刻,此时 S=0,R=1,则输出 Q 立即翻转为高电平,之后按键在端 2 的抖动和 S 持续为低电平,均使输出 Q 保持为高电平。这样一来,在触发器的输出 Q 端得到了一个很干净的负脉冲,且同时在 $\overline{Q}$ 端得到一个同样干净的正脉冲。

(3) 基本 RS 触发器实验

如图 2.131 所示为基本 RS 触发器实验电路,注意 S1、S2 按键电路的设计必须满足约束条件 $\overline{Sd}+\overline{Rd}=1$。其工作原理简述如下:当 B4 实验区的 S1、S2 键没有按下时,由 B5 实验区的 74HC00 "与非"门组成的基本 RS 触发器始终处于保持状态。

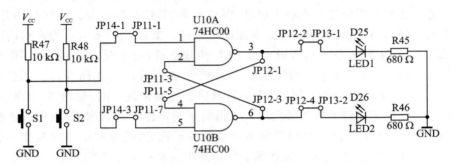

图 2.131 基本 RS 触发器实验电路

当 S1 按下时,"与非"门 U10A 输入端 1 被拉为低电平,U10A 的输出端 3 为高电平,高电平驱动发光二极管 D25 点亮。同时"与非"门 U10B 的输入端 4 变为高电平,U10B 的另一个输入端 5 由电阻器 R48 上拉为高电平,因此"与非"门 U10B 输出端 6 为低电平,低电平使发光二极管 D26 熄灭。

当 S2 按下时,"与非"门 U10B 输入端 5 被拉为低电平,U10B 的输出端 6 为高电平,同时"与非"门 U10A 的输入端 2 变为高电平,U10A 的另一个输入端 1 由电阻器 R47 上拉为高电平,所以"与非"门 U10A 输出端 3 为低电平,低电平使发光二极管 D25 熄灭,同时给 U10B 的输入端 4 输入低电平,U10B 的输出端 6 被锁定输出高电平,高电平驱动发光二极管 D26 点亮。

无论是如图 2.127 所示的电路,还是如图 2.131 电路的实验,均可以看出,无论何时只要输入端有置位或复位信号出现,触发器状态都会随之而变,因此我们称这样的输入 $\overline{Rd}$ 和 $\overline{Sd}$ 分别为直接复位端和直接置位端。但在计算机系统中常常要求某些(甚至所有)触发器于同一时刻动作,因此必须引入同步信号,使这些触发器只有在同步信号到来时才接输入信号改变状态,通常称这个同步信号为时钟脉冲信号,用 CP(Clock Pulse)表示。

2.10.2 同步 RS 触发器

如图 2.132 所示的电路为实现同步 RS 触发器的一种简单的结构,与基本 RS 触发器相比多了 2 个"与非"门 G3 和 G4 及 1 个时钟输入端 CP。

当 CP=0 时,G3 和 G4 被封锁且都输出高电平,触发器保持原来的状态不变,即 $Q^{n+1}=Q^n$。当 CP=1 时,G3 和 G4 打开,输入 S、R 信号通过 G3、G4 作用于由 G1、G2 组成的基本 RS 触发器上,使输出状态随输入而变,其特性详见表 2.20。

从表中可以看出,当 CP=1 时,触发器的特性与基本 RS 触发器差不多,它也有置 1(S=1,R=0)、置 0(S=0,R=1)和保持(S=0,R=0)三种功能,同样也遵守输入约束条件 SR=0。通常由于约束条件 SR=0 的限制,因而实际上很少直接使用如图 2.132 所示的电路,因此必须改进电路。

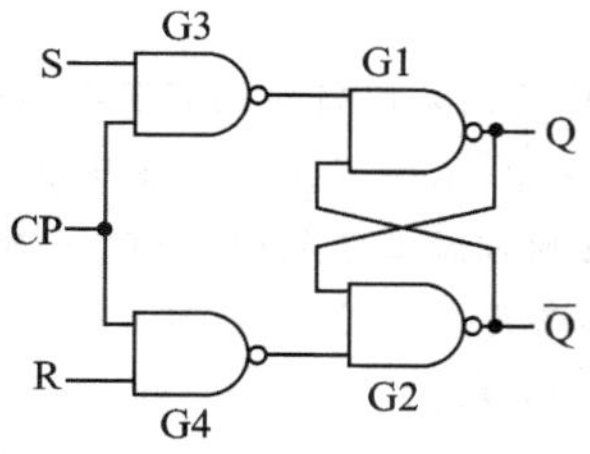

表 2.20 同步 RS 触发器特性表

CP	S	R	Q^n	Q^{n+1}	功能描述
0	×	×	×	Q^n	保持
1	0	0	0	0	保持
1	0	0	1	1	保持
1	0	1	0	0	置 0
1	0	1	1	0	置 0
1	1	0	0	1	置 1
1	1	0	1	1	置 1
1	1	1	0	1*	约束
1	1	1	1	1*	约束

* 当 S=R=1 消失后,触发器的状态不定。

图 2.132 同步 RS 触发器

2.10.3 D 锁存器

将图 2.132 电路中的 G3 输出连接到 R,同时去掉输入端 R,则电路变成图 2.133,从而保证了约束条件 SR=0,但变成了单端输入的 D 锁存器。

当 CP=0 时,G3、G4 被封锁,锁存器输出保持原来的状态,而不受输入 D 的影响,即 $Q^{n+1}=Q^n$。当 CP=1 时,G3、G4 打开,D 为 0 则锁存器被置 0;D 为 1 则锁存器被置 1,即 $Q^{n+1}=D$。它的真值表详见表 2.21。

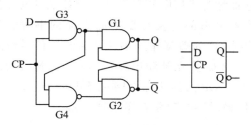

图 2.133 D 锁存器及逻辑符号

表 2.21 D 锁存器特性表

CP	D	Q^n	Q^{n+1}	功能描述
0	×	×	Q^n	保持
1	0	×	0	置 0
1	1	×	1	置 1

☞ 成功心法:10 000 小时的标准

天才盖茨的故事被人们翻来覆去说过多少次了,人们得到启发也大同小异。是不是真有先天的才能呢?答案很显然:有。而心理学家越是深入考察天才们的人生经历,越是发现天赋的作用越来越小,而后天储备的作用却越来越明显。

现在让我们更深入地挖掘这个故事。事实上,盖茨在 1968 年读七年级的时候,就开始编程了。尽管盖茨很早就开始接触计算机,但由于采用的是分时使用制,所以上机的时间还是很短。一个偶然的机会,

C-Cubed电脑中心公司邀请湖边电脑俱乐部的学生利用周末时间为公司测试软件程序,以此来换取使用电脑的时间,放学之后盖茨在这里一直编程到深夜。但电脑中心公司最终破产,他们受到另外一家名叫 ISI 公司的委托,为公司编写工资单程序,从而换取自由上机的时间。在 1971 年的 7 个月之内,盖茨和他的同伴们得到了 ISI 主机 1575 小时的上机时间,一星期 7 天,每天平均 8 个小时。后来保罗在华盛顿大学找到了一台能够免费使用的电脑,在每天凌晨 3:00—6:00 这段时间鲜有任何安排。就寝时间过后,盖茨开始动身到华盛顿大学。多年之后,盖茨的母亲说:"我们常常觉得奇怪,为什么他每天早上很晚才起床。"后来 TRW 为华盛顿州南部庞大的博纳维尔电站建立计算机系统,但在计算机革命的早期,要找一个熟悉专业领域的程序员并非易事。也不知道用了什么方法,盖茨成功地说服了他的老师让他离开学校来到博纳罗克,整个春天他都在编写程序。

当读大学二年级的盖茨从哈佛大学退学,决定创办软件公司的时候,此前他已经无间断地编写了七年的程序,这个时间远远超过 10000 小时。10000 小时是什么概念?相当于每天练习 3 小时,或者一周练习 20 个小时,总共 10 年的练习时间。因此,一个人的技能要想达到世界水平,他的练习时间就必须超过 10000 小时,任何行业都不例外。事实上,无论是象棋大师、曲棍球运动员、甲壳虫乐队……还是天才莫扎特,10000 小时是一个梦幻般的数字。(改编自中信出版社出版的图书《异类——10000 小时的标准》。)

2.10.4 维持阻塞触发器及其制作

1. 维持阻塞触发器

从图 2.132 所示的电路特点可以看出,在整个 CP=1 期间,出现在输入端的任何置位或复位信号都能改变触发器的状态。可以说,在此期间输出对输入是透明的,输入的任何变化(包括干扰)都可能引起输出的变化,这样就降低了电路的抗干扰能力。为了提高触发器的可靠性,希望它在 CP 作用期间只能变化一次,这样便演变出另一种触发器,它的次态仅仅取决于在 CP 下降沿(或上升沿)到来时刻的输入信号的状态,它叫维持阻塞触发器。

该类触发器的特点取决于它的内部结构,在 CP 下降沿(或上升沿)到来时的输入信号决定了触发器的输出状态。之后,若置 1(置 0)信号消失,则它具有"维持"功能;若置 1 信号变为置 0 信号(或相反),它则具有"阻塞"功能。因此,它被称为维持阻塞触发器。因该触发器工作原理比较复杂,故本书不做详细介绍,有兴趣的读者可参阅有关数字电路方面的书籍。如图 2.134 所示为维持阻塞 D 触发器的逻辑符号。其中,D 为数据输入端,CP 为时钟信号输入端,$\overline{Rd}$、$\overline{Sd}$ 分别为直接复位(置 0)和置位(置 1)端,Q 和 $\overline{Q}$ 为互补输出端。当 CP 上升沿到来时,触发器输出状态就等于 D,即 $Q^{n+1}=D$。另外,无论 CP 为何状态,只要在 $\overline{Rd}$ 和 $\overline{Sd}$ 这 2 个输入端上输入低电平,就将直接复位或置位触发器。D 触发器的功能表详见表 2.22。

表 2.22 D 触发器特性表

CP	$\overline{Sd}$	$\overline{Rd}$	D	Q^n	Q^{n+1}	功能描述
×	0	0	×	×	*	约束
×	0	1	×	×	1	直接置1
×	1	0	×	×	0	直接置0
↑	1	1	0	×	0	置0
↑	1	1	1	×	1	置1

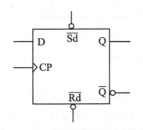

图 2.134 维持阻塞 D 触发器

2. 4位移位寄存器

移位寄存器的功能是将 n 个存储单元按照一定的顺序首尾单向相接，在统一的时钟脉冲的作用下，将这 n 个存储单元的内容向一个方向移位。

如图 2.135 所示为 4 位串行移位寄存器的原理框图。S3～S0 分别为 4 个首尾相接的存储单元，Si 为移位寄存器的输入，在 CP 脉冲的作用下，Si 上的数据可依次向 S3、S2、S1 和 S0 移动。该移位寄存器将数据 D3 D2 D1 D0 移入、移出的工作过程详见表 2.23。

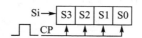

图 2.135 移位寄存器原理框图

表 2.23 移位寄存器工作过程

工作模式	CP脉冲	工作框图	说 明
数据移入	CP脉冲到来之前	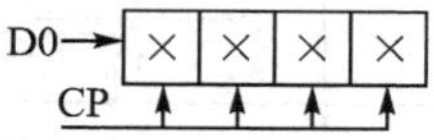 D0→×××× CP	先将输入 Si 设置为 D0
	第1个CP脉冲到来之后	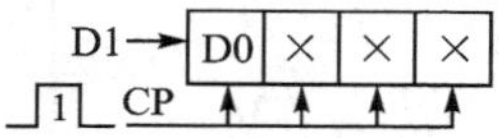 D1→D0××× CP	D0 移入 S3，之后将输入 Si 设置为 D1
	第2个CP脉冲到来之后	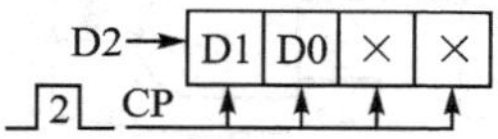 D2→D1 D0×× CP	D1 移入 S3；D0 移入 S2，之后将输入 Si 设置为 D2
	第3个CP脉冲到来之后	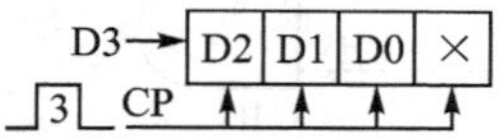 D3→D2 D1 D0× CP	D2 移入 S3；D1 移入 S2；D0 移入 S1，之后将输入 Si 设置为 D3
	第4个CP脉冲到来之后	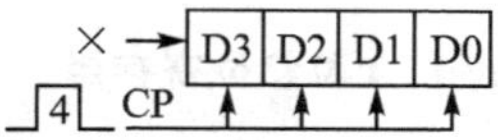 ×→D3 D2 D1 D0 CP	D3 移入 S3；D2 移入 S2；D1 移入 S1；D0 移入 S0，数据移入结束
数据移出	第1个CP脉冲到来之后	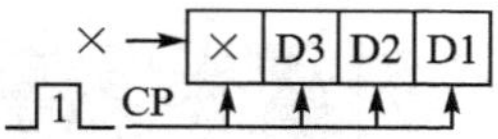 ×→× D3 D2 D1 CP	D0 被移出；D3 移入 S2；D2 移入 S1；D1 移入 S0
	第2个CP脉冲到来之后	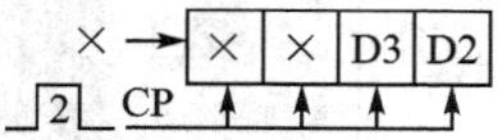 ×→×× D3 D2 CP	D1 被移出；D3 移入 S1；D2 移入 S0
	第3个CP脉冲到来之后	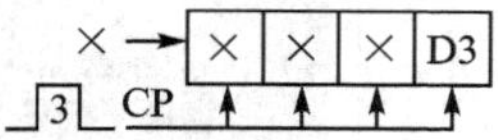 ×→××× D3 CP	D2 被移出；D3 移入 S0
	第4个CP脉冲到来之后	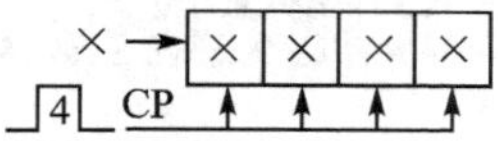 ×→×××× CP	D3 被移出，数据移出结束

3. 移位寄存器的实现

如图 2.136 所示为用双 D 触发器 74HC74 实现的 4 位移位寄存器的电路图，图中 U1 和 U2 的 4 个 D 触发器单向首尾相接。U1A 的数据输入 D 端作为整个移位寄存器输入 Si，通过拨码开关 K1 可按需要将 Si 设置为高、低电平。按键 KR 和 KS3～KS0 可通过触发器直接复位和置位端预置移位寄存器的数据,方法是:先按下 KR 键将所有触发器复位,再按要求通过 KS3~KS0 将相应位置 1。U3A 和 U3B 组成基本 RS 触发器,配合复位按键 KP 在 U3A 的引脚 3 可产生正脉冲,提供给所有触发器作为 CP 脉冲。发光二极管 D1~D4 指示各触发器的状态,接在 Q 端高电平点亮。

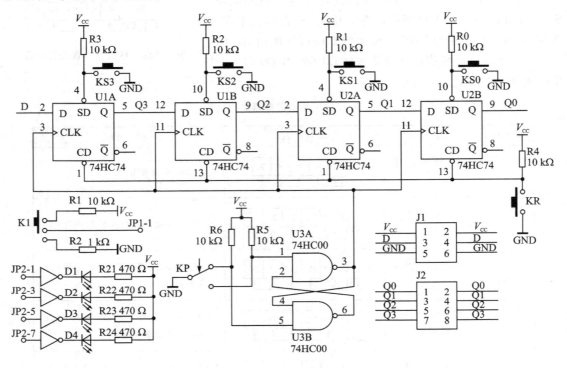

图 2.136　4 位移位寄存器

图 2.137 中左图是根据上述电路设计的 4 位移位寄存器 PCB 图,右图为样品效果图。

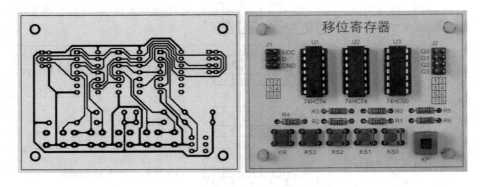

图 2.137　4 位移位寄存器的 PCB 图和样品效果图

其连线方式如下:

首先用杜邦线将 A3 实验区与 K1 逻辑开关相连的 JP1_1 连接到 4 位移位寄存器电路板 J1 的 D 端;接着用杜邦线将 B1 实验区与绿色 LED 发光二极管 D4~D1 相连的 JP2 单号插针连接到 4 位移位寄存器电路板 J2 的 Q3~Q0;然后加载电源即可开始实验。

串行移入二进制数据 1010 实验,步骤如下:
① 使 Si=0,即将 K1 拨到位置 0,然后将 KP 键按下一下,则发光二极管(按 D4 至 D1 顺序,下同)应显示 0XXX;
② 使 Si=1,即将 K1 拨到位置 1,然后将 KP 键按下一下,则发光二极管应显示 10XX;
③ 使 Si=0,即将 K1 拨到位置 0,然后将 KP 键按下一下,则发光二极管应显示 010X;
④ 使 Si=1,即将 KP 拨到位置 1,然后将 KP 键按下一下,则发光二极管应显示 1010,串行移入完毕。

并行输入二进制数据 1001 实验,注意先将 K1 拨到位置 0,步骤如下:
① 按一下 KR 键,发光二极管应全灭;
② 按一下 KS0 键,D1 应点亮;
③ 按一下 KS3 键,D4 应点亮。

串行移出二进制数据 1001 实验(紧接上一步),数据从 S0 串行移出,步骤如下:
① 按一下 KP 键,发光二极管应显示 X100,说明 1 已经移出;
② 按一下 KP 键,发光二极管应显示 XX10,说明 0 已经移出;
③ 按一下 KP 键,发光二极管应显示 XXX1,说明 0 已经移出;
④ 按一下 KP 键,发光二极管应显示 XXXX,说明 1 已经移出,串行移出完毕。

2.10.5 累加器及其制作

1. 累加器原理

如图 2.138(a)所示为 4 位累加器原理说明框图。其中,A(A3~A0)、B(B3~B0)和 S(S3~S0)为 4 位移位寄存器,分别存储 2 个加数 A、B 及和数 S,C 为寄存器存储进位。

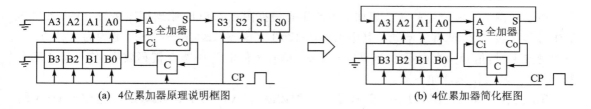

(a) 4位累加器原理说明框图　　　　　　(b) 4位累加器简化框图

图 2.138　4 位累加器原理框图

它的工作原理为:首先通过寄存器的直接置位和复位端设置好 2 个加数 A、B 和来自低位的进位 C−1,然后向所有寄存器发送 4 个 CP 脉冲,则累加完成;完成后和数在 S 中,向高位的进位在 C 中,移位寄存器 A 和 B 均为全 0。

累加器的具体工作过程详见表 2.24。从该表中可以看出,在 CP 脉冲到来之前,存储和数的移位寄存器 S 的内容无关紧要,累加完成后移位寄存器 A 和 B 均为 0 也无关紧,则可将移位寄存器 S 取消,将全加器的输出接入移位寄存器 A 的输入(也即 A3 的输入),如图 2.138(b)所示,这样一来,累加完成后和数全部移入 A。

第 2 章 计算机逻辑基础

表 2.24　累加器工作过程表

CP 脉冲	加数 A	加数 B	进位 C	全加器输入 A	全加器输入 B	全加器输入 Ci	全加器输出 S	全加器输出 Co	和数 S
CP 脉冲到来之前	A3 A2 A1 A0	B3 B2 B1 B0	C−1	A0	B0	C−1	S0	C0	X X X X
	通过寄存器的直接复位、置位端设置 2 个加数 A、B 和来自低位的进位 C−1，此时全加器输出的全加和为 S0＝A+B+C−1，进位输出 C0								
第 1 个 CP 到来之后	0 A3 A2 A1	0 B3 B2 B1	C0	A1	B1	C0	S1	C1	S0 X X X
	移位寄存器 A、B 和 S 第 1 次右移，左边填补 0，这样一来，A0、B0 和 C−1 消失，取代全加器输入的是 A1、B1 和 C0，S0 进入 S3，此时全加器输出的全加和为 S1＝A1+B1+C0，进位输出 C1								
第 2 个 CP 到来之后	0 0 A3 A2	0 0 B3 B2	C1	A2	B2	C1	S2	C2	S1 S0 X X
	移位寄存器 A、B 和 S 第 2 次右移，左边填补 0，这样一来，A1、B1 和 C0 消失，取代全加器输入的是 A2、B2 和 C1，S1 进入 S3，S0 进入 S2，此时全加器输出的全加和为 S2＝A2+B2+C1，进位输出 C2								
第 3 个 CP 到来之后	0 0 0 A3	0 0 0 B3	C2	A3	B3	C2	S3	C3	S2 S1 S0 X
	移位寄存器 A、B 和 S 第 3 次右移，左边填补 0，这样一来，A2、B2 和 C1 消失，取代全加器输入的是 A3、B3 和 C2，S2 进入 S3，S1 进入 S2，S0 进入 S1，此时全加器输出的全加和为 S3＝A3+B3+C2，进位输出 C3								
第 4 个 CP 到来之后	0000	0000	C3	0	0	C3	C3	0	S3 S2 S1 S0
	移位寄存器 A、B 和 S 第 4 次右移，左边填补 0，这样一来，A3、B3 和 C2 消失，取代全加器输入的是 0、0 和 C3，S3 进入 S3，S2 进入 S2，S1 进入 S1，S0 进入 S0，此时全加器输出的全加和等于 C3 且无关紧要，进位输出 C3 可向更高位进位								

2. 累加器的实现

由于如图 2.139 所示的 4 位累加器电路图是根据图 2.138(b)原理框图来设计的，因此其工作过程与表 2.24 就有所不同。其中 KA0～KA3、KB0～KB3、KR 与 KC 键均为上拉方式，当无键按下时，信号为高电平 1；当某键按下时，信号为低电平 0；当该键释放后，信号又恢复为高电平 1。其工作原理如下：

① U1、U2 和 U3A 组成一位全加器，2 个加数由 U1A 的第 1、2 引脚输入，进位由 U8A 的第 5 引脚输入，全加和由 U2C 的第 8 引脚输出到 D 触发器 U4A 的数据输入端 D，进位输出到 U8A 的数据输入端。

② 由双 D 触发器 U4 和 U5 组成的移位寄存器 A 保存累加器的一个加数，由双 D 触发器 U6 和 U7 组成的移位寄存器 B 保存累加器的另一个加数，D 触发器 U8A 保存进位位 C。

③ U3B 和 U3C 组成的基本 RS 触发器和复位按键 KP 一起组成脉冲发生器。每按一次 KP，在 U3C 的引脚 8 形成的一个正脉冲给所有 D 触发器提供 CP 脉冲。

④ 按下 KR 键可使所有 D 触发器复位为全 0，复位后可通过 KA3～KA0 键分别设置加数 A 的各个位，通过 KB3～KB0 键分别设置另一个加数 B 的各个位，通过 KC 设置来自低位的进位 C。

虽然从表面上来看，如图 2.139 所示的累加器电路制作起来相对复杂，但只要将电路细分为更小的单元电路，然后将其制作成相应的分立电路板，就可以用杜邦线将它们连接起来。基于此，可将图 2.139 拆分为三部分，分别为全加器与脉冲信号发生器、累加器 A 以及累加器 B。

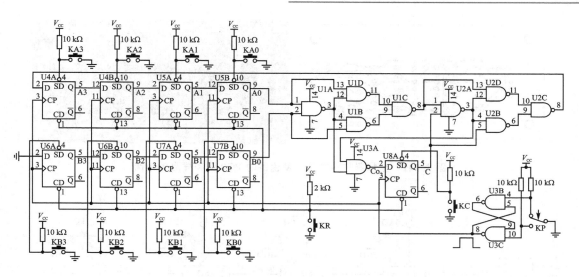

图 2.139　4 位累加器电路原理图

如图 2.140 所示为全加器与脉冲信号发生器电路图,其 PCB 图和样品效果图详见图 2.141。

如图 2.142 所示为累加器 A 电路图,其 PCB 图和样品效果图详见图 2.143。

如图 2.144 所示为累加器 B 电路图,其 PCB 图和样品效果图详见图 2.145。

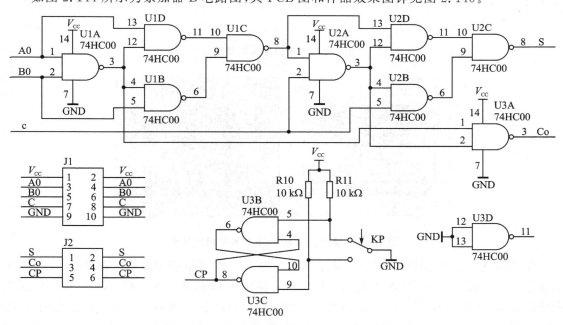

图 2.140　全加器与脉冲信号发生器电路图

使用杜邦线连接 3 块板的步骤如下:

① 板与板之间的连接。首先将 J1 的 A0、B0 和 C 分别与 J4 的 A0、J6 的 B0 和 C 相连;然后将 J2 的 S、Co 和 CP 分别与 J3 的 D、J5 的 Co 和 J3 及 J5 的 CP 相连;接着将 J4 的 CLR 与 J5 的 CLR 相连;最后将从实验箱将电源接入 V_{CC} 与 GND。

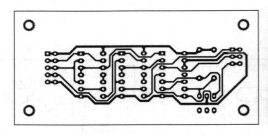 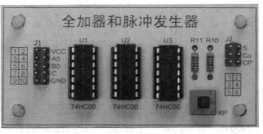

图 2.141　全加器与脉冲信号发生器的 PCB 图和样品效果图

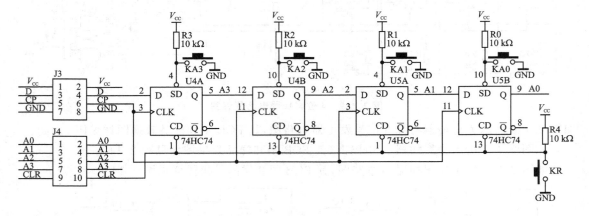

图 2.142　累加器 A 电路图

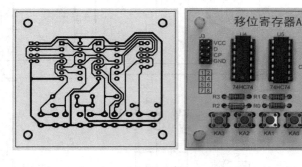

图 2.143　累加器 A 的 PCB 图和样品效果图

② 状态显示。分别使用 LED 发光二极管作为 A、B、C 的状态显示器。首先将 B1 实验区与绿色发光二极管 D4～D1 相连的 JP2 单号插针连接到 J4 的 A3、A2、A1、A0,用作累加器 A 的状态显示;然后将 B1 实验区与绿色发光二极管 D8～D5 相连的 JP2 单号插针连接到 J6 的 B3、B2、B1、B0,用作累加器 B 的状态显示;接着将 B1 实验区与红色发光二极管 D9 相连的 JP3_1 单号插针连接到 J6 的 C。

该 4 位累加器的操作步骤如下:

① 设置两个加数 A、B 和来自低位的进位 C。设置方法为:按 KR 键将 A、B 和 C 清零,通过 KA3～KA0、KB3～KB0 和 KC 按要求分别设置 A、B 和 C。

② 按 KP 键 4 次产生 4 个 CP 脉冲完成累加,结果在寄存器 A 中,向高位的进位在 C 中,

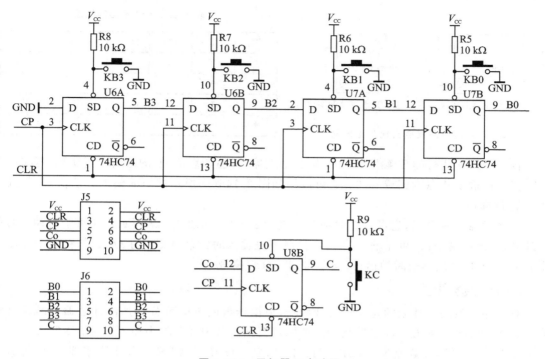

图 2.144 累加器 B 电路图

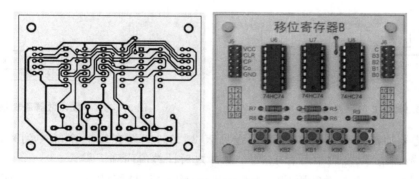

图 2.145 累加器 B 的 PCB 图和样品效果图

寄存器 B 为全 0。请读者画出累加器的工作过程表。

2.10.6 T 触发器与计数器

1. T 触发器

当 T=1 时,每来一个 CP 脉冲,输出状态就翻转一次;当 T=0 时,输出状态不对 CP 脉冲作出响应而保持不变,详见表 2.25。

T 触发器可以用 D 触发器来实现,如图 2.146(a)所示,图中将输出 Q 与 T "异或"后接到 D 触发器的输入,这样在 CP 上升沿的作用下就可实现如表 2.25 所列的功能。

第 2 章 计算机逻辑基础

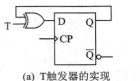
(a) T 触发器的实现

(b) T′触发器的实现

图 2.146 用 D 触发器实现 T 触发器

表 2.25 T 触发器特性表

CP	T	Q^n	Q^{n+1}	功能描述
↑	0	0	0	保持
↑	0	1	1	保持
↑	1	0	1	翻转（T′触发器）
↑	1	1	0	翻转（T′触发器）

若 T=1，则此时的 T 触发器又称为 T′触发器，特性如表 2.25 的最后 2 行所列，每来一个 CP 上升沿，输出状态就翻转一次。它可以用如图 2.146(b)所示的更简便的方法实现，只要将 $\overline{Q}$ 接到 D 即可。

T′触发器非常有用，它可以对时钟信号进行 2 分频，如图 2.147 所示。在每个时钟信号的上升沿，输出翻转一次，可见输出信号 Q 的频率是输入时钟信号 CP 的 1/2。若将这个输出 Q 作为下一个 T′触发器的时钟信号，又可得到 4 分频信号。

2. 计数器原理

对脉冲个数进行计数的电路称为计数器，根据计数的方向可分为加法计数器和减法计数器。如图 2.148 所示为 4 位二进制计数器原理框图。其中，CP 端为输入脉冲；C3 C2 C1 C0 为 4 位二进制计数值，计数值为 0000B～1111B，共 2^4=16 个数；CLR 为异步清零端，可将计数值清为 0000B。

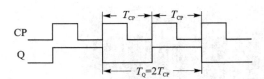

图 2.147 T′触发器分频时序图

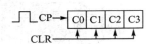

图 2.148 4 位计数器原理框图

4 位二进制加法计数器的工作过程详见表 2.26。假设在第一个脉冲到来之前已通过 CLR 端将计数器清零，从表中可看出 16 个脉冲之后计数值回到了零。

计数器是计算机系统最常用的时序电路之一，除了可以对时钟脉冲计数外，还可以用于分频、定时及产生各种时序信号。

如图 2.149 所示为 4 位异步二进制加法计数器电路原理图，用图中 4 个虚线框内的下降沿触发 D 触发器接成 T′触发器。左边第一个触发器的时钟输入端作为整个计数器时钟输入 $\overline{CP}$，前一级触发器的输出作为下一级触发器的输入，4 个触发器的输出作为二进制计数值并行输出，Q0 为低位，Q3 为高位，$\overline{R}$ 为计数器的直接清零端。

4 位异步二进制加法计数器的时序图详见图 2.150。纵向虚线表示相位对准时钟脉冲的下降沿，假设第一个时钟脉冲到来之前计数器已被清零，则每来一个脉冲，在脉冲的下降沿，计数器都自动加 1；在第 16 个脉冲下降沿到来之后，计数器复位回到 0。若再将 Q3 接到另一个计数器的时钟输入，则可将计数器级联，形成更高位数的计数器。

从时序图中还可以看到，Q0 的频率为 $\overline{CP}$ 的一半，即实现 2 分频，从 Q1 则得到 4 分频，依次类推，Q2 得到 8 分频，Q3 得到 16 分频。

表 2.26 计数器工作过程表

CP脉冲和工作框图	计数值 二进制	计数值 十六进制	CP脉冲和工作框图	计数值 二进制	计数值 十六进制
1 CP → 1 0 0 0	0001	1	9 CP → 1 0 0 1	1001	9
2 CP → 0 1 0 0	0010	2	10 CP → 0 1 0 1	1010	A
3 CP → 1 1 0 0	0011	3	11 CP → 1 1 0 1	1011	B
4 CP → 0 0 1 0	0100	4	12 CP → 0 0 1 1	1100	C
5 CP → 1 0 1 0	0101	5	13 CP → 1 0 1 1	1101	D
6 CP → 0 1 1 0	0110	6	14 CP → 0 1 1 1	1110	E
7 CP → 1 1 1 0	0111	7	15 CP → 1 1 1 1	1111	F
8 CP → 0 0 0 1	1000	8	16 CP → 0 0 0 0	0000	0

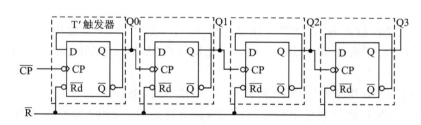

图 2.149 4 位异步二进制加法计数器电路原理图

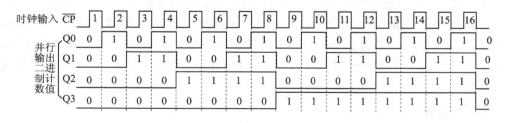

图 2.150 4 位异步二进制加法计数器时序图

因异步计数器的各级触发器不是同时翻转的,而是逐级脉动进位翻转的,故又称为纹波计数器。由于触发器的翻转存在延时 t_{pd},因此各个触发器不同时翻转,在达到稳定状态之前,输出将会出现不可预估的乱码,这对后级电路造成不可预计的影响。而且对于一个 N 位的异步计数器来讲,从时钟脉冲到来开始到所有触发器翻转达到稳定状态,需要经历的时间为 Nt_{pd},这样就要求时钟脉冲的周期 $T_{CP} \gg Nt_{pd}$。

> **思考**
> 在如图 2.149 所示的电路中将触发器全部换成上升沿触发,将会得到什么结果?(提示:可以按照图 2.150 的样式画出时序图,然后得出结论。)

2.10.7 8 位地址输入与显示实验

1. 实验原理

中规模集成电路 74HC393 中集成了两个 4 位二进制异步计数器,如图 2.151 所示是它的引脚图。该芯片共有 14 个引脚,图中未标出的第 14 引脚为电源的正端(V_{CC}),第 7 引脚为电源的负端(GND)。74HC393 中每级触发器的典型传输延迟时间为 6 ns。

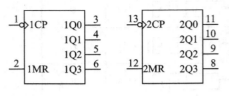

图 2.151 74HC393 引脚图

如图 2.152 所示为使用 74HC393 设计的 8 位计数器电路原理图。将其中 2 个计数器进行级联(2CP 与 1Q3 相连)作为一个 8 位计数器来使用,接通电源 D9~D16 地址显示器会显示事先并未设定的随机数。1MR 与 2MR 为 74HC393 的清 0 信号输入端,因此只要给 MR 一个高电平脉冲信号,即只要按一下 S7 键,74HC393 的输出信号为 0000 0000B。经过反相转换之后其输出状态为 1111 1111B,即可看到 LED 全部熄灭。

如果用十六进制数来表示,则其输出信号为 00H。此时,如果将输出信号线连接到计算机的地址总线,则计算机从 0000 0000B 地址开始执行程序,即 S7 键用于确定 0 地址位的清 0 操作。

NEXT 步进键 S8 用于产生计数脉冲,当 S8 未按下时,则 1CP 为 0。而每当按一次 S8 键时,1CP 由 0 跳变为 1,即计数输出信号自动加 1。也就是说,74HC393 的计数输入端 1CP 每来一个脉冲,在脉冲的下降沿,计数器输出的二进制数都会自动加 1。

假设在第一个时钟脉冲到来之前,计数器已经被清 0,当计数器加 1 之后,其输出信号为 0000 0001B(01H)。以此类推,在第 256 个脉冲下降沿到来之后,计数器又回到 0,即输出信号为 1111 1111B(0FFH)之后再加 1 变为 00H。第 3 章将要学习的 80C31Small 微控制器,就有一个同 74HC393 工作原理一样的程序计数器(简称 PC)。它是一个具有 16 位地址总线的 8 位微控制器,那么只需 2 片 74HC393 级联即可。

2. 实验步骤

首先用并行排线将 C5 实验区与 74HC393 输出端相连的 JP24 单号插针,连接到 B1 实验区与 LED 显示器相连的 JP3 单号插针;接着用短路器连接 C3 实验区的 JP45_1 与 JP45_2;然后用短路器连接 JP39_3 与 JP39_4 接通电源,则红色的地址显示器会显示事先并未设定的随机数。

如果此时按一下 S7 清 0 键,则可以在地址显示器上看到地址数据被清 0(全部熄灭)。这时如果按一下 NEXT 键 S8,则地址显示器显示数据 1(最右边的灯点亮);如果继续按下 NEXT 键,则可以看到地址数据自动加 1。因为有时输入的地址信息可能会出错或要修改某

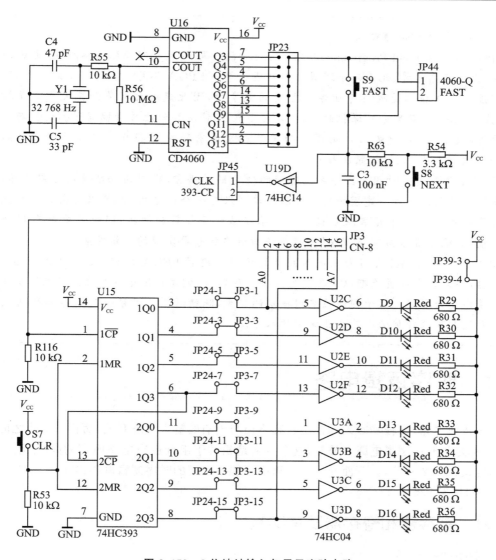

图 2.152　8 位地址输入与显示实验电路

个地址所对应的数据,如果只有 NEXT 步进功能键,那么需要反复按压 NEXT 键才能得到所要的地址信息。

为了方便地找到 256 个地址中的任意一个,于是增加了一个快速加 1 键 FAST。如果将 C3 实验区 JP23 上 10 组排针中的任何一组用短路器短路,若此时按下 FAST 键不松开,那么通过显示地址的 LED 就可以观察到显示的地址数不停地自动加 1。如果用短路器从 JP23 左端开始短路,然后拿开向右重复上述操作,就可以观察到越向右边,地址显示器自动加 1 的速度就越快。而对实际操作而言,只需要选择一个操作适当的速度就可以了。当快速选址操作接近于目标地址数时,立即松开 FAST 按键,然后再通过 NEXT 键就很容易找到所需的任何地址。

☞ FPGA 与 Verilog 语言

FPGA 是英文 Field-Programmable Gate Array 的缩写,即现场可编程门阵列,通过 Verilog 语言编程,上亿只晶体管、几千万个逻辑门都可望在单一 FPGA 芯片上实现。由此可见,及早学习和掌握 FPGA 技术是电类专业学生重要的竞争力,因此建议大家务必在大学二年级开设"电子技术基础(数字部分)"课程时,同步学习 FPGA 技术。为此作者编写了《HDL 与可编程逻辑器件》教程(即将出版),广州周立功单片机发展有限公司推出了与之配套的 EasyFP-GA060 开发学习套件(含视频教程)。

Verilog 语言是一种用于数字系统建模的硬件描述语言,模型的抽象层次可以从算法级、门电路级一直到开关级。建模的对象可以简单到只有一个门电路,也可以复杂到一个完整的数字电子系统。Verilog 语言从 C 语言中继承了多种操作符和结构,因此只要熟悉 C 语言程序设计技术,就非常容易掌握 Verilog 语言来设计自己想要实现的逻辑功能。

2010 年 1 月,Actel 公司面向嵌入式市场推出了内置 FPGA 的 Cortex-M3 32 位 ARM 微控制器,因此开发人员长期以来盼望按照项目的需求,创造性地个人独立设计高附加值 SoC 芯片的梦想变为现实。由于创新性应用技术的诞生,既精通嵌入式系统又精通 FPGA 的综合性技术开发的工程师势必成为企业渴望的人才。

2.11 时序逻辑电路

一个逻辑电路,在任一时刻的输出状态不但与当前的输入状态有关,而且与电路之前的状态有关,称之为时序逻辑电路。显然,这个定义是相对于组合逻辑电路而言的(关于组合逻辑电路的定义参见 2.9 节)。下面介绍在计算机系统中常用的时序逻辑电路锁存器 74HC373 和寄存器 74HC374。

2.11.1 锁存器和寄存器及其实验

1. 锁存器

由于需要在某一时刻得到数据,并保持一会儿进行处理,这样的工作方式称之为锁存或取样。也就是选取某一时刻的状态,或将其状态锁住之意。

集成电路 74HC373 为带三态输出的并入并出八 D 电平触发锁存器,其电路原理图和图形符号详见图 2.153。在图 2.153(a)中 L1~L8 为如图 2.133 所示的 D 锁存器,D0~D7 为输入数据线,它们所有的 CP 时钟输入端连接在一起作为整个芯片的锁存输入信号 LE。当 LE=1 时,锁存器打开,锁存器的输出随输入的变化而变化;当 LE 由高电平变为低电平时,输入信号被锁存,之后锁存器的输出不随输入变化,直到 LE 为有效高电平为止,在此期间 D0~D7 仍然可以作为数据总线使用。

G1~G8 为三态门,Q0~Q7 为输出数据线,$\overline{OE}$ 为输出三态门使能信号。当 $\overline{OE}$=1 时,芯片的 8 位输出 Q0~Q7 呈高阻状态,即输出电路被切断,输出端处于无效状态;当 $\overline{OE}$=0 时,锁存器 L1~L8 的输出反映在芯片的输出 Q0~Q7 上。74HC373 的特性详见表 2.27。

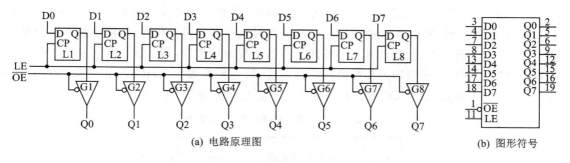

(a) 电路原理图　　　　　　　　　　　　(b) 图形符号

图 2.153　八 D 锁存器 74HC373

表 2.27　八 D 锁存器 74HC373 特性表

输入			内部锁存	输出	功能描述
$\overline{OE}$	LE	Dn		Qn	
1	×	×	×	高阻	总线隔离
0	0	×	0	0	锁存
0	0	×	1	1	锁存
0	1	0	0	0	透明传输
0	1	1	1	1	透明传输

☞ **关键知识点**

从存储数据的角度来看，74HC373 是电平触发电路，如果输入数据的刷新可能出现在控制(使能)信号开始有效之后，则只能使用锁存器，它不能保证输出同时更新状态。

在实际的应用中，由于数据与 CPU 是独立变化的，当外部的数据进入 CPU 时，势必不能稳定地读入，唯一的办法就是通过"读"信号将数据以锁存状态读入，因此 D 锁存器常用于向 CPU 输入数据。

2. 寄存器

由 8 个触发器构成的 8 位寄存器集成电路 74HC374 是一个 8 通道上升沿触发锁存器，即带三态输出的并入并出八 D 触发器(8 位寄存器)，其电路原理图和图形符号详见图 2.154。

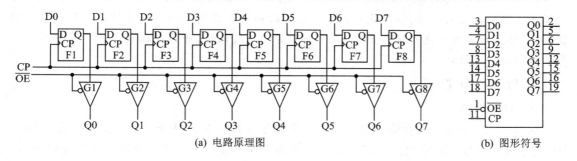

(a) 电路原理图　　　　　　　　　　　　(b) 图形符号

图 2.154　八 D 触发器 74HC374

在图 2.154(a)中，F1～F8 为如图 2.134 所示的维持阻塞 D 触发器，D0～D7 为输入数据线，它们所有的 CP 时钟输入端连接在一起作为整个芯片的时钟脉冲锁存控制信号 CP，上升沿有效。当 CP 为高电平或低电平时，不管输入如何，所有触发器输出保持原来的状态不变；当 CP 上升沿到来时，触发器的输出与输入 D 在该时刻具有同样的状态，即输出数据线锁存输入数据线上的数据。因此，在计算机中常用锁存器实现输出接口，那么从总线送出的数据就可以暂存在锁存器中。$\overline{OE}$引脚为锁存器的片选信号，低电平有效。74HC374 的三态输出 G1～G8 与 74HC373 相同，Q0～Q7 为输出数据线。其特性详见表 2.28。

表 2.28　八 D 触发器 74HC374 特性表

输入			内部寄存	输出	功能描述
$\overline{OE}$	CP	Dn		Qn	
1	×	×	×	高阻	总线隔离
0	×	×	0	0	寄存
0	×	×	1	1	寄存
0	↑	0	0	0	触发
0	↑	1	1	1	触发

> **☞ 关键知识点**
>
> 当数据来自 CPU 内部时，在"写"信号的作用下，将数据读入寄存器，在输出端口输出数据。与此同时，CPU 的输出数据与写信号同步地、连续不断地刷新寄存器，在输出端输出数据。因此，使用 D 触发器的寄存器常用于 CPU 的数据输出。

结论：以上 2 种器件的各位数据都是在时钟脉冲的作用下同时读入的，所以称它为并行输入、并行输出方式。采用这样的方式使计算机的运行速度快、吞吐量大，常用于计算机的局部总线上，俗称并行总线，以实现数据的运算、存储和短距离通信；但它也存在线路复杂、成本高等缺点，不利于实现计算机系统之间的远距离通信。

从存储数据的角度看，74HC373 八 D 锁存器与 74HC374 八位寄存器具有类似的逻辑功能。两者的区别在于，前者是电平触发电路，而后者是脉冲边沿触发电路。它们有不同的应用场合，主要取决于控制信号与输入数据信号之间的时序关系，以及控制存储数据的方式。

如果输入数据的刷新可能出现在控制（使能）信号开始有效之后，则只能使用锁存器，它不能保证输出同时更新状态；如果能确保输入数据的刷新在控制（时钟）信号触发边沿出现之前稳定，或要求输出同时更新状态，则可选择寄存器。一般来说，寄存器比锁存器具有更好的同步性能和抗干扰性能。

3. 锁存器实验

(1) 实验电路

如图 2.155 所示为锁存器实验电路图。逻辑开关 K1～K10 用于产生数据输入总线 D0～D7、锁存输入信号 LE、输出三态门使能信号$\overline{OE}$的信号，LED 用于显示数据输出总线 Q0～Q7 的状态。

其线路的连接关系如下：

首先用并行排线将 A3 实验区与逻辑开关 K1～K8 相连的 JP1 单号插针，连接到 B3 实验

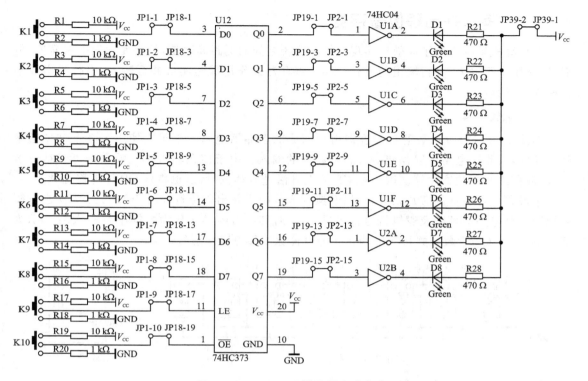

图 2.155　74HC373 锁存器实验电路

区与 74HC373 输入端 D0～D7 相连的 JP18 双号插针，并用杜邦线将 K9、K10 分别与 74HC373 的 LE、$\overline{\text{OE}}$ 相连。

接着用并行排线将 B3 实验区与 74HC373 输出端 Q0～Q7 相连的 JP19 单号插针，连接到 B1 实验区与 LED(D1～D8)相连的 JP2 双号插针。

然后用并行排线将 B3 实验区与 74HC373 输入端 D0～D7 相连的 JP18 单号插针，连接到 B1 实验区与 LED(D17～D24)相连的 JP4 双号插针。特别提醒：图 2.155 没有将此电路的连接关系画出来，请读者注意。

最后用短路器连接 JP39_1 与 JP39_2，即可接通电源。

(2) 实验步骤

通过表 2.27 可以看出，当 $\overline{\text{OE}}=1$ 时，输出端处于无效状态；当 $\overline{\text{OE}}=0$ 时，芯片处于工作状态，因此只需将 K10 拨到位置 0，即可将 $\overline{\text{OE}}$ 接地。

> 当 K9 拨到位置 1(即 LE=1)时，74HC373 处于透明传输状态，因此 LED(D1～D8)全部点亮。

> 当 K1～K10 全部拨到位置 0 时，LED 全部熄灭。

> 当 K1～K8 全部拨到位置 1 时，LED(D17～D24)全部点亮。

> 当 K9 拨到位置 0(即 LE 由 1 变为 0)时，输入信号被锁存，即 74HC373 的输出不随输入变化。此时，即使将 K1～K8 拨到位置 0，LED(D1～D8)也依然保持发光状态，而 LED(D17～D24)全部熄灭。

> 与 K9 拨到位置 1 时，LED(D1～D8)也随之全部熄灭。

2.11.2 串入并出移位寄存器

在计算机系统中为了高效地实现计算机系统之间的远距离通信,且要使通信电路简单、可靠,则采用串行输入、并行输出的方式。移位寄存器的作用就是实现并行输入、串行输出或串行输入、并行输出。

1. 74HC164

如图 2.156(a)所示是用 D 触发器组合而成的存储器电路。由于它使用了 8 个维持阻塞 D 触发器,因此该电路可以存储串行 8 位数据的输入。由于加在输入端上的数据可以移位读入,因此称之为移位寄存器。因为在 CP 的上升沿进行移位,所以也将该 CP 称为移位脉冲。

集成移位寄存器的芯片很多,现以经典的 8 位串入并出移位寄存器 74HC164 为例进行简要说明。其电路原理图及逻辑符号详见图 2.156,其中,D = A·B 为数据串行输入端,$\overline{MR}$ 为清 0 端,Q0~Q7 为数据并行输出端,CP 为时钟脉冲移位操作信号。

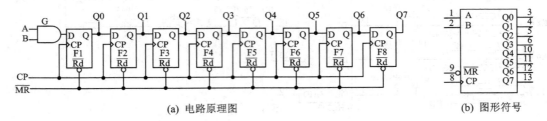

(a) 电路原理图　　　　　　　　　　　(b) 图形符号

图 2.156　8 位串入并出移位寄存器 74HC164

在电路原理图中,8 个 D 触发器首尾相接,数据输入端 A 和 B 通过"与"门 G 接到 F1 触发器的输入端,作为整个移位寄存器的串行输入,触发器 F1~F8 的输出分别为芯片的并行输出 Q0~Q7,8 个触发器的时钟输入端连接在一起形成芯片的时钟输入端 CP,这样在时钟上升沿"↑"的作用下,串行输入数据 A·B 逐位从左向右移动。

其特性表详见表 2.29。从表中可以看出,若要将 8 位数据 D7~D0 传送到输出端 Q7~Q0,则必须在 8 个 CP 脉冲的作用下,从 D7 到 D0 逐位送到输入 AB 端。

表 2.29　8 位串入并出移位寄存器特性表

移位顺序	输入			输出								功能描述
	$\overline{MR}$	CP	D	Q7	Q6	Q5	Q4	Q3	Q2	Q1	Q0	
×	0	×	×	0	0	0	0	0	0	0	0	清零
1	1	↑	D7	×	×	×	×	×	×	×	D7	移位
2	1	↑	D6	×	×	×	×	×	×	D7	D6	移位
3	1	↑	D5	×	×	×	×	×	D7	D6	D5	移位
4	1	↑	D4	×	×	×	×	D7	D6	D5	D4	移位
5	1	↑	D3	×	×	×	D7	D6	D5	D4	D3	移位
6	1	↑	D2	×	×	D7	D6	D5	D4	D3	D2	移位
7	1	↑	D1	×	D7	D6	D5	D4	D3	D2	D1	移位
8	1	↑	D0	D7	D6	D5	D4	D3	D2	D1	D0	移位

例如,将二进制数 11010110B 串行传送到 74HC164 并行输出(Q7 为高位,Q0 为低位),时序图详见图 2.157。

图中横坐标表示时间,纵坐标表示高、低电平,因此波形中的串行数据从左至右、由高位 Q7(本例为 1)至低位 Q0(本例为 0)输入,在时钟脉冲的作用下,逐位从左至右移位,当 8 个时钟脉冲过后,11010110B 在 Q7～Q0 并行输出。图中纵向虚线表示相位对准每个 CP 脉冲的上升沿,阴影部分表示不必关心这时的状态,方向指向右下方的 8 个箭头表示最早输入的 1 经过 8 次移位到达 Q7。

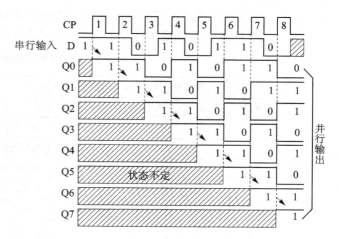

图 2.157　移位寄存器时序图

☞ **关键知识点**

当 $\overline{MR}=0$ 时,移位寄存器异步清 0;当 $\overline{MR}=1$ 时,CP 上升沿将加在 D=A·B 端的二进制数据依次送入移位寄存器中,CP 下降沿将保持移位寄存器的状态不变。

2. 74HC595

如图 2.158 所示为 74HC595 的电路原理图和图形符号。原理图中,上部虚线框内是 8 位移位寄存器,与 74HC164 完全相同;下部虚线框内是带三态输出的八 D 锁存器,与 74HC374 完全相同。将移位寄存器的 8 位输出接到锁存器的 8 位输入。

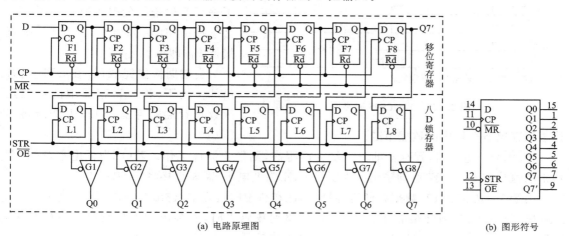

(a) 电路原理图　　　　　　　　　　　　(b) 图形符号

图 2.158　带锁存及三态输出的移位寄存器 74HC595

在 CP 时钟脉冲上升沿的作用下,输入数据 D 在移位寄存器内逐位自左至右移动,8 个 CP 脉冲上升沿后数据 D 移至 Q7′,$\overline{MR}$ 上的低电平可将移位寄存器的输出全部清零。

在锁存器时钟输入端 STR 的上升沿可将寄存器内的 8 位数据传送到锁存器内锁存,输出

使能端 $\overline{OE}$ 上的低电平将使锁存器内的数据传送输出端 Q0~Q7 并行输出,若 $\overline{OE}$ 为高电平,则 Q0~Q7 为高阻状态。其特性详见表 2.30,时序图详见图 2.159。

表 2.30 74HC595 特性表

锁存器输入		移位寄存器输入			输出	功能描述
$\overline{OE}$	STR	$\overline{MR}$	CP	D	Qn	
1	×	×	×	×	高阻	输出禁止
0	×	×	×	×	OLn	输出使能
×	↑	×	×	×		将移位寄存器的输出 Qn'锁存到 OLn
×	×	0	×	×		将移位寄存器的输出 Qn'清零
×	×	1	↑	×		D→Q0′,Q0′~Q6′→Q1′~Q7′
×	↑	1	↑	×		D→Q0′,Q0′~Q6′→Q1′~Q7′ 且将移位寄存器移位前的输出 Qn'锁存到 QLn

* Qn′为移位寄存器 F1~F8 的输出,QLn 为锁存器 L1~L8 的输出。

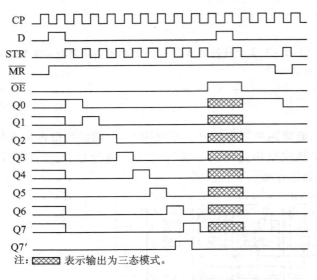

图 2.159 74HC595 时序图

当 $\overline{MR}$=0 时,将移位寄存器的输出 Qn′清 0;当 $\overline{MR}$=1 时,CP 上升沿将加载在 D 端的二进制数据依次送入移位寄存器中,即 D 中的数据被送入 Q0 的第 1 级移位寄存器,Q0 移位寄存器原有的值移入 Q1 移位寄存器,Q1 移位寄存器原有的值移入 Q2 移位寄存器,以此类推;CP 下降沿将保持移位寄存器状态不变。因此,为了保证产生连续的时钟脉冲信号 CP,必须保证 $\overline{MR}$ 为高电平,只需将 $\overline{MR}$ 直接接 V_{CC} 即可。

当数据移位完成后,在 STR 上升沿的作用下,移位寄存器中的数据送入数据存储寄存器;STR 下降沿将保持数据存储寄存器中的数据不变。

当 $\overline{OE}$ 为高电平时,锁存器的输出端为高阻态,则禁止器件工作。若 $\overline{OE}$ 为低电平,则锁存器中的值将在 Q0~Q7 引脚输出。为了保证 $\overline{OE}$ 为低电平,需要直接将 $\overline{OE}$ 端接地。

由于 74HC595 具有数据存储寄存器,因此在移位的过程中,输出端的数据可以保持不变。这在串行速度慢的场合很有用处。例如,当驱动数码管时,不会出现闪烁现象。由此可见,74HC595 完全克服了 74HC164 的缺点,应用非常广泛。

2.11.3 8 位数据输入与显示实验

通过前面的学习,我们已经掌握了如何使用 8 个逻辑开关产生 8 位数据及显示电路的基本原理和设计方法。下面将尝试使用第 2 种方法来实现。

1. 设计思想

从表 2.29 所列的特性表可以看出,当 $\overline{MR}=0$ 时,Q7~Q0 输出信号清 0,那么 $\overline{MR}$ 就是清 0 端;当 $\overline{MR}=1$ 时,74HC164 处于允许工作状态,因此 $\overline{MR}$ 直接 V_{CC} 即可。

此时,无论串行数据输入端 A·B(D=AB)为何种信号(0 或 1),只要给 CP 端加载一个上升沿"↑"信号,AB 端的信号即被串行传送到 74HC164 的并行输出端。

(1) "↑"的产生

首先,我们来分析一下将如何产生上升沿"↑"信号。其实,上升沿"↑"就是数字电平由 0 跳变为 1 的那一瞬间所产生的信号。由此可见,只需在 CP 端外接一个下拉电阻,即可产生低电平 0;然后再在 CP 端外接一个具有上拉功能的按键,即可产生高电平 1。当键按下时,即可产生一个上升沿"↑"信号,详见图 2.160。

当 S5 键未按下时,由于下拉电阻器 R51 的作用,CP 端一直为 0;当 S5 键按下时,CP 端上拉为 1,即由 0 跳变为 1;而当 S5 键松开后,CP 端立即下拉恢复为 0,于是 CP 端就得到一个由 0 跳变为 1、再由 1 跳变为 0 的高电平脉冲信号。

通过前面的学习我们知道,必须在按键电路中增加按键消抖动电路,才能产生稳定的输入信息。此前,在 2.10.1 小节中介绍了一种使用基本 RS 触发器消抖的方法,在这里介绍另一种消抖电路。

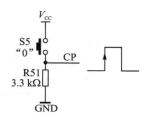

图 2.160 脉冲产生电路图(1)

在讲解新的消抖电路之前,先介绍一个非常有用的门电路——施密特反相器,其图形符号如图 2.161(a)中 B 和 Y 之间的部分所示,它的输入/输出关系曲线如图 2.161(c)所示,其中 B 为输入,Y 为输出。假设 B 为低电平,则 Y 为高电平,当 B 逐渐升高到 V_2 时,输出 Y 变为低电平;此时若 B 开始下降,则必须下降到 V_1 时,输出才变为高电平。这样 V_2-V_1 称为该施密特反相器的回差电压。施密特反相器的抗干扰能力很强,经常用于波形的整形。

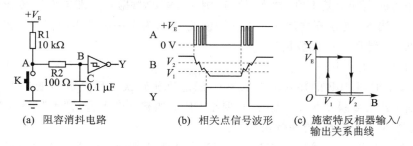

(a) 阻容消抖电路　　(b) 相关点信号波形　　(c) 施密特反相器输入/输出关系曲线

图 2.161 阻容消抖电路及相关点信号波形

如图 2.161(a)所示为阻容消抖电路,在电路中加入了电阻器 R2 和电容器 C。我们已知电容器 C 有滤交流的作用。当按键 K 断开时,A、B 点均为高电平,C 充满电荷;当按键按下的时刻,A 点为 0 V,C 通过 R2 对地放电,B 点电位缓慢下降,当出现抖动时,B 点也不会立刻上升为电源电压,而是缓慢上升,但在这一时期总的来说,放电时间大于充电时间,则 B 有起伏地下降,最终降为 0 V。按键释放时原理相同。在 B 点得到如图 2.161(b)中"B"右边所示的波形。该波形在下降沿与上升沿有毛刺,再经过施密特反相器整形后得到输出干净的脉冲波形,如图 2.161(b)中"Y"右边的波形所示。

综上所述,增加按键消抖功能的电路详见图 2.162。

当 S5 键未按下时,由于 U19A 输入端上拉为 1,则经过反相转换之后其输出端为 0,即 74HC164 的时钟脉冲信号的输入端 CP 为 0。

当 S5 键按下时,U19A 的输入端下拉为 0,经过反相转换之后其输出为 1,即 CP 由 0 转换为 1。当 S5 键松开后,CP 端立即恢复为 0,于是 CP 端就得到一个由 0 跳变为 1、再由 1 跳变为 0 的高电平脉冲信号。此时,AB 输入端的数据无论为何种信号(0 或 1)都被串行传送到 74HC164 的并行输出端。

(2) 数据的产生

从"↑"信号产生电路得到启发,如图 2.163 所示即为数据信号产生电路。

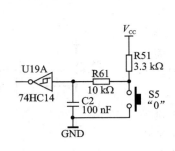

图 2.162 脉冲产生电路图(2)

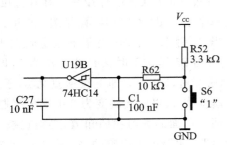

图 2.163 数据产生电路图

① 数据 0 的产生

当 S6 键未按下时,由于 U19B 输入端上拉为 1,则经过反相转换之后其输出端为 0,即 74HC164 的数据输入端 AB 为 0。此时,只要给 CP 端加载一个上升沿"↑"信号,AB 端的数据 0 即被串行传送到 74HC164 的并行输出端。

通过前面的分析可知,当 S5 键按下时,CP 端即产生一个由 0 跳变为 1 的上升沿"↑"信号。由于起作用的实际上是上升沿"↑"信号,则 AB 端的数据 0 立即被串行传送到 74HC164 的并行输出端。当 S5 键松开之后,CP 端立即恢复为 0,为下一次产生数据 0 做准备。

由此可见,S5 键用于产生数据 0。

② 数据 1 的产生

当 S6 键按下时,U19B 的输入端下拉为 0,经过反相转换之后其输出端为 1,即 74HC164 的数据输入端 AB 由 0 跳变为 1。此时,只要给 CP 端加载一个上升沿"↑"信号,AB 端的数据 1 即被串行传送到 74HC164 的并行输出端。

当然,最笨的办法也不是没有:先按下 S6 键,将数据 1 加载到 AB 端;然后再按下 S5 键,CP 端即产生一个上升沿"↑"信号,即可将 AB 端的数据 1 串行传送到 74HC164 的并行输出端。

显然,这样的设计方案不可取。怎么办?

由于 CP 端始终为低电平 0,而当 S6 键按下时,74HC164 数据输入端 AB 产生一个由 0 跳变为 1 的信号,那么,我们不妨想办法在 AB 端与 CP 端之间构造一个信号传递电路,将高电平 1 传递到 CP 端,即可产生一个上升沿"↑"信号。如图 2.164 所示的 8 位数据输入与显示实验电路中的 D27 二极管,在其中起到的作用就是信号传递。不过信号先到达 AB,然后再到 CP,二极管起到延时器的作用。

当 S6 松开后,CP 端立即恢复为 0,于是 CP 端得到一个由 0 跳变为 1、再由 1 跳变为 0 的

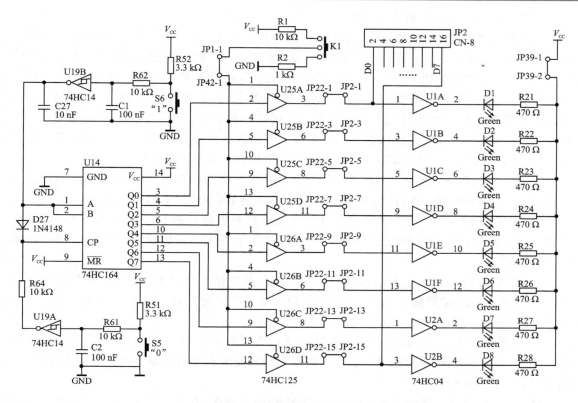

图 2.164 8 位数据输入与显示实验电路

高电平脉冲信号,则 AB 输入端的数据 1 串行传送到 74HC164 的并行输出端。

由此可见,S6 键用于产生数据 1,而 A 和 B 则并联在一起作为"与"门的输入端为 74HC164 提供数据。

按照 8 位二进制数据从左到右的顺序,按 8 次 0 键或 1 键就可以得到想要的任何一个 8 位数据。此种操作方式常常被称为"串入并出"操作,也是计算机应用技术中最常见的典型电路之一。

(3) 输出状态显示与总线隔离

通过前面的实验我们知道,只要在 74HC164 的并行输出端连接 8 个 LED 即可。与此同时,在 74HC164 的并行输出端与显示器之间增加 2 个 74HC125 三态总线缓冲器,且将 8 个三态控制使能端 $\overline{EN}$ 连接在一起,然后通过公共的 $\overline{EN}$ 端,即可打开或关闭 8 路三态门,实现总线隔离。

2. 实验步骤

先用并行排线将 C4 实验区与 74HC125 输出端相连的 JP22 单号插针,连接到 B1 实验区与 LED 显示器相连的 JP2 单号插针;接着用杜邦线将 A3 实验区与 K1 开关相连的 JP1_1,连接到 C4 实验区与 74HC125 使能端 $\overline{EN}$ 相连的 JP42_1;然后短路器连接 JP39_1 与 JP39_2 接通电源。

首先,将逻辑开关 K1 拨到位置 1,禁止 74HC125 工作,接着打开电源开关,然后再将 K1 拨到位置 0,使 74HC125 处于允许工作状态。由于上电时,Q7~Q0 输出信号为随机数,可多次按下 S5 将 LED 的显示状态全部清 0。

假设将二进制数 D7～D0(11010110B)串行传送到 74HC164 的并行输出端(Q7 为高位, Q0 为低位),通过如表 2.29 所列的特性表和如图 2.157 所示的时序图可以看出,若要将 8 位数据 D7～D0 传送到输出 Q7～Q0,则必须在 8 个 CP 脉冲的作用下,从 D7 到 D0 逐位送到输入 AB 端。当将 K1 拨到如图 2.164 所示的位置时,即 $\overline{EN}=1$,74HC125 的输出均为高阻态,即输出电路被切断。因此,不论如何操作 S5、S6 键,LED 均不发光。只有将 K1 拨到低电平 0 的位置时,74HC125 处于工作状态,此时 74HC164 的输出信号通过 74HC125 传递到 JP2 的双号插针向外输出,并通过 LED 显示其相应的工作状态。实验步骤如下:

① 按下 S6 键,在 CP 上升沿脉冲的作用下,AB 端数据 11010110B 的 D7 位 1 串行传送到 74HC164 的并行输出端 Q0,即会观察到 DATA 显示器最右边的 LED(D1)点亮。

② 按下 S6 键,在 CP 上升沿脉冲的作用下,Q0 的数据传送到 Q1,与此同时,AB 端数据 11010110B 的 D6 位 1 串行传送到 74HC164 的并行输出端 Q0,即会观察到 DATA 显示器的 D1 与 D2 点亮。

③ 按下 S5 键,在 CP 上升沿脉冲的作用下,Q1 的数据传送到 Q2,且 Q0 的数据传送到 Q1。与此同时,AB 端数据 11010110B 的 D5 位 0 串行传送到 74HC164 的并行输出端 Q0,即会观察到 DATA 显示器的 D1 熄灭、D2 与 D3 点亮。

④ 如果再次按下 S6 键,会很明显地看到 DATA 最右边的 D1 点亮、D2 熄灭、D3 与 D4 点亮。此后,如果连续按 0 键(或者 1 键),则可以看到原先最右边的数据一次次地向左移动,直到移出最左边的 LED。

结论:通过操作 0 键和 1 键,可以输入任何 8 位(二进制)数据。由于 74HC164 通过移位的 D 触发器直接输出到发光数码管显示,若移位速度不够快,则会显示出我们可能不认识、也不希望看到的怪异符号。

2.12 存储器

在计算机系统中用来存储大量数据的器件叫做存储器。半导体存储器可分为两大类:只读存储器 ROM(Read-Only Memory)和随机存取存储器 RAM(Random Access Memory)。两者的区别是,正常工作时,ROM 只能读,RAM 能读能写;断电后,ROM 中数据可长久保存,而 RAM 中数据全部丢失。一般而言,存储器由存储器阵列、地址译码器和 I/O 控制电路三部分组成,详见图 2.165。

存储阵列由大量的存储单元组成,每个存储单元能存放 1 位二值数据(0,1)。通常存储单元排列成 N 行$\times M$ 列矩阵的形式,如图 2.165 所示。这样每一行有 M 个存储单元,这 M 个存储单元称为一个字,M 称为字长。存储阵列中共有 N 个字,为了寻找不同的字,必须给每个字一个编码,称为地址。

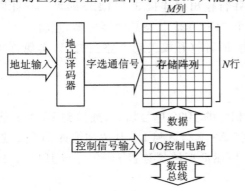

图 2.165　存储器基本结构

地址译码器的作用就是将输入的二进制地址编码译成相应的字选通信号,从存储矩阵中选出指定的字输入或输出。二进制地址的位数 n 与存储矩阵中字的个数 N 满足关系式 $N=2^n$。

I/O 控制电路通常都包含三态缓冲器,以便与计算机系统的数据总线连接。当存储器有数据输出时,三态缓冲器打开,有足够的能力驱动数据总线;而没有数据输出时,输出高阻态以免影响数据总线。

2.12.1 只读存储器 ROM

传统的 ROM 一般是用来存放计算机程序的。计算机上电后自动将 ROM 中的程序读出来运行,计算机断电后程序不丢失。其中的程序一般由专用的装置写入的(如编程器),程序一旦写入,在正常工作时不能被随意改写。

如图 2.166 所示为 ROM64 结构示意图,存储单元由字线和位线交叉处的二极管构成。存储阵列为 8×8 矩阵,即有 8 个字(即 $N=8$),每个字长为 8 位。因 $8=2^3$,故地址译码器二进制地址输入为 3 位,字选通输出为 8 位,功能相当于前面所介绍的 74HC138。

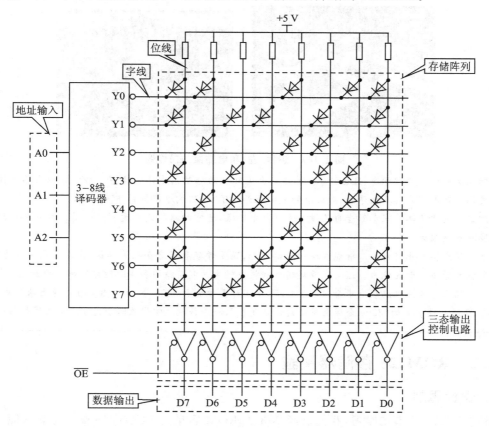

图 2.166 ROM64 结构示意图

读操作时,若地址输入为 A2 A1 A0=001,则译码器的字选通输出只有 $\overline{Y1}$ 为低电平,其余全为高电平。根据存储器阵列图可知,因 $\overline{Y0}$、$\overline{Y2}\sim\overline{Y7}$ 输出高电平,与这些字线相连的二极管均不导通,故这些线不会对输出造成影响;又因 $\overline{Y1}$ 输出低电平,与其相连的所有二极管导通,相应的位线变为低电平,未与$\overline{Y1}$跨接二极管的位线保持高电平。此时,若输出使能控制信号$\overline{OE}=0$,则位线经过反相输出缓冲器反相,输出为10110101B。由此可见,ROM实际上属于组合逻辑电路。

由以上分析可知,字线与位线交叉处相当于一个存储单元,此处若跨接二极管,则相当于存储一个1,否则存储0。存储器的容量通常以字数和字长的乘积来表示,即存储单元数$N×M$。图2.166所示ROM的容量为64位。

ROM存储器除了存放计算机程序外,还可用来实现各种多输入、多输出的组合逻辑电路。设计时只需列出真值表,将输入看作地址,将相应的输出作为存储器的内容写入该地址的存储单元即可。

☞ **相关知识点:电脑鼠的制作与竞赛**

所谓"电脑鼠",英文名称叫做Micromouse,是使用微控制器、传感器和机电运动部件构成的一种智能行走装置的俗称。它可以在"迷宫"中自动记忆和选择路径,寻找出口,最终到达所设定的目的地,其样例详见图2.167。

图2.167 迷宫(左)和电脑鼠(右)样例

国际电工和电子工程学会(IEEE)每年举办一次国际性的电脑鼠走迷宫竞赛。自举办以来参加国踊跃,尤其是美国和欧洲国家的高校学生,为此有的大学还开设了"电脑鼠原理与制作"选修课。

电脑鼠走迷宫竞赛要求参赛者自己设计和制作电脑鼠,迷宫的路径是在竞赛开始前几分钟随机设置的,所以竞赛的难度较大。

竞赛除了考察参赛者对人工智能算法的理解之外,还要考察参赛者在机械结构、嵌入式系统、传感器与电机控制技术等多方面的能力。这类竞赛对培养和提高学生的创新精神和实践能力有很大的益处。

在广州周立功单片机发展有限公司的支持下,中国计算学会于2009年11月8日在北京首次举办了共有9大赛区52所高校参加的"2009全国电脑鼠走迷宫竞赛",陕西科技大学代表队夺得了本次大赛的第一名。

2.12.2 ROM128存储器实验

1. 设计思想

通过2.12.1小节的学习,我们已经掌握了ROM容量为64位存储器的构造原理。下面将根据上述原理设计一个真实的ROM128存储器。

128位存储器存储阵列为16×8矩阵,即为16个字节($N=8$),且每个字长为8位,即一字节,那么仅需8条数据输出线。也就是说,其I/O控制电路仅需外接2个74HC125三态缓冲器,即可与计算机系统的数据总线连接。

为了实现对 16 个字节的寻址，需要用 2 个在 2.9.4 小节学习过的 3-8 线译码器设计一个真值表如表 2.31 所列的 4-16 线译码器，如图 2.168 所示。从表 2.31 可以看出，当输入地址为 0000B～0111B 时，由于 A3 一直为 0，如果将 A3 与一个译码器的 $\overline{E1}$ 相连，同时将该译码器的 E3 接 V_{cc}，将 $\overline{E2}$ 接地，则该译码器处于工作状态；当输入地址为 1000B～1111B 时，由于 A3 一直为 1，如果将 A3 与另一个译码器的 E3 相连，同时将该译码器的 $\overline{E1}$ 与 $\overline{E2}$ 接地，则这个译码器处于工作状态。

表 2.31 4-16 译码器功能真值表

输入				输出															
A3	A2	A1	A0	Y0	Y1	Y2	Y3	Y4	Y5	Y6	Y7	Y8	Y9	Y10	Y11	Y12	Y13	Y14	Y15
0	0	0	0	0	1	1	1	1	1	1	1	1	1	1	1	1	1	1	1
0	0	0	1	1	0	1	1	1	1	1	1	1	1	1	1	1	1	1	1
0	0	1	0	1	1	0	1	1	1	1	1	1	1	1	1	1	1	1	1
0	0	1	1	1	1	1	0	1	1	1	1	1	1	1	1	1	1	1	1
0	1	0	0	1	1	1	1	0	1	1	1	1	1	1	1	1	1	1	1
0	1	0	1	1	1	1	1	1	0	1	1	1	1	1	1	1	1	1	1
0	1	1	0	1	1	1	1	1	1	0	1	1	1	1	1	1	1	1	1
0	1	1	1	1	1	1	1	1	1	1	0	1	1	1	1	1	1	1	1
1	0	0	0	1	1	1	1	1	1	1	1	0	1	1	1	1	1	1	1
1	0	0	1	1	1	1	1	1	1	1	1	1	0	1	1	1	1	1	1
1	0	1	0	1	1	1	1	1	1	1	1	1	1	0	1	1	1	1	1
1	0	1	1	1	1	1	1	1	1	1	1	1	1	1	0	1	1	1	1
1	1	0	0	1	1	1	1	1	1	1	1	1	1	1	1	0	1	1	1
1	1	0	1	1	1	1	1	1	1	1	1	1	1	1	1	1	0	1	1
1	1	1	0	1	1	1	1	1	1	1	1	1	1	1	1	1	1	0	1
1	1	1	1	1	1	1	1	1	1	1	1	1	1	1	1	1	1	1	0

由此可见，如果将 A0、A1、A2 同时与 2 个译码器的 A、B、C 相连，且将 A3 同时与第 1 个译码器的 $\overline{E1}$ 及第 2 个译码器的 E3 相连，即可构成一个 4-16 线译码器，详见图 2.168。当 A3 为 0 时，第 1 个译码器处于工作状态，第 2 个译码器禁止工作；当 A3 为 1 时，禁止第 1 个译码器工作，允许第 2 个译码器处于工作状态。

如图 2.169(a) 所示，ROM128 存储器由 2 个 74HC138、2 个 74HC125 与 128 个 1N4148 二极管构成的，可以存放 16 字节的 ROM 存储器，共有 4 根地址线和 8 根数据线；图 2.169(b) 为矩阵电路中实际的二极管连接示意图，其图形符号详见图 2.169(c)。

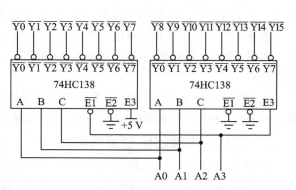

图 2.168 4-16 线译码器电路

注意：做实验时不要忘记 JPR4 与 JPR3 的连接。

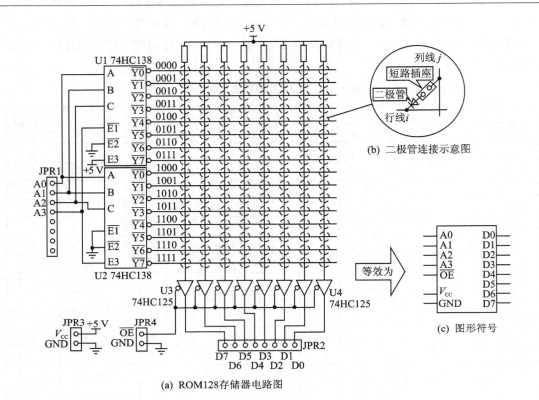

(a) ROM128 存储器电路图

图 2.169　ROM128 存储器

通过前面的介绍可知，当通过短路器将矩阵电路中的二极管连接时，字线与位线交叉处相当于一个存储单元，即相当于存储一个 0；如果短路环断开，则存储 1。

若地址输入为 0000B，则译码器的字选通输出只有 U1 的 Y0 为低电平 0，其余全为高电平。因此，与 Y0 相连的所有二极管导通，相应的位线变为低电平，未与 Y0 跨接二极管的位线保持高电平。

此时，假设仅在 Y0 与 D0 交叉处连接二极管，若输出使能控制信号 $\overline{OE}=0$，则只要用短路器连接图 2.169(a) 所示电路中的 JPR4，使 $\overline{OE}$ 端与 GND 相连，即可输出 1111 1110B。

2. 多输入／输出组合逻辑电路

下面以 ROM128 存储器为例，介绍 ROM128 存储器的编程原理与应用，详见图 2.170。

先用杜邦线将 C1 实验区与 KA0～KA3 相连的 JP7 单号插针，连接到 A9 实验区与 ROM128 存储器地址线 A0～A3 相连的 JPR1 单号插针；接着用并行排线将 A9 实验区与 ROM128 存储器输出端相连的 JPR2 单号插针，连接到 B1 实验区与 LED 显示器（D1～D8）相连的 JP2 单号插针；然后用短路器连接 JP39_1 与 JP39_2 接通电源。

需要注意的是 A9 实验区 ROM128 存储器上的连接线，先用短路器连接 JPR4 使能控制信号 $\overline{OE}$，然后从实验平台的大板上用杜邦线将 V_{CC} 与 GND 分别连接至 JPR3 接通电源。

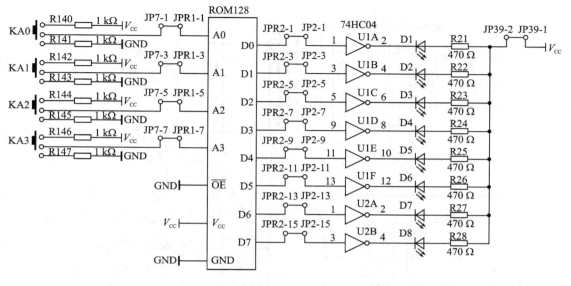

图 2.170 多输入/输出组合逻辑电路

接着开始对 ROM128 编程,即插上短路器连接二极管相当于存储一个 0,否则存储 1。其示例详见表 2.32。

表 2.32 多输入/输出组合逻辑编码表

地 址	D7~D0	地 址	D7~D0	地 址	D7~D0	地 址	D7~D0
0000	0000 0000	0100	0000 0100	1000	0000 1000	1100	0000 1100
0001	0000 0001	0101	0000 0101	1001	0000 1001	1101	0000 1101
0010	0000 0010	0110	0000 0110	1010	0000 1010	1110	0000 1110
0011	0000 0011	0111	0000 0111	1011	0000 1011	1111	0000 1111

当编程完毕且检查无误时,由于开关只有两种状态,即不是 0 就是 1,所以无论当前 KA0~KA3 开关处于什么位置,都能通过 LED 的显示状态找到对应的关系。例如,KA0~KA3 开关的当前位置为 1101,则与之对应的 LED 显示状态为 ●●●●☆☆●☆。

由此可见,通过编程完全可以实现各种各样的组合逻辑电路功能。例如,用 ROM128 实现一个全加器,将地址线 A0、A1 和 A2 分别作为来自低进位 C_i 和两个加数 A、B,输出 D0 作为全加和 S,D1 作为向高位的进位 C,读者可自行列出真值表并验证。

3. LED 流水灯

下面以图 2.171 所示电路为例实现 LED 流水灯,即让 LED 从左向右、从右向左周而复始循环显示。由于 ROM128 仅支持 16 字节,因此只需将 74HC393 中的一个计数器作为 4 位地址产生电路即可。

先使用 4 根杜邦线将 C5 实验区与 74HC393 相连的 JP24 单号插针,连接到 A9 实验区与 ROM128 存储器相连的 JPR1 单号插针;接着用并行排线将 A9 实验区与 ROM128 存储器相连的 JPR2 单号插针,连接到 B1 实验区与 LED 显示器(D1~D8)相连的 JP2 单号插针;然后用短路器连接 JP39_1 与 JP39_2 接通电源;最后用短路器连接 JP45。

第 2 章 计算机逻辑基础

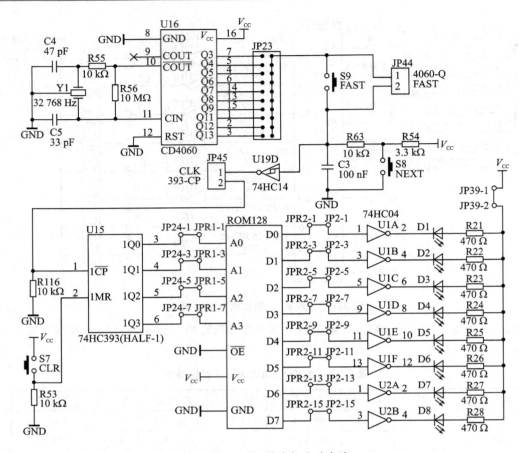

图 2.171 LED 流水灯实验电路

此时,即可按照如表 2.33 所列的数据对 ROM128 编程,插上短路器连接二极管相当于存储一个 0,否则存储 1。

当编程完毕且检查无误后,首先按一下 S7 键,将 74HC393 输出全部清 0,即 4 条地址线的状态为 0000B。此时,选中 ROM128 第 0 号单元输出 0000 0001B,经过反相器之后,与之对应的 LED 点亮(D1),其余的 LED 全部熄灭。

表 2.33 LED 流水灯编码表

地址	D7～D0	地址	D7～D0	地址	D7～D0	地址	D7～D0
0000	0000 0001	0100	0001 0000	1000	1000 0000	1100	0000 1000
0001	0000 0010	0101	0010 0000	1001	0100 0000	1101	0000 0100
0010	0000 0100	0110	0100 0000	1010	0010 0000	1110	0000 0010
0011	0000 1000	0111	1000 0000	1011	0001 0000	1111	0000 0001

接着再按一下 NEXT 键,即 4 条地址线的状态为 0001B。此时,选中 ROM128 第 0 号单元输出 0000 0010B,经过反相器之后即点亮 D2,其余的 LED 全部熄灭……当地址线的状态为 1111B 后,此时再按一下 NEXT 键,4 条地址线的状态为 0000B。

此时,如果按住 FAST 键不放,则 8 个 LED 先从左向右移动,然后又从右向左移动,循环往复。由此可见,如果用短路器连接 JP44,则 LED 将会按照上述规律像流水灯一样移动,LED 流动速度的大小可通过调整 C3 实验区 JP23 排针的短路器位置来改变。

2.12.3 随机访问存储器

随机存取存储器 RAM 分为静态 RAM(SRAM,Static Random Access Memory)和动态 RAM(DRAM,Dynamic Random Access Memory),两者实质上是采用了不同的存储工艺。SRAM 的存储单元是由锁存器(或触发器)构成的。锁存器(或触发器)有 2 个稳定状态来存储 1 位二值信息,只要不断电,所存储的数据就可以长期保存,因此称它为静态的;而 DRAM 的存储单元是靠内部寄生电容充放电来记忆信息,电容充有电荷为逻辑 1,不充电荷为逻辑 0,而电容是会漏电的,因此需要外部电路进行刷新操作才能确保数据不丢失,因此称它为动态的。

由于后续的课程将会详细介绍与 DRAM 有关的器件,如 SDRAM、DDR1、DDR2 等,本书在此仅重点介绍 SRAM。SRAM 的基本结构与 ROM 类似,由存储阵列、地址译码和 I/O 控制电路三部分组成,所不同的是 SRAM 可读可写。因 SRAM 所用的存储单元是锁存器(或触发器)构成的,因此 SRAM 属于时序逻辑电路。如图 2.172 所示为 SRAM 的结构框图。其中,$A_0 \sim A_{n-1}$ 是 n 位二进制地址线;$I/O_0 \sim I/O_{m-1}$ 是 m 位双向数据线,故其容量为 $2^n \times m$。$\overline{CE}$ 为片选信号输入,$\overline{WE}$ 为写使能信号输入,$\overline{OE}$ 为输出使能信号输入。只有在 $\overline{CE}=0$ 时,RAM 才能进行正常的读/写操作;否则三态缓冲器均为高阻,SRAM 不工作,功耗极低。SRAM 的工作特性表详见表 2.34。尽管 SRAM 性能好且速度快,但由于其存储单元的管子数目多,成本高,集成度受到限制,因此目前在计算机系统中 SRAM 基本上只用于 CPU 内部的一级缓存以及内置的二级缓存,仅有少量的网络服务器以及路由器上大量使用 SRAM。

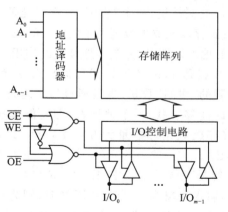

图 2.172　SRAM 结构框图

表 2.34　SRAM 特性表

输入			输出	功能描述
$\overline{CE}$	$\overline{WE}$	$\overline{OE}$	$I/O_0 \sim I/O_{m-1}$	
1	×	×	高阻	不工作
0	1	0	数据输出	读
0	0	×	数据输入	写
0	1	1	高阻	地址译码

2.12.4 数据的存与取

没有数据就没有计算机,所以数据的存放和读取是计算机操作的关键。下面介绍 ISSI 半导体公司生产的随机存储器 IS62C256AL,其存储容量为 256 Kb。该器件共有 15 条地址线 A0～A14,8 条数据线 D0～D7,此外还有 $\overline{CE}$、$\overline{OE}$ 和 $\overline{WE}$ 三条控制线以及电源输入端 V_{CC} 和 V_{SS}。

如图 2.173 所示为一个最简单的存储器电路原理图。为了便于更好地理解存储器的工作方式，可以将存储器设想成一个有许多相同房间的大楼，每个房间存放的都是数据。

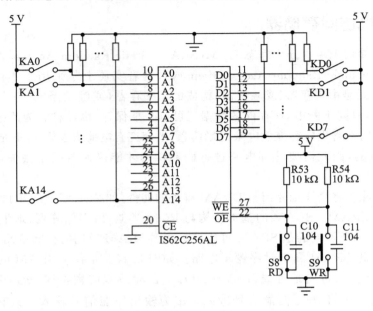

图 2.173　存储器电路原理图

我们不妨先来看一看"房间"是如何存放数据的。事实上，存储器的数据是通过数据线上的 2 种电平状态来实现的，即 0(低电平)和 1(高电平)，除此之外的状态对电路来说都是无效的。

由此可见，当需要处理大于 1 以上的数字时，只需要增加数据线的数目就可以了。那么对于 8 位数据线来说，只能表示 256 种不同的状态(2^8)，也就是说，一个"房间"一次只能放进或取出 0～255 中的任何一个数据。为了能够准确地找到存放或取出数据的不同"房间"，只需要先给每个房间编排一个可以按照一定规律方便找到的地址码即可，这就是地址线的作用。

地址线的表现形式与数据线完全相同，即不是 0 就是 1，一条地址线可以区分 2 个"房间"，即"0 房间"和"1 房间"。同样，为增加能够寻找到的"房间"数量，也是通过增加地址线的数目来实现的。IS62C256AL 共有 15 条地址线，因此能够寻找 2^{15} 个地址数，即它能编排 32 768 个数据的"房间"地址。因此，IS62C256AL 能够存放数据的数量为 $8 \times 32\,768 = 256 \times 1\,024$，即 IS62C256AL 的存储容量为 256 Kb，即 32 KB。

回头再来看一看如图 2.173 所示的电路就比较容易理解了。其中，KA0～KA14 为地址输入开关，当开关闭合时，存储器对应的地址线上的输入逻辑为 1；当开关断开时，则为 0，这 15 个开关的闭合或断开状态决定了存储器的操作地址。同理，数据开关 KD0～KD7 闭合或断开的状态决定了操作存储的数据。当地址和数据确定以后，如何操作将由 $\overline{WE}$ 和 $\overline{OE}$ 控制线来决定。

当按下 WR 键时，将由数据开关 KD0～KD7 所产生的数据写入由地址开关 KA0～KA14 所产生的地址存储"房间"。当按下 RD 键时，将由地址开关 KA0～KA14 所确定的地址存储"房间"的电平数据反映在存储器 D0～D7 数据线上。需要注意的是，此时数据开关 KD0～KD7 必须全部断开。$\overline{OE}$ 常用在多存储器电路中作为片选线，当 $\overline{OE}$ 为逻辑 1 时，禁止器件工作；反之则选中该器件。

2.12.5　数据输入与显示电路

假设在读存储器的数据时,如果数据输入电路仍然处于有效状态,则势必引起总线冲突,所以此时一定要禁止数据输入电路对存储器的操作。由此可见,既要保证写存储器的数据时数据输入电路有效,又要保证读存储器的数据时断开数据输入电路,那么唯一的方法就是在数据输入电路与存储器数据线之间添加关断的电子开关。

只要将图2.84所示的计算机总线实验电路稍加改造,就能够满足上述要求。即断开JP1_1与JP5_1之间的连线,引入$\overline{EN}$读/写使能控制信号即可,详见图2.174。

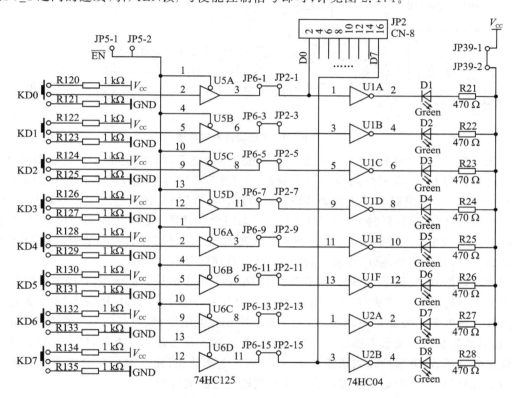

图 2.174　数据输入电路图

在手动输入数据状态下,当系统发出写使能($\overline{EN}=0$)信号时,写使能信号同步打开74HC125三态门,将手动数据输入KD0~KD7开关信号接入总线,则数据被写入存储器相应的地址中。当数据输入完成后,只要系统发出读使能($\overline{EN}=1$)信号,即读使能信号同步关闭74HC125三态门,此时不管KDi开关输入为高电平还是低电平,输出均为高阻态,从而保证手动数据输入电路KD0~KD7及时退出总线控制。

不难看出,只要将图2.164稍加改造就能替代如图2.174所示的数据输入电路,只不过图2.174更简单、直观。

2.12.6　数据与地址输入控制电路

如图2.175所示为读/写使能控制电路原理图。当需要手动输入数据时,只要按下 S2

(Write)"写使能"键,即可打开 74HC125 让出全部总线,供手动电路输入数据;当数据输入完成后,此时只要按下 S1(Read)"读使能"键,即可禁止 74HC125 工作,从而保证手动输入电路及时退出总线控制,将存储器的操作交给其他控制电路。如果二者同时有效,就会发生总线冲突,即地址线和数据线都得不到正确的数据。因此,控制电路的主要功能就是区分 2 套电路的有效状态,用一个基本 RS 触发器电路即可实现。

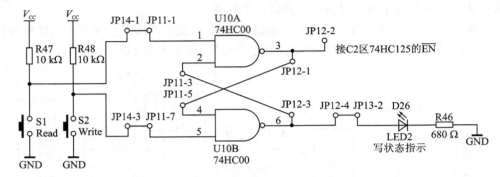

图 2.175 读/写使能控制电路图

当 S2 键按下时,"与非"门 U10B 输入端 5 被拉为低电平,U10B 输出端 6 输出高电平,高电平驱动写状态 LED 指示灯点亮。与此同时,"与非"门 U10A 输入端 2 也转换为高电平,U10A 输入端 1 由电阻器 R47 上拉为高电平。因此,"与非"门 U10A 输出端 3 为低电平,该电平使数据输入电路的隔离切换开关 74HC125 三态门全部使能,此时由 KD0~KD7 手动数据输入电路产生的 8 位二进制数据,通过 8 个已开通的三态门送到存储器的数据总线 D0~D7。在此状态下,只要选定好地址,设置好数据,就可以对存储器写入数据。

在读取数据时,先按下 S1 键,"与非"门 U10A 输入端 1 被拉为低电平,U10A 输出端 3 输出高电平。与此同时,"与非"门 U10B 输入端 4 也转换为高电平,U10B 输入端 5 由电阻器 R48 上拉为高电平。因此,"与非"门 U10B 输出端 6 为低电平,低电平使写状态 LED 指示灯熄灭,表示当前状态为读数据操作。同时给 U10A 的输入端 2 输入低电平,U10A 的输出端被锁定输出高电平,高电平使隔离切换开关 74HC125 全部禁止,此时输出端的电平信号被三态门关闭,从而使存储器的输出数据不会受到数据输入电路的影响。

2.12.7 地址输入电路

由于地址总线是单功能的输入线,所以对地址线的处理相对于数据线来说要简单得多,如图 2.176 所示为地址信号产生电路。IS62C256AL 存储器共有 15 根地址线引出端(地址线从 A0 开始计算),很显然本电路仅使用 8 位地址线计数是不够的。后续将要学习的 80C31 单片计算机的引脚中,作为地址操作的最高地址线为 A15,也就意味着总共可操作 16 根地址线,存储器 IS62C256AL 对于 80C31 的地址线也是不够的。为什么会这样呢?

对于一颗 CPU 芯片或者计算机系统来说,都有一个最大寻址空间的指标。但最大寻址空间并不等于必需的寻址空间,计算机使用多少寻址空间是由计算机的程序指令决定的,所以对计算机的程序实验来讲,只要满足具体的寻址空间要求就足够了。

不难看出,用图 2.152 也可实现上述功能,选择计数器产生地址数据是因为计算机对存储器的操作也是以计数器的方式进行的,不过图 2.176 更简单、直观。

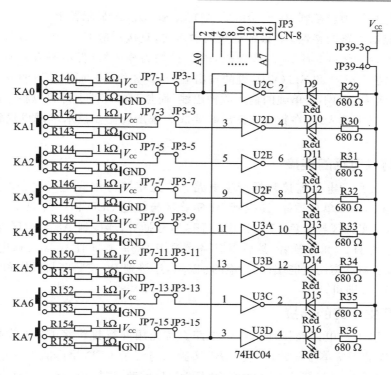

图 2.176　地址输入电路图

2.12.8　SRAM 实验

如图 2.177 所示为 SRAM 读/写实验电路原理图。A8 实验区的 IS62C256AL 存储器的数据和地址线均为 8 根(JP25 和 JP26)，另外 7 根地址线 A8～A14 均已接地。也就是说，实验系统仅仅使用该器件的 0～255 个存储单元(00H～0FFH)就可以达到预期的学习目的。此外，还有手动按键 S10($\overline{RD}$)和 S11($\overline{WR}$)引出端(JP28)，以及 IS62C256AL 的选通和写入控制信号引出端(JP27)。

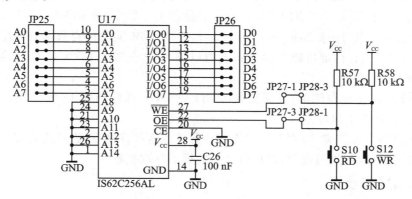

图 2.177　SRAM 读/写电路图

现在按功能整理已构成的电路，一个 8 位(二进制)数据输入电路，一个 8 位(二进制)地址产生电路，一个 8 根地址线和 8 根数据线的存储器电路和控制按键。为了能够观测到结果，所有数据和地址信号均须连接到 B1 实验区的 ADDR 和 DATA 显示器上。

先分析存储器电路的特性。8 根地址线为输入线,直接对应 C1 实验区地址产生电路的 8 根地址线即可。控制线 $\overline{\text{OE}}$(JP27_3) 和 $\overline{\text{WE}}$(JP27_1) 均为输入线(低电平有效),可分别与 S10($\overline{\text{RD}}$)键的输出端 JP28_1 和 S11($\overline{\text{WR}}$)键的输出端 JP28_3 相连。而存储器的 8 位数据线的情况就比较复杂,因为它们不是单纯的输入或输出线,而是双向总线。即可以根据操作的需要在被要求数据写入时为输入线,在数据被读出时要成为输出线。在技术术语里这种操作称为动态切换。

1. 数据输入电路的连接

按照图 2.174 所示电路连接数据产生电路。首先用并行排线将 C2 实验区与 8 个开关 KD0~KD7 相连的 JP6 单号插针,连接到 B1 实验区与绿色 LED 相连的 JP2 单号插针;接着用并行排线将 B1 实验区与绿色 LED 相连的 JP2 双号插针,连接到 A8 实验区与 SRAM 地址线 D0~D7 相连的 JP26 单号插针;然后用短路器短接 JP39_1 与 JP39_2 接通电源;最后用杜邦线将 C2 实验区与三态门使能端 $\overline{\text{EN}}$ 相连的 JP5_1,连接到 B5 实验区与数据和地址输入控制电路相连的 JP12_2 即可。

2. 地址产生电路的连接

按照图 2.176 所示电路连接地址产生电路。首先用并行排线将 C1 实验区与 8 个开关 KA0~KA7 相连的 JP7 单号插针,连接到 B1 实验区与红色 LED 相连的 JP3 单号插针;接着用并行排线将 B1 实验区与红色 LED 相连的 JP3 双号插针,连接到 A8 实验区与 SRAM 地址线 A0~A7 相连的 JP25 双号插针;然后用短路器短接 JP39_3 与 JP39_4 接通电源,此时地址线的连接就完成了。

3. 控制线的连接

SRAM 的数据输入与读出均由手动按键操作,其控制线分别为 $\overline{\text{OE}}$ 和 $\overline{\text{WE}}$。当用杜邦线将 A8 实验区与控制线 $\overline{\text{OE}}$ 相连的 JP27_3 连接到 S10($\overline{\text{RD}}$)键的输出端 JP28_1 时,如果按下 S10 键,则 $\overline{\text{OE}}$ 为低电平,存储器的 D0~D7 为输出状态。

为防止数据输入电路产生的信号与 D0~D7 出现数据冲突,在 $\overline{\text{OE}}$ 为低电平时需要关闭三态门的输出信号。而要关闭三态门的输出信号必须使 JP5 的 $\overline{\text{EN}}$ 端为高电平,那么只要用杜邦线将 C2 实验区与三态门使能端 $\overline{\text{EN}}$ 相连的 JP5_1,连接到 B5 实验区与数据与地址输入控制电路相连的 JP12_2。当存储器电路为读出状态时($\overline{\text{OE}}=0$),三态门 $\overline{\text{EN}}$ 为高电平,输出关闭,存储器输出有效。

剩下的 $\overline{\text{WE}}$ 线连接比较简单,只需直接将 S11 键($\overline{\text{WR}}$)的输出端 JP28_3 用杜邦线连接到 SRAM 的 $\overline{\text{WE}}$ 端 JP27_1 即可。

以上的文字描述比较多,特别要注意检查并行排线连接好之后,靠外边的红色线都应该在同一方向。完成连接后,接通电源,就可以进行数据的存取实验了。

4. 读/写操作步骤

先准备一个输入数据,该清单由地址和数据组成,详见程序清单 2.1。

第 2 章 计算机逻辑基础

程序清单 2.1　数据读/写实验范例

地　址	数　据
0000 0000	0000 0000
0000 0001	0000 0001
0000 0010	0000 0010
0000 0011	0000 0100
0000 0100	0000 1000
0000 0101	0001 0000
0000 0110	0010 0000
0000 0111	0100 0000
0000 1000	1000 0000
0000 1001	0000 0000
0000 1010	1000 0000
0000 1011	0100 0000
0000 1100	0010 0000
0000 1101	0001 0000
0000 1110	0000 1000
0000 1111	0000 0100
0001 0000	0000 0010
0001 0001	0000 0001
0001 0010	0000 0000
……	……

清单中的数据可以改成实验者希望的任何 8 位二进制数字。具体实验过程如下：

(1) 向 SRAM 写入数据

接通电源，先按下 B4 实验区的 S2(Write)键，LED2 点亮表明系统处于写状态。

首先将地址开关全部拨为 0(C1 实验区)，即存储器的 8 位地址数为 0000 0000B，此时 ADDR 地址状态显示器全部熄灭。

接着将数据开关全部拨为 0(C2 实验区)，即与 0000 0000B 对应的数据为 0000 0000B，再按下 A8 实验区存储器电路中的 S11 键($\overline{\text{WR}}$)，至此存储器 0000 0000B 地址的数据就被写入该存储器的 0000 0000B 单元。

然后依据上列清单及上述操作方法拨号地址和数据，再按下$\overline{\text{WR}}$键……直到全部数据写入完毕为止。

(2) 从 SRAM 读出数据

检查数据的操作比较简单，先按下 B4 实验区的 S1(Read)键，LED2 熄灭表明系统处于读状态。

接着将地址开关拨为 0000 0000B，然后按下 A8 实验区存储器电路中的 S10 键($\overline{\text{RD}}$)，这时就可以在数据显示器上读到先前输入的数据(注意，必须在按键按下时才能看到)；再接着将地址开关拨为 0000 0001B，然后再按下$\overline{\text{RD}}$键就能在显示器上读到+1 地址的数据……

第 3 章

单片计算机硬件结构

本章导读

　　本书在后续的章节中以前面的内容为基础，将介绍如何设计一台不用工作软件就能够运行的 Altair-80C31Small 计算机。我们要做的事情就是和那些为计算机发展作出杰出贡献的先驱者一样，为这台计算机编制二进制程序。

　　在 20 世纪 80 年代初期，在国内几乎找不到制作这样一台计算机所需要的详细技术资料和指导老师。本书作者的其中两位——周东进和周立功曾经都是技校毕业生，他们之所以能够在后来成为有一定成就的专业嵌入式系统应用技术工作者，因为他们走过了同罗伯特、乔布斯、沃兹奈克一样的道路，在业余条件下完全独立自主地设计了类似于 Altair 8800、Apple-I 那样不用工作软件的计算机。后来周东进在 80C51 单片机上用汇编语言设计了与保罗·艾伦、比尔·盖茨设计的一样的 BASIC 语言。周立功同样也成为那个时代的幸运儿，1994 年 11 月 10 日以借来的 2.15 万元资金在广州天河科技街创业，经过十几年的艰苦奋斗，今天广州周立功单片机发展有限公司已经成为中国嵌入式行业的领导品牌。

　　事实证明，读者只要掌握了 Altair-80C31Small 计算机的设计原理与接口技术，并且熟练地掌握本章所提供的程序设计范例和要求必须完成的课程设计，那么你就已经完全掌握了计算机的运行机理。

　　成功者之所以成功，是向其他成功者学习的结果。如果读者想像他们一样成为一个有成就的人，那还等什么？

3.1 微处理器与个人电脑的诞生

3.1.1 微处理器的诞生与发展

　　1971 年，Intel 公司三位像爱迪生一样入选美国国家发明荣誉展厅的发明家霍夫、麦卓尔和费根发明了微处理器，霍夫是其中的灵魂人物。

　　1969 年，Intel 公司应日本商业通信公司要求为其设计一款计算器芯片，客户提出至少要用 12 个芯片来组装。8 月下旬的一个周末，霍夫在海滩游泳时突然产生灵感，他认为完全可以将中央处理单元(CPU)电路集成在一个芯片上。

诺伊斯和摩尔支持他的想法，安排逻辑结构专家麦卓尔和芯片设计专家费根设计图纸。1971年1月，以霍夫为首的研制小组，完成世界上第一款微处理器芯片。在3 mm×4 mm的面积上集成了2 250个晶体管，每秒运算速度达6万次。它意味着电脑CPU已经缩微成一块集成电路，即"芯片上的电脑"诞生了，这就是人们常说的"单片机"。

Intel公司将第一款微处理器芯片命名为4004，其中第一个4表示可以一次处理4位数据，第二个4代表它是这类芯片的第4种型号。1971年11月15日，Intel公司经过慎重考虑，决定在《电子新闻》杂志上刊登一则广告，向全世界公布4004微处理器。这一天也演变为微处理器诞生的纪念日。

1972年4月，霍夫小组研制出微处理器8008，1975年又推出有史以来最成功的8位微处理器8080。8080集成了约4 800个晶体管，每秒执行29万条指令。8080型微处理器芯片及其仿制品后来共卖掉数百万个，从而引发了汹涌澎湃的微电脑热潮。

在Intel公司的带动下，1975年Motorola公司推出了8位微处理器6800。1976年费根在硅谷成立了Zilog公司，宣布研制成功8位微处理器Z80。从此微处理器芯片改变了世界。

20世纪80年代初期，Z80开始被引进中国大陆，北京工业大学生产了基于Z80的TP801单板机，清华大学周明德教授编写了配套的《微机原理及其应用》教材。与此同时，株洲电子研究所与香港金山公司合作推出了CMC-80双板机，Z80在20世纪80年代风靡整个中国大地。

而后，以复旦大学计算机系陈章龙教授和涂时亮教授为核心的开发团队，推出了基于Intel公司MCS-48、80C51系列单片机的在线仿真器。与此同时，在上海发起成立了中国单片机学会。以何立民教授为代表的专家学者，在北京航空航天大学出版社出版了一系列单片机应用图书。他们为发展我国的单片机应用事业作出了卓越的贡献。

其间，江苏启东计算机厂通过购买复旦大学计算机系的成果，在全国各地开展免费的单片机应用技术讲座和市场营销，全国掀起了一股单片机应用热潮。其后Atmel、Philips（其半导体部已分离成为NXP公司）公司推出了新一代内置Flash技术的89C51系列单片机。同时，由于全国各地大学开始纷纷开设单片机原理及其应用课程，从而加速了我国单片机应用技术的发展。20世纪90年代全球各大半导体厂商开始陆续进入中国大陆市场，推出了各种性能优异的单片机，其中的佼佼者主要有NXP、TI、Atmel、Microchip等公司，单片机开始大批量商业化应用于各行各业。

由于半导体技术的快速发展以及网络技术的与时俱进，现阶段微处理器开始由8位单片机向32位嵌入式系统技术快速迈进，基于ARM核的CPU成为主流，嵌入式操作系统成为常规技术，从此开启了中国嵌入式系统应用事业的新纪元。

3.1.2 个人电脑的诞生*

如图3.1所示为爱德华•罗伯茨于1974年推出的世界上第一台基于Intel微处理器的PC机Altair 8800。虽然Altair的生命非常短暂，却从此点燃了PC机的创新之火，并激发了乔布斯、盖茨等无数爱好者。

罗伯茨非常喜欢电子学。他当过兵，参加过越战，复员回来后不久就成立了MITS公司，当时主要销售火箭装置模型。1969年公司开始生产技术含量更高的计算器，由于生意火爆，

---

* 本小节文字引自于百度网，但经过了本书作者适当的改写。——作者注

第3章 单片计算机硬件结构

图3.1　Altair 8800电脑

公司很快发展到100多名员工。因为利润丰厚，以至于竞争者越来越多。随着巨无霸德州仪器（TI）公司的加入，市场开始大幅度地降价，MITS犹如雪上加霜。1974年MITS开始亏损20多万美元，罗伯茨决定利用英特尔刚刚问世的8080微处理器，为爱好者生产新一代个人计算机。罗伯茨从银行贷出6.5万美元，并将零售价为397美元的8080芯片杀到75美元。刚好《大众电子》的编辑所罗门，正四处寻找业内的爆炸性新闻，当一听到罗伯茨的新动向，就立即找上门来。到底起个什么名字呢？所罗门12岁的女儿正在看电视里的科幻片《星际旅行》。电视上探险的宇宙飞船正飞向一颗新星Altair（即中国古代神话中的牛郎星），"为什么不叫Altair呢？"这个名字得到了罗伯茨和所罗门的一致叫好。

所罗门要在1月份发表这篇封面报道，但唯一的一台样机竟在邮寄中丢失了，可杂志封面已不能更改。罗伯茨急中生智，用金属外壳罩住主要部件，镶上显眼的开关指示灯，十万火急地将这个徒有其表的"样机"寄往纽约，刊登在1975年1月份杂志的封面上。哪知这台"空壳电脑"一经刊登，竟激发起《大众电子》近50万订户和百余万电子爱好者的热情。订单像潮水般涌来，而最重要的是，Altair 8800点燃了未来计算机业四位风云人物——比尔·盖茨、保罗·艾伦、史蒂芬·乔布斯和史蒂芬·沃兹奈克的灵感。

Altair 8800只有256字节的数据RAM，4 KB的程序RAM，不仅没有显示器和键盘，更见不到鼠标。这是一台没有监控程序的计算机，用户只能用二进制机器语言为这台计算机编程。先将程序的十六进制操作码和操作数用手工转换成二进制写在纸上，然后通过拨动面板上的开关来完成；当开关向上推进时，因为上拉电阻的作用而输出高电平，而当开关向下推进时，因为下拉电阻的作用而输出低电平。先拨好地址码，接着再拨好数据码，最后按下写入键，而每拨动一遍相当于输入一个字节。计算完成后面板上的几排小灯泡忽亮忽灭，就像军舰用灯光发信号那样表示输出的结果，盖茨和艾伦激动不已。盖茨给罗伯茨打电话，要为Altair研制Basic语言。此前罗伯茨至少收到50多个类似的吹牛电话，因此他反应冷淡："无论是谁，只要能给我的电脑提供软件，他就是我的合作伙伴。"于是盖茨和艾伦立马行动，奋战8周后完成第一稿，由艾伦出马前往演示。在飞机降落的那一刻，艾伦刚好补上一节忘记带上的导入程序。罗伯茨驾驶一辆货车亲自接风，艾伦对货车倍感吃惊，原以为MITS是家体面的大公司，没有想到这寒碜。罗伯茨也把一身绅士打扮的艾伦当成人物，用车将艾伦送到当地最豪华的旅馆。艾伦身上的钱根本不足以负担如此昂贵的房费，于是只好向主人借了一些钱。

第二天早上，艾伦就到MITS演示，这是艾伦第一次真正接触Altair。但奇迹发生了，因为计算机真的开始工作了。对这个历史性的时刻，罗伯茨回忆说："我们的机器终于成了一台有用的计算机，我为此高兴得头脑晕眩，那情景令人永远难忘。他们所完成的工作远远超过人们对计算机的正常期望，我自己也曾经参加过许多次计算机系统程序的研究，但从没有像这一天那么伟大。"

也许在他们身上，你会不经意地发现自己的影子。因为对每一个人来说，其实都有一种力量促使其可以为了自己所追求的某个目标而甘愿奉献一切。其实我们与他们一样，也可以梦想，也可以成功，也可以创造辉煌！

下面我们一起来学习与计算机 CPU 有关的基础知识,进而全面揭开计算机神秘的面纱,看看它是怎样工作的,究竟是根据什么原理来完成人们赋予它那些非凡功能的。

3.2 计算机工作原理

3.2.1 一个经典的故事

计算机技术的实现是人类思维的产物,实际上是人类以自己的思维方式为蓝本设计出来的一种模拟机。因此,远在工业革命以前,人们就已经在思想上进行了极为类似的模拟实验,这些可以从我们熟知的一个经典故事中找出。

三国时期孙权和刘备为联合抗击曹操,约定刘备可暂时作为行政长官全权管理荆州地区。在赤壁大战击败曹操后,孙权一直向刘备索要荆州,而刘备则寻找各种借口就是不还。吴国大将军周瑜在得知刘备的妻子甘夫人病故后心生一计,在征得孙权的同意后,便派人前往刘备处,表示孙权想将自己的妹妹孙尚香嫁给刘备,条件是刘备须到吴国完婚。周瑜计划等刘备到吴国后立即扣押,然后以此来要回荆州管辖权。

刘备的军师诸葛亮在获悉全部情况后,便劝说刘备前往结亲,并派得力干将赵云带领 500 名军士随行。行前诸葛亮交给赵云 3 个锦囊,并告知 3 个锦囊里有 3 条指令,其中第一个是刘备一到吴国的地盘南徐(地名)时打开,第二个是刘备在吴国住到年终时打开,第三个是在情况紧急时打开。

一到吴国属地,刘备感到极其不安,于是赵云便取出第一个锦囊,指令告诉赵云,让他命令大部分军士到集市购买各种礼物,并散布刘备将要与孙权妹妹结亲的消息。而刘备自己则和赵云带上礼物一同去拜访孙权母亲的亲家乔国老,通报刘备将要迎娶孙尚香的消息。

这样由军士散布市井消息,又由乔国老通知孙权的母亲吴国太,于是刘备要娶孙权妹妹的消息全吴国都知道了。在此情况下,再扣押刘备于情于理都说不过去,所以孙权也只好把妹妹嫁给刘备。

只要刘备还待在吴国,索要荆州的希望仍然是很大的。刘备一生四处颠簸几乎没过过什么安逸的生活,而吴国生活富裕风景优美,新婚的刘备居然乐不思蜀不提回荆州的事了。此时已到年终,赵云只好拿出第二个锦囊。赵云按第二条指令要求,报告刘备说,诸葛军师送来急报,曹操军队正在攻打荆州,让刘备火速赶回。刘备一听,马上说服新婚妻子孙尚香随他一起立即赶回荆州,连给母亲哥哥辞行的礼节也都免了。

周瑜得知刘备不辞而别赶往荆州的行动后,立即派将领兵堵截。在无法脱身时,赵云取出第三个锦囊,第三条指令要刘备对妻子哭诉周瑜有意害他,全然不顾孙尚香的公主身份,等等。弄得公主怒气冲天,便以吴国公主的身份上前斥责挡路的将领。碍于公主的身份,吴国将领只好让道。等吴国老大孙权亲自下令堵截时,刘备已经跑出吴国能够控制的范围。

这个故事是一个非常典型的程序化工作方式,历史上是否真的发生过并不重要。重要的是早在明朝的罗贯中(《三国演义》作者),就已经设想过程序的工作方式,并在写作中体验了一下编程序的味道。

全面而仔细地讨论这个经典故事,不但能使我们理解计算机的工作方式,而且对我们理解计算机的结构也会有莫大的帮助。

3.2.2 两个特点与一个要素

在前面的故事中,诸葛亮不是一次就向赵云交代所有事情,而是给 3 个锦囊,并要求一次只能打开一个。这很可能有其原因,但这不在本书的讨论范围。我们可以将此理解为诸葛亮把赵云的任务做了程序化处理,"一次只能知道和处理一条命令",这是计算机程序工作的重要特点,即计算机一次只能处理一条指令。

程序工作的第二个重要特点是有"前后顺序",不能出错。假如赵云在第一次开锦囊的时候不小心误拿顺序排在第二的锦囊,那么刘备马上就打道回府了,此次任务马上会以失败告终。如果赵云在该拿出第二个锦囊时误拿了第三个并执行,那不但会使任务失败,很可能刘备的性命都难保,所以严格的顺序是程序工作的另一个重要特点。

诸葛亮之所以敢于写下 3 条命令后让刘备和赵云前往吴国,其原因在于他对将要发生的情况一清二楚,也就是说,他"对将要发生的事情已经预知在先",这是程序工作的唯一要素。程序员是在其知道将要处理的所有事情之后,才能编写出可以完成工作的程序。如果发生程序员没有预计到的情况,程序员是不会处理的。

假如周瑜在刘备一到南徐就把他扣下,那故事的结局就完全不同了。但诸葛亮笃定这种事情不会发生,因此不会给出相关的指令。

3.2.3 CPU 的结构

从上面的讨论中我们知道了计算机的工作特点和编程要素,那么使用电子技术的计算机 CPU 需要什么样的结构和指令系统才能工作呢?

只要对上面的故事细节进行深入的对比思考,就会很容易了解 CPU 为什么会有现在这样的结构,以及需要哪些指令才能完成"计算"任务。

先比较一下程序化了的赵云与由电子技术构成的 CPU 系统之间的 4 个差别:

① 信号系统。赵云是个活人,主要有 3 种信号起作用,即视觉、听觉和触觉。而计算机系统只有一种信号系统,即电平的高和低(1 和 0)。

② 解码方式。赵云有复杂的语言能力,加上能阅读文字,因此解码能力超强,诸葛亮只需将复杂任务概括为几个字写在纸条上,赵云就能理解并完成。而 CPU 是机器,只能通过对电平信号组的硬性规定来选择相应的功能电路(在技术上称为译码电路),以完成极其简单的指令。与人们使用的文字语言相比,计算机的指令少得可怜,通常在 30 多条至 100 多条之间,功能也极其简单,因此程序员常常为完成一个简单的任务需要写上许多条指令。

③ 执行指令的间隔。赵云拆开锦囊的时间没有明确的规定,诸葛亮只告知拆开锦囊时的必要条件,指令间隔内其他事情,如刘备的起居饮食、安全保卫等,一律由赵云自己处理,不需要下达特别的指令。而 CPU 靠系统提供的时钟频率运行,指令的时间间隔非常精确,只要提供系统电力,它便不停地运行,即使在看起来没有处理任何事物时,也不会停止执行指令操作。CPU 系统不能自己处理任何事情,它所做的每一件事情都必须在程序员的指令下完成,甚至包括等待任务的待机方式,都由程序员编写的指令完成。

④ 工作形式。赵云能够自行处理和完成一般活动中的所有事情,这些不用诸葛亮操心。而 CPU 系统虽然"缺心眼",所有事情都必须由程序员预先编写好程序,但只要维持电力供应,就可以不停地运作。

通过以上比较可看出，计算机技术只能在机器属性限制的条件下对人进行模拟。为方便讨论，先委屈一下英勇神武的赵云先生，将他设想成一个不那么聪明能干的人，他的所有事情都需要诸葛亮事先用锦囊安排好。这样要使赵云完成任务，就需要诸葛亮给赵云准备装有大量锦囊的指令。由于指令的顺序不能有错误，因此还必须给所有锦囊编上顺序号码。为了防止锦囊丢失，诸葛亮还必须准备一个专门用来放置锦囊的器具，相对于 CPU 系统来说，这个器具就是程序存储器。前面讲过的存储器是由许多存放数据的"房间"组成的，我们可以先将每个房间理解成一个"锦囊"，这样 CPU 可以通过给存储器的地址线输出地址信号，读到每个"锦囊"的内容。所以 CPU 自身应当具有一个程序计数器(PC，Program Counter)，其输出端对接程序存储器。计数器的工作方式是每输入一个计数脉冲，其计数输出就加 1，所以 CPU 每完成一步操作，就会让程序计数器加 1，自动寻址下一个"锦囊"的地址。

存放和按顺序寻找锦囊的问题解决了，下一步就是读取和解码指令的问题。赵云并不是随时都可以读取锦囊指令的，比如在骑马奔驰、天黑看不清或者有其他人干扰的时候。赵云读取指令必须进入一个能够取出锦囊字条并安心阅读的条件环境。CPU 也一样，它需要先将指令取到一个叫做"指令寄存器"的地方进行译码处理。由于译码器的具体操作需要在讲解 CPU 的机器指令集时才能完全搞清楚，所以本节只需将它理解成可以将指令翻译并启动执行的部件就可以了。实际上，CPU 的每一个功能操作都需要一个相应的"寄存器"，后面的章节将会结合指令集进行详细的介绍。

最后需要做的就是指令的实现与执行。赵云要执行指令就要动用他的执行机构——双手，所以 CPU 要执行指令也需要动用它的执行机构——总线（即地址、数据、控制三总线）。这里初学者往往会感到十分困惑，总线不是用于指令的读取和排序的吗？怎么又变成执行机构了呢？

先不妨看一下赵云的执行机构——双手。赵云要从锦囊里取字条，这时他的双手用于取指；如果指令要求他拿起兵器去巡逻，他的双手就要去拿上兵器并要操作马匹或马车等交通工具。赵云的双手是通用和多功能的。CPU 的总线也一样，除了完成取指操作外，还能完成指令的执行，它也是通用和多功能的。赵云作战需要配置用于战斗的专用兵器，CPU 的总线为完成专门任务也需要配置专门的工作硬件。赵云在不需要战斗时把兵器丢在一边，CPU 也只是在需要操作时才通过总线来操作这些硬件，平时也会将它丢在一边不予理会。

通过上面的对比讨论可知，CPU 处理指令分为 3 个步骤，即指令读取、指令译码和指令执行。下面将讨论 CPU 到底需要什么样的指令系统才能工作。

3.2.4 CPU 的指令系统

3.2.3 小节介绍了 CPU 的基本结构，那么在此结构基础上的 CPU 系统到底需要配套什么样的指令系统，才能达到根据命令完成多样任务呢？

有一句老话叫"人为财死，鸟为食亡"。虽然此话有点消极，但确实是对大量人的行为进行抽象后的总结。人和动物的行为其实可以简单地总结为目标—计算—行动这 3 个不同的功能部分。比如小鸟发现了食物，它会先查看一下环境（数据采集），然后根据收集到的环境信息判断是否会有风险或对风险的大小进行权衡（算术或逻辑运算），最后根据权衡（运算）的结果决定是否靠近食物（行动）。

因此，只要按照上述 3 种功能来组成 CPU 的指令系统，就可以完成机器对人的模拟。我们学习的 CPU 系统，正是由这 3 类指令组成的，它们分别为数据传送指令、数据运算指令和控制转移指令。下面分别介绍这 3 类指令的功能和作用。

① 传送指令。传送指令是最重要也最容易被忽视的一类指令，通过上一小节的学习我们知道，CPU 为了能够完成取指和译码等操作，需要配备许多相对应的硬件电路。这些电路之间的数据传送，以及外部数据与 CPU 内部各电路之间的数据交换，都可以归结为传送指令。就像人和动物的感觉器官接收的信息都要传送到大脑处理一样，没有"传送指令"就不可能有运算的结果，而且运算结果的执行依然要通过"传送指令"传送到相应的操作单元。

② 运算指令。运算指令是最容易理解的指令。因为 CPU 所处理的都是数字，所以它的数据运算也只需要算术运算指令和逻辑运算指令。

③ 控制转移指令。对于初学者来讲，控制转移指令是一种全新的概念，所以这里要特别强调一下。要理解这类指令首先必须知道"分支"的概念。当我们在一条笔直的大路上行走时，如果出现了一个路口，这时是继续沿着原来的路走下去还是拐进新出现路口，就需要做一个决定，这就是"分支"的概念。走路时如何分支，则要看我们达到的目标在哪里，对 CPU 的程序来讲问题也是一样的。前面已经介绍过 CPU 每次读取并执行一条指令，完毕后再读取下一条指令并执行。为使 CPU 按程序员的要求进行工作，就必须为 CPU 准备很长很长的一大串指令，这些指令串就是我们通常所说的程序。和城市的道路一样，我们给 CPU 下达的指令串也不可能是一条直线走到头，指令串也有许多分支。控制转移指令就像路口的指示灯，决定程序在"分支"的路口执行相应的指令串。

上面已经介绍了计算机的原理以及指令的主要类型，对这些知识的透彻理解可以帮助初学者快速深入地掌握计算机技术，下一节以在 Altair-80C31Small 计算机上的实验为例，详细介绍计算机最核心的编程技术。尽管当前的计算机编程技术已经有了长足的发展，编程技术的种类也令人眼花缭乱，但所有这些方法得到的最终结果仍然必须还原成一条条指令——机器码，才能被 CPU 执行。

至此，我们已经将 CPU 结构及指令这 2 个关联度十分紧密的内容有了一个基本了解，现在可以十分具体地了解真实的 CPU 的内部结构和工作过程了。

3.3 引脚功能与内部结构图

今天的计算机已经完全嵌入到了我们的生活之中，看上去无所不能的计算机到底有哪些东西呢？当去掉那些设计精巧的外部设备以及由大量人力编写的昂贵的复杂软件后，展现在我们面前并在学习过程中将由读者亲手进行实验和操作的计算机——Altair-80C31Small，只是一块很不起眼的实验电路板。但可以确定的是，即使当下功能最强大的计算机，其运行原理和基本结构也和它是完全相同的。

一台最基本的计算机需要有 3 个部分：程序或数据输入部分、运算结果输出部分和运行控制部分。下面将从这 3 个基础部分来讲解计算机的硬件构成。

3.3.1 引脚功能

如图 3.2 所示是一个应用非常广泛的经典单片计算机引脚图，从外观来看它是一个 40 引脚封装的集成电路。8051 单片计算机(简称单片机)是 Intel 公司在 20 世纪 70 年代开发的第一个型号，紧接着推出了 ROM-less 型 8031 单片机；80C51 与 80C31 是采用 CMOS 技术的第二代单片机，后来各大半导体公司陆续推出了多种兼容 80C51 的单片机，于是统称为 80C51 系列单片机。

```
P1.0/T2         1          40  V_DD           P1.0         1          40  V_CC
P1.1/T2EX       2          39  P0.0/AD0       P1.1         2          39  AD0
P1.2/ECL        3          38  P0.1/AD1       P1.2         3          38  AD1
P1.3/CEX0       4          37  P0.2/AD2       P1.3         4          37  AD2
P1.4/SS/CEX1    5          36  P0.3/AD3       P1.4         5          36  AD3
P1.5/MOSI/CEX2  6          35  P0.4/AD4       P1.5         6          35  AD4
P1.6/MISO/CEX3  7          34  P0.5/AD5       P1.6         7          34  AD5
P1.7/SCK/CEX4   8          33  P0.6/AD6       P1.7         8          33  AD6
RST             9   80C31  32  P0.7/AD7       RST          9  80C31   32  AD7
P3.0/RXD       10  P89V51  31  EA             P3.0        10  Small   31  EA
P3.1/TXD       11    RB2   30  ALE/PROG       P3.1        11          30  ALE
P3.2/INT0      12          29  PSEN           P3.2        12          29  PSEN
P3.3/INT1      13          28  P2.7/A15       P3.3        13          28  P2.7
P3.4/T0        14          27  P2.6/A14       P3.4        14          27  P2.6
P3.5/T1        15          26  P2.5/A13       P3.5        15          26  P2.5
P3.6/WR        16          25  P2.4/A12       P3.6/WR     16          25  P2.4
P3.7/RD        17          24  P2.3/A11       P3.7/RD     17          24  P2.3
XTAL2          18          23  P2.2/A10       XTAL2       18          23  P2.2
XTAL1          19          22  P2.1/A9        XTAL1       19          22  P2.1
V_SS           20          21  P2.0/A8        V_SS        20          21  P2.0
```

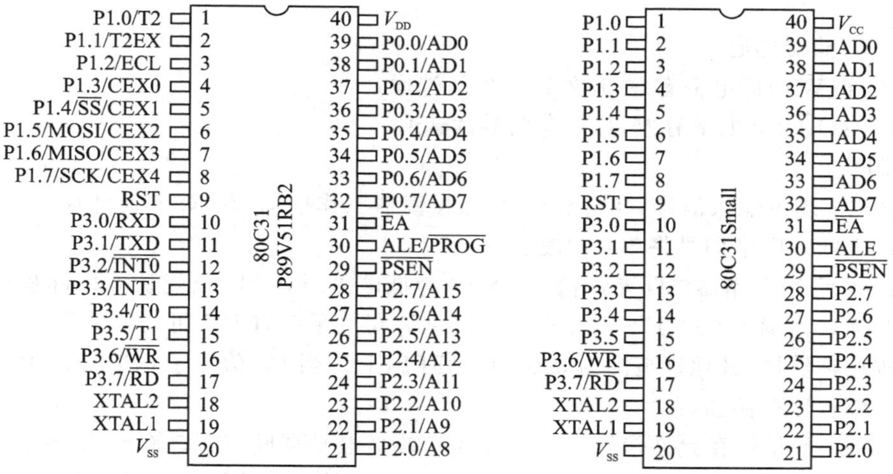

图 3.2　80C31Small、80C31、P89V51RB2 引脚图

所谓单片机，就是将计算机所有复杂的功能部件集成在一片单独的集成电路芯片上。当时由于技术上的原因，将程序存储器集成在芯片内部还比较困难，只能以 ROM 的方式预制掩膜，而掩膜技术只能在大批量的情况下才能生产。为了兼顾小批量市场，Intel 公司在 80C51 系列单片机的 P0 口和 P2 口上开放了程序和数据存储器总线，这样非掩膜的用户就可以采用"80C51 单片机+外扩外部存储器"的方式进行应用。这项技术对学习 80C51 单片机提供了巨大的帮助，使得 51 系列单片机成为了主流，直到现在 80C51 单片机仍然是使用最多的单片机之一。

随着半导体技术的发展，单片机应用开发的技术手段不断进步，现在的单片机开发已经不像从前那么复杂，许多芯片都开始自带开发功能，而早期的"80C51 单片机+外部存储器"的开发手段也已经基本上不用了。虽然现在的单片机在硬件开发上越来越简单，但软件开发和单片机的内部结构却越来越复杂。虽然开发效率很高，但对使用者的技术要求也很高。由于单片机的开发软件越来越接近 PC 软件的开发方式，且现在出现了许多编程技术可以让不太懂硬件电路的开发人员也能从事软件开发，从而造成硬件工程师非常缺乏成为一种普遍现象。因此，本书采用最传统的"80C51 单片机+外部存储器"的方式进行教学，让初学者彻底弄清硬件和软件的关系，为今后的发展打下扎实的基础。

80C31Small 是专门为教学而特别定义的单片机，其引脚功能如下：

➤ V_{CC} 与 V_{SS}：+5 V 电源与地。

➤ XTAL1 与 XTAL2：用于连接晶体振荡电路，其中，XTAL1 为反相振荡器的输入和内部时钟发生电路的输入，XTAL2 为反相振荡器的输出。当使用外部有源振荡器时，XTAL2 不用，XTAL1 用于接收振荡信号。

➤ P0 为 8 位开漏双向 I/O 口，能驱动 8 个 TTL 负载。当使用片外存储器时，作为地址与数据（A0～A7/D0～D7）分时复用总线。

- P1 为 8 位准双向 I/O 口,能驱动 4 个 TTL 负载。
- P3 为 8 位准双向 I/O 口,且具有内部上拉电路,能驱动 4 个 TTL 负载。
- P2 为 8 位准双向 I/O 口,能驱动 4 个 TTL 负载。当使用片外存储器时,输出高 8 位地址(A8~A15)。

▶ 数据存储器选通:
- P3.6($\overline{WR}$)低电平有效,片外存储器写选通;
- P3.7($\overline{RD}$)低电平有效,片外存储器读选通。

▶ 控制线:
- RST:复位输入信号,高电平有效,在振荡器工作期间,在 RST 上外加 2 个机器周期以上的高电平即可将单片机复位。
- $\overline{EA}$:程序存储器访问允许信号,当 $\overline{EA}$ 为低电平时,CPU 只能访问外部程序存储器,其地址范围为 0000H~FFFFH。当 $\overline{EA}$ 为高电平时,CPU 可访问内部 16 KB Flash 程序存储器,其地址范围为 0000H~0FFFFH。当 PC 值大于 0FFFFH 时,也可访问外部程序存储器。
- ALE:地址锁存允许信号,在 ALE 为有效高电平期间,P0 口输出 A0~A7。通过在 MCU 片外扩展一片地址锁存器,用 ALE 的有效电平边沿作为锁存信号,将 P0 口的地址信号锁存,直到 ALE 再次有效。在 ALE 无效期间,P0 口传送数据,即用作数据总线,即 P0 口复用为地址/数据总线。
- $\overline{PSEN}$:片外程序存储器选通信号,低电平有效。当 MCU 从片外程序存储器取指期间,在每个机器周期中,当 $\overline{PSEN}$ 有效时,程序存储器的内容被送到 P0 口数据总线。

三种单片机的差异性详见表 3.1,希望初学者仔细分析它们的不同之处,将对以后的选型有很大帮助。

表 3.1 80C31、80C31Small、P89V51RB2 性能比较表

型号	FLASH 程序存储器	内部存储器 RAM	ISP	定时/计数器	I/O 口	串行接口	中断	最大频率/MHz
80C31	无	128 字节	无	2 个	32 个	无	5 个	12
80C31Small	16 KB	128 字节	有	无	32 个	UART	无	12
P89V51RB2	16 KB	1 024 字节	有	4 个	32 个	UART/SPI	6 个	40

早期由于存储器技术的限制,80C31 单片机采用外部挂接存储器的方式构成嵌入式应用系统。虽然外挂存储器在电路上麻烦一些,但在当时的技术条件下给调试和实验带来了极大的便利。随着大规模集成电路的集成度越来越高以及编程技术与方法的飞速发展,诸如 P89V51RB2 单片机等已经能很方便地实现在电路系统中编程,比如 ISP 就是"在系统可编程"的英文简称(In-System Programming)。

对于"编程"的概念,人们常常有不同的说法:一种为编写与设计程序,另一种为用烧录工具将程序加载到单片机内部存储器中,它们都简称为编程,所以会引起初学者的误会。

3.3.2 内部结构框图

80C31Small 是为设计一台简易的 Altair-80C31Small 计算机而定义的单片机,与 80C51

系列单片机完全兼容,但其内部没有中断处理系统与串口,也没有定时/计数器。其结构框图详见图 3.3。

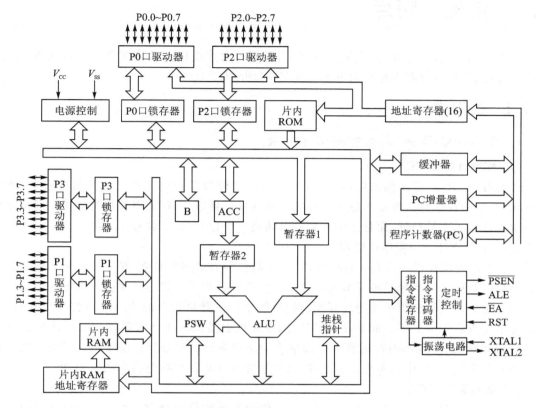

图 3.3　80C31Small 结构框图

为了让初学者更好地理解计算机的工作原理,Altair-80C31Small 计算机只使用 P0 作为地址/数据复用总线,所以其寻址范围为 256 字节(2^8：0000H～00FFH)。当复位信号变低时,CPU 从 0 地址开始执行程序。其工作过程如下：

P0 口先输出 8 位地址信号 A0～A7,该信号通过地址锁存信号端 ALE 的高电平脉冲存放到外部地址锁存器。然后 P0 口执行第 2 功能——作为数据线 D0～D7 读取外部存储器中存放的机器指令。

指令通过内部总线送到指令寄存器 IR,再由指令寄存器 IR 将指令传送到指令译码器,译码器根据具体的指令内容通过时序及控制逻辑电路产生相应的传送控制信号。如果是运算指令,则还要传送到算术逻辑单元——ALU 进行运算,运算数据结果存放到累加器(ACC)中。对于溢出或是否为 0 等 8 位数据表现不出的结果,则放到标志寄存器(PSW)中为控制转移提供参数。

程序计数器 PC(Program Counter)是一个独立的计数器,专用于从程序存储器里取出指令,主要用于存放在程序存储器中下一条将要执行的指令的地址。当 CPU 执行第 1 条指令时,程序计数器 PC 会自动加 1,然后根据译码器译出的指令结果进行不同的操作。如果是单字节指令,则读取第 2 条指令;如果是双字节或三字节指令,则会将下一字节的内容作为数据读入,计数器继续加 1,直到指令执行完毕后,程序计数器自动指向下一条指令。

堆栈指针 SP 用于从堆栈寻址。

3.4 结构与特点

80C31Small CPU 包括控制器、运算器、寄存器与时序电路。工作寄存器是数据 RAM 的一部分，因此工作寄存器将与片内 RAM 放在一起介绍。

3.4.1 控制器

1. 程序计数器 PC 与数据指针 DPTR

(1) 程序计数器 PC

通过对"计数器"以及相关内容的学习与实验，我们知道 80C51 系列单片机共有 16 条地址线，那么必须在单片机内部构造一个与之对应的计数器，用来存放单片机将要执行的指令机器码所在存储单元的地址，而且这个计数器必须是一个独立的 16 位程序计数器（简称 PC），否则不能寻址 64 KB（2^{16}）程序存储器。

80C51 系列单片机一共有 3 种指令长度，它们分别为单字节指令、双字节指令和三字节指令。单片机如何区分指令是单字节还是多字节的呢？首先单片机对将要执行的第一条指令有明确的规定——程序必须从 0 地址开始。接着指令译码器将指令的第一字节告诉单片机，该指令是单字节还是多字节。如果是多字节，则单片机会通知程序计数器将跟在后面的数据读到单片机相关的暂存器，通过运算后再读取下一条指令。同时规定：程序存储器中存放的指令必须一条紧接一条，中间不允许有空缺，这样就能保证单片机执行指令的正确性。

(2) 数据指针 DPTR

指针是指某存储单元或变量的地址，主要作为片外数据存储器间接寻址的地址寄存器。由于外部数据存储器的寻址范围为 64 KB，因此将数据存储器地址指针 DPTR 设计为一个 16 位寄存器。DPTR 在程序设计中的各种用途如下：

DPTR 作为访问外部数据存储器的地址寄存器，其用例如下：

```
MOVX     A,@DPTR                    ;读
MOVX     @DPTR,A                    ;写
```

DPTR 也可作为访问程序存储器的基址寄存器使用，其用例如下：

```
MOVC     A,@A+DPTR                  ;@A+DPTR 中的 A 为变址，DPTR 为基址
JMP      @A+DPTR
```

DPTR 还可以作为一个 16 位寄存器使用，其用例如下：

```
MOV      DPTR,#data                 ;data 为 16 位地址
INC      DPTR
```

DPTR 也可以作为两个 8 位寄存器处理，其高 8 位用 DPH 表示，低 8 位用 DPL 表示，其用例如下：

```
CJNE     A,DPL,.                    ;"."表示指令自身的存储地址
CJNE     A,DPH,.
```

PC 和 DPTR 都与地址有关,但 PC 与程序存储器的地址有关,而 DPTR 与数据存储器的地址有关。当作为地址寄存器使用时,PC 和 DPTR 都是通过 P0、P2 口输出的,但是 PC 的输出与 ALE、$\overline{\text{PSEN}}$ 有关,DPTR 的输出与 ALE、$\overline{\text{WR}}$、$\overline{\text{RD}}$ 有关。

PC 具有自动加 1 的功能,从而可实现程序的顺序执行。由于 PC 是不可寻址的,因此用户无法对它直接进行读/写操作,但可以通过转移、调用、返回等指令改变其内容,以实现程序的转移。DPTR 既可作为 16 位寄存器使用,也可作为两个 8 位寄存器分开使用。DPH 为 DPTR 的高 8 位寄存器,DPL 为 DPTR 的低 8 位寄存器。

> ☞ **特别提示**
>
> 为了加深理解 PC 和 DPTR,建议初学者结合后续的内容一起来学习,同时撰写一篇详细阐述 PC 和 DPTR 的小论文。

2. 指令寄存器 IR、指令译码器及控制逻辑

指令寄存器 IR 用来存放指令操作码的专用寄存器。当执行程序时,根据程序计数器给出的地址,从程序存储器中取出指令,通过指令寄存器 IR 传递给指令译码器,然后由指令译码器对该指令进行译码,判断该指令是哪种类型的指令;定时控制逻辑电路则根据指令的类别发出一系列定时控制信号,控制单片机的各个功能部件执行相应的动作。

3.4.2 运算器

1. ALU

算术逻辑运算单元 ALU 能对数据进行加、减、乘、除等算术运算,"与"、"或"、"异或"等逻辑运算,以及位操作运算,因此 ALU 是 CPU 中最重要的数据处理单元。其基本结构是一个全加器,详见图 3.4。ALU 有 2 个输入端和 2 个输出端,其中一个输入端接至暂存器 2,接收由累加器 ACC 送来的一个操作数,另一个输入端通过暂存器 1 接至数据总线,以接收来自其他寄存器的第 2 个操作数,参加运算的操作数在 ALU 中进行规定的操作运算后,一方面将运算结果送到累加器 ACC,同时将运算结果的特征状态送到程序状态字寄存器 PSW 保存起来。

由此可见,ALU 只能进行运算,运算的操作数可以事先存放到累加器 ACC 或暂存器中,运算结果可以送回 ACC(简写为 A)、工作寄存器或暂存单元中。

2. 累加器 A

累加器 ACC 是最常用的 8 位专用寄存器,它既可存放操作数,又可存放运算的中间结果。80C31Small 很多的传送指令都是通过 ACC 来完成的,但也有例外,如"MOV P1,B"指令。由于 ACC 只是一个基于 8 位二进制的功能部件,因此要想完成复杂的计算和操作,还需要有其他的寄存器一起参与完成。

3. B 寄存器

B 寄存器在乘法与除法指令中作为 ALU 的输入之一,同样也是一个 8 位寄存器。在乘法中,A、B 分别作为

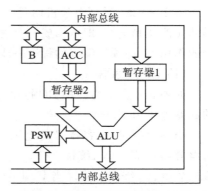

图 3.4 算术逻辑运算单元 ALU

ALU 的输入端,运算结果存放在 AB 寄存器中,其中,A 中存放积的低 8 位,B 中存放积的高 8 位。在除法中,被除数与除数分别来源于 A 和 B,商数存放在 A 中,余数存放在 B 中。对于其他指令,B 寄存器作为暂存器使用。

4. 程序状态字 PSW

如图 3.5 所示标出了程序状态寄存器 PSW 各个二进制位的标志符号,"—"为保留位。

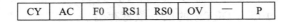

图 3.5　程序状态寄存器 PSW 标志位

它们的含义如下:
- CY——进位或借位标志位,也是位处理器的位累加器 C。当算术运算的结果大于 255 时,CY 由硬件自动将该位置 1,否则清 0。也就是说,在加减法运算中,无论是产生进位还是借位,其结果都可能会大于 255。在位操作中,CY 作为位累加器 C 使用,参与位传递、位"与(ANL)"、位"或(ORL)"等位操作。另外,某些控制转移指令也会影响 CY 位的状态,将在后面结合指令系统详细介绍。
- AC——辅助进位或借位标志。该标志仅用于十进制修正指令,当十六进制位修正为十进制产生的由个位进到十位时,AC 由硬件自动将该位置 1,否则清 0,详见"DA A"指令。
- F0——用户标志位,由用户通过软件设定,如用于控制程序转向。
- RS1、RS0——工作寄存器组选择位。
- OV——溢出标志位。算术运算时,若次高位发生进位而最高位未发生进位,或次高位未发生进位而最高位发生进位,则溢出标志置 1,否则置 0。溢出标志置位,反映数的上溢出或下溢出。
- P——奇偶标志。P 为 0 表示 ACC 按位求和的结果为偶数,P 为 1 表示结果为奇数。

3.4.3　时钟电路、机器周期与指令周期

单片机的时序就是 MCU 在执行指令时各个控制信号之间的时间顺序关系。为了保证各个功能部件协调一致地同步工作,单片机内部的电路应在唯一的时钟信号控制下严格地按照时序进行工作。

1. 时钟振荡电路

由于 80C51 系列单片机内置了时钟电路,因此只需要在片外通过 XTAL1、XTAL2 接入晶体振荡器和电容,即可构成一个稳定的自激振荡器。其实,计算机的工作原理就是在时钟节拍的作用下,将预先编好的程序一步一步地执行下去,其中时钟信号就来源于振荡器。

(1) RC 振荡器

如图 3.6 所示为一种 RC 振荡器电路原理图及输出波形图,图中 G 为施密特反相器,设它的回差电压为 V_2-V_1。

当刚上电时,电容器 C 的电压 V_A 为 0 V,则输出 Y 为高电平,这个高电平通过电阻器 R 对电容器 C 充电,V_A 缓慢上升。当 V_A 上升至 V_2 时,输出 Y 变低,则电容器 C 通过电阻器 R 对输出放电,V_A 缓慢下降。当 V_A 下降至 V_1 时,输出 Y 又变高,又对电容器 C 充电,进行下一个循环。这样由于电容器 C 的充放电在输出 Y 就得到了一个脉冲波,它的频率和周期与电阻值

R、电容量 C 以及 V_1、V_2 有关。经推导它的周期为：

$$T = T_1 + T_2 = RC\ln\left(\frac{E-V_1}{E-V_2} \times \frac{V_2}{V_1}\right)$$

由于电容量 C 的误差较大,且温度稳定性较差,因此 RC 振荡器所产生的信号频率不是很稳定。在数字钟等频率要求十分严格的场合就不适用了。

（2）晶体振荡器

若要得到频率稳定性很高的波形,则应采用由石英晶体谐振器组成的晶体振荡器。石英晶体谐振器简称为晶振,它是利用具有压电效应的石英晶片制成的。石英晶体的选频特性非常好,它有一个极其稳定的串联谐振频率 f_s,只有频率为 f_s 的信号最容易通过,而其他频率的信号均会被晶体所衰减。它的谐振频率 f_s 与晶片的切割方式、几何形状和尺寸等有关,因此可以制成各种频率的石英晶体谐振器。

如图 3.7 所示为石英晶体谐振器的电路符号和典型应用电路。在图 3.7(b)中振荡器的频率就等于晶振 Y 的谐振频率,而与 R、C 的取值无关。电阻器 R 的作用是使 G1 尽量工作在线性区,它的取值范围为 1～22 MΩ。由于 G1 的输出为正弦波,因此经过 G2 整形后输出脉冲波形。

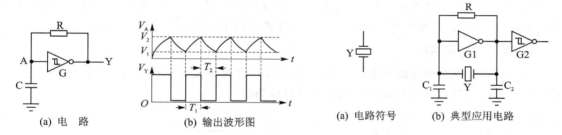

图 3.6 RC 振荡器电路及波形图　　图 3.7 晶体振荡器电路

2. 机器周期与指令周期

为了便于分析单片机指令的执行情况,需要为它定义一些能够度量各种时序信号出现时的尺度,它们分别为时钟周期、机器周期和指令周期。

（1）时钟周期

时钟周期 T 就是振荡周期,是由单片机片内振荡电路 OSC 产生的,定义为时钟脉冲频率的倒数,它是时序中最小的时间单位。在 80C51 系列单片机中,1 个振荡周期定义为 1 个节拍,用 P 表示,而 2 个节拍则定义为 1 个状态周期,用 S 表示,其相互之间的关系详见图 3.8。

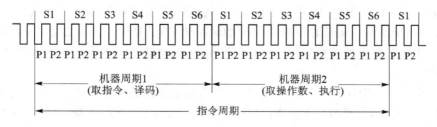

图 3.8 基本定时时序关系图

(2) 机器周期

机器周期是由若干个时钟周期 T 组成的。80C51 系列单片机的机器周期是固定的，均由 12 个时钟周期 T（6 个状态周期 S）组成。

对于 80C31Small 单片机来说，系统的主频为 11 059 200 Hz(11.059 2 MHz)，而每个机器周期需要 12 个时钟周期，那么 1 个机器周期所占用的时间为 $(12\times1/11\,059\,200)$ s，计算结果约为 1.085 μs。因此，要想知道指令执行的时间，只要查一下指令表中各条指令所占用的机器周期数即可。

(3) 指令周期

执行一条指令所需要的时间就是指令周期。由于不同的指令所包含的机器周期数是不一样的，所以包含 1 个机器周期的指令为单周期指令，包含 2 个机器周期的指令为双周期指令。指令的运算速度与指令所包含的机器周期数有关，因此机器周期数越少的指令执行速度越快。

3.4.4 复位电路

在现代数字及计算机系统中，都有触发器电路存在。而在电源上电时，触发器的状态是不可预测的。因此，若要使数字设备或计算机正常工作，在上电时必须使系统中所有触发器的输出处于指定的高电平或低电平状态，这就是复位电路的作用。复位电路能使设备在刚上电时，且电源电压稳定后，自动产生一个具有一定宽度的高电平或低电平的脉冲信号。

1. RC 复位电路

利用电容的充放电延时原理可产生上电时 CPU 所需的复位脉冲信号，如图 3.9(a)和(c)所示分别为产生低电平和高电平复位信号电路原理图。

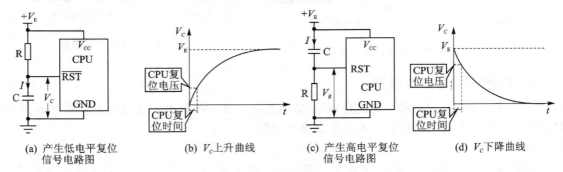

(a) 产生低电平复位信号电路图　　(b) V_C 上升曲线　　(c) 产生高电平复位信号电路图　　(d) V_C 下降曲线

图 3.9　计算机 RC 复位电路图

在图 3.9(a)中，CPU 上电时，由于电容器 C 两端的电压 V_C 不能突变，因此 V_C 保持低电平。但随着电容器 C 的充电，V_C 不断上升，上升曲线如图 3.9(b)所示。只要选择合适的 R 和 C，V_C 就可以在 CPU 复位电压以下持续足够的时间使 CPU 复位。复位之后，V_C 上升至电源电压 V_E，CPU 开始正常工作。相当于在 CPU 上电时，自动产生了一个一定宽度的低电平脉冲信号，使 CPU 复位。

同样在图 3.9(c)中，CPU 上电时，电容器 C 两端电压仍然为 0 V，则 V_R 等于电源电压 V_E。随着电容器 C 的充电，其两端电压呈指数规律上升，则 V_R 呈指数规律下降，下降曲线如图 3.9(d)所示。R 和 C 的选择使 CPU 在上电后，其复位端仍然保持一定时间的高电平，该高电平使 CPU 复位。复位后，V_R 逐渐降低为 0 V，CPU 可正常工作。相当于在 CPU 上电时，自动产生了一个一定宽度的高电平脉冲信号,使 CPU 复位。

🖙 经验之谈

下面是作者在 2006 年 10 月份全国巡回人才招聘的考题,居然 60% 的同学得零分,却只有一位同学得满分,这种现象值得我们深刻地反思。

单片机上电复位电路如图 3.10 所示,请回答下列问题(12 分):

(1) 该复位电路适用于高电平复位还是低电平复位?
(2) 试述复位原理,画出上电时 V_C 的波形;
(3) 试述二极管 D 的作用。

答案:(1)与(2)在前面已经作了详细的分析,二极管 D 的作用如下:当电源电压 V_E 消失时为电容器 C 提供一个迅速放电的回路(C 正极→D→CPU 的 V_{CC}→CPU 的 GND→C 负极),使 RST 端迅速回零,以便下次上电时能可靠地复位。

这是一个非常重要的知识点。如果复位电路设计不合理,则势必导致 CPU 运行不可靠,甚至出现严重的死机现象,并且影响与 CPU 有关的外围器件的稳定性,如存储器上电丢失数据。

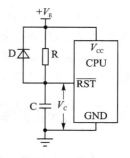

图 3.10 RC 复位电路

2. 集成复位电路

由于 RC 复位电路是靠电容充放电实现复位电平产生的,而电容的充放电速度较慢,所产生的复位信号不陡峭,在电源频繁上、下电的过程中就有可能产生不了正确的复位信号。因此,在许多要求较严格的场合就不能使用 RC 复位电路。

集成复位电路保证了电源电压 V_E 在低于某个阈值 V_{TH} 以下时正确地产生复位信号。图 3.11(a)所示为集成低电平复位芯片的电路原理示意图。图中 A 为比较器,它有两个输入端 P、N 和一个输出端。输入端 P 和 N 的电压分别为 V_P 和 V_N,则 $V_P = V_E \times R_2/(R_1+R_2)$,$V_N = V_Z = V_{TH} \times R_2/(R_1+R_2)$($V_Z$ 为稳压管 Z 两端的电压)。当 $V_P > V_N$ 时,输出高电平;当 $V_P < V_N$ 时,输出低电平。

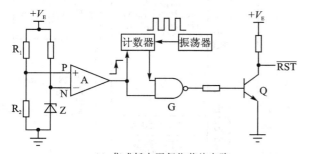

(a) 集成低电平复位芯片电路

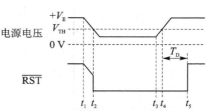

(b) 复位信号随电源电压变化波形

图 3.11 集成复位电路原理示意图及波形图

如图 3.11(b)所示为复位信号随电源电压变化波形图。在 t_1 时刻之前为正常工作期间,此时稳压管 Z 导通,$V_E > V_{TH}$,$V_P > V_N$,"与非"门 G 的两个输入均为高电平,则复位信号 $\overline{RST}$ =1;在 $t_1 \sim t_2$ 期间,电源电压缓慢下降,则复位信号 $\overline{RST}$ 也缓慢下降,但相对于电源电压仍等于 1;在 t_2 时刻,$V_E < V_{TH}$,$V_P < V_N$,比较器输出低电平,该低电平一方面使 G 输出高电平,三极管 Q 饱和,则 $\overline{RST}$ =0,另一方面使计数器复位输出为低电平;在 $t_2 \sim t_3$ 期间,电源电压始终低

于阈值电压,复位信号保持为低电平;在 t_3 时刻,电源电压开始缓慢上升,当上升至 t_4 时刻,$E > V_{TH}$,$V_P > V_N$,比较器输出高电平,但由于计数器输出为低电平,因此 G 仍为高电平,$\overline{RST}$ 仍为低电平。此时计数器开始计数,当计数至 140 ms 以上时(即波形中的 t_5 时刻),计数器输出高电平,复位信号结束。t_4 与 t_5 之间的时间称为复位延迟时间 T_D。$t_3 \sim t_5$ 期间就是设备上电时该复位电路的工作过程。

从图 3.11(b)中可以看出,电源电压上升到阈值电压以上后,还要延时至少 140 ms 以上才结束复位,且所得复位信号 $\overline{RST}$ 波形的上升沿非常陡峭。

安森美(Onsemi)公司生产的芯片 CAT809/810 就具有以上功能,CAT809 为低电平复位,而 CAT810 为高电平复位。

3.5 存储器组织

将程序存储器与数据存储器统一编址的方式称为冯·诺依曼存储结构,但 80C51 系列单片机却是哈佛存储结构,即将程序存储器与数据存储器分开编址。虽然 80C31Small 单片机在功能上有所裁剪,但它依然继承了 80C51 系列单片机的哈佛结构。

很多其他种类的单片机往往会采用比较简单的冯·诺依曼存储结构,程序、数据和外设寄存器都安排在统一的存储空间里,十分简明,容易理解。但 80C51 系列单片机不是这样,它的存储空间被划分为许多不同的部分,编址重叠或者不重叠,相对来说比较复杂,作为初学者必须理解透彻。

如图 3.12 所示为 80C51 系列单片机的存储器组织结构示意图。它主要分为 CODE、XDATA、PDATA、DATA、SFR、IDATA 和 BIT 共 7 种类型。

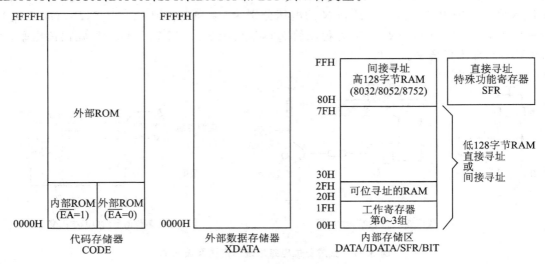

图 3.12 80C51 存储器组织结构示意图

3.5.1 CODE

程序存储器的编址为 0000H~FFFFH(64 KB),用来存放用户程序代码和固定数表。当 $\overline{EA} = 0$ 时,只采用外部存储器,内部存储器被忽略;当 $\overline{EA} = 1$ 时,优先采用内部存储器,如果访问超出内部存储器的地址范围,则自动转到片外存储器。当访问片外程序存储器时,用$\overline{PSEN}$引脚作为读选通信号。

CPU 执行指令分为取指、译码、执行等步骤,在取指阶段会自动读取存储器的内容。如果要读取保存在存储器里的固定数表(特殊地,指令也可视为数表),则可用 MOVC 查表指令。其应用示例如下:

```
MOVC    A,@A+PC
MOVC    A,@A+DPTR
```

3.5.2　XDATA

外部数据存储器 XDATA(External Data)的编址为 0000H~FFFFH(64 KB),用于外部数据扩展或者外部 I/O 设备扩展。当访问 XDATA 空间时,采用 P3.6($\overline{WR}$)作为写选通信号、P3.7($\overline{RD}$)作为读选通信号。与之相关的指令为 MOVX,并采用 16 位数据指针寄存器 DPTR。其应用示例如下:

```
MOVX    A,@DPTR
```

外部 CODE 和 XDATA 共用数据总线(来自 P0 口)和地址总线(来自 P0 和 P2 口),但在读取时采用不同的选通信号$\overline{PSEN}$和$\overline{RD}$,因此两者位于完全不同的逻辑空间里,不会产生任何冲突,总的空间大小是 128 KB。

3.5.3　PDATA

分页访问的外部存储器 PDATA(Page Data),每个页的编址为 00H~FFH(256 字节),属于 XDATA 的一部分。数据总线和地址总线都来自 P0 口,P2 口的一部分作为分页选择,而另一部分仍然可以作为普通 I/O 使用。

在实际的应用中,PDATA 这种用法相对比较少见。与之相关的指令名称仍是 MOVX,但数据指针寄存器只能用 8 位的 R0 或 R1。其应用示例如下:

```
MOVX    A,@R0
MOVX    @R1,A
```

3.5.4　DATA

1. 片内 RAM

片内直接访问的 RAM,编址为 00H~7FH(128 字节)。访问其内容采用直接地址的方式。其应用示例如下:

```
MOV     A,46H                    ;将地址 46H 单元的数据复制到累加器 A
```

2. 工作寄存器

CPU 的寄存器主要分为工作寄存器和特殊功能寄存器两种。R0~R7 寄存器主要配合累加器 ACC 进行内部运算和存放结果,其功能几乎是一样的,所以统称工作寄存器;而特殊功能寄存器则用于 ACC 访问外部总线、I/O 口和其他专门设备。

表 3.2　RS1 和 RS0 的定义

RS1	RS0	寄存器组	片内数据地址
0	0	0 组	00H～07H
0	1	1 组	08H～0FH
1	0	2 组	10H～17H
1	1	3 组	18H～1FH

片内 RAM 的 128 字节是从 0 地址开始的，先是 4 组工作寄存器，每组都有 8 个工作寄存器 R0～R7，由 RS1：RS0 确定选择 4 组工作寄存器中的一组，详见表 3.2。

复位后自动选用第 0 组工作寄存器，同时将堆栈指针 SP 指向地址 07H。如果需要选用其他寄存器组，则必须重新设置 PSW 中的 RS1：RS0 位以及 SP 的初值。

4 个工作寄存器组之后的 16 字节（地址 20H～2FH），可以按位寻址（详见表 3.4），30H～7FH 为内部 RAM 数据存储器。

3. 堆栈指针 SP

众所周知，人们在堆放货物时，总是将先入栈的货物堆放在下面，后入栈的货物堆放在上面，而取货的顺序则与堆货相反，因此堆货与取货的方式刚好符合"先进后出"或"后进先出"的规律。计算机中的堆栈就是按类似于货栈"先进后出"或"后进先出"规律存放数据的 RAM 区域。

SP 就是一个 8 位寄存器，能自动加 1 或减 1，专门用来存放堆栈的栈顶地址。当数据存入堆栈后，堆栈指针 SP 的值也随之而发生变化。在计算机中堆栈有两种类型：向上生长型和向下生长型，详见图 3.13。80C51 系列单片机的堆栈属于向上生长型，在数据压入堆栈时，SP 的值先自动加 1 作为本次进栈数据的地址，然后再存入数据，所以随着数据的存入，SP 的值越来越大。在数据从堆栈弹出之后，SP 的值随之减少。

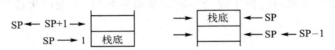

图 3.13　两种不同类型的堆栈

向下生长型的堆栈则相反，栈顶占用较低地址。80C51 单片机复位后，堆栈指针 SP 总是初始化为指向内部 RAM 地址 07H，用户也可以根据需要通过指令重新设定 SP 的值，从而改变堆栈的位置。堆栈空间实际上是从 08H 开始的，因为 PUSH 时 SP 先加 1，然后再存入数据。

☞ **成功心法：细节决定成败**

计算机科学与技术对于初学者来说有一种莫名其妙的神秘感，因此在学习的过程中非常容易被"编程"的快感所牵制，以至于时常感叹打开书本似乎都搞懂了，但就是不能将所学的知识转化为一种设计能力，原因就在于平时的学习中对关键技术的细节不求甚解。例如，堆栈就是一个非常重要的知识点，初学者一定要准确理解。

事实上，在我们的日常生活中常常会发生这样的情形：当我们正在做"事件 A"时，突然被打断而转去做"事件 B"，于是就产生了"断点"。而为了保证在完成"下一事件 B"之后，返回到刚才被打断的"断点"处无缝连接继续做"上一事件 A"，在被打断的同时必须保存"断点信息"，否则无法准确地返回到断点处。

如果用计算机来记录这一"断点信息"（在操作系统中俗称"上下文信息"），很显然只要"保存断点信息"到堆栈中，就可以放下"上一事件 A"去做"下一事件 B"了，然后再在返回来之后从堆栈中"恢复断点信息"即可。

80C31Small 片内共有 128 字节，地址范围为 00H～7FH，故这个区域中的任何一个地址都可以作为堆栈来用。堆栈的栈顶和栈底分别用不同的地址予以区分，栈底的地址是不变的，

它决定了堆栈在 RAM 中的大小,而栈顶地址始终在 SP 之中,而 SP 是可以改变的,它决定堆栈中是否存放数据。因此当堆栈中没有数据时,栈顶与栈底的地址重合,无论存放多少数据,SP 始终指向堆栈中最上面那个数据。

通常堆栈由指令"MOV SP,♯data"设定堆栈的栈底地址,假设 data 用 20H 来代替,则堆栈的栈底地址为 20H。此时堆栈中尚未压入数据,即堆栈是空的,故 SP 中的 20H 地址也是堆栈的栈顶地址,如图 3.14(a)所示。堆栈中的数据是由 PUSH 指令压入和 POP 指令弹出的,PUSH 指令能使 SP 中的内容加 1,POP 指令作为则使 SP 减 1。其示例如下:

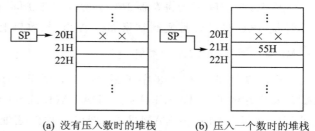

(a) 没有压入数时的堆栈　　(b) 压入一个数时的堆栈

图 3.14　堆栈示意图

```
MOV    A,♯55H              ;A←55H
PUSH   ACC                  ;SP←SP+1,(SP)←ACC
```

第一条指令将立即数 55H 送入累加器,第二条指令先将 SP 加 1 变为 21H,然后将累加器 A 中的 55H 取出来,按照 SP 所指向的地址(21H)压入堆栈,详见图 3.14(b)。

3.5.5　SFR

片内特殊功能寄存器,编址为 80H～FFH,共 128 字节,这些寄存器都被称为特殊功能寄存器,简称 SFR(Special Function Register)。80C31Small 所有片内外围设备的接口寄存器都被安排在 SFR 空间,如 I/O 端口,详见表 3.3。SFR 空间可采用直接地址访问,例如:

```
MOV    P1,A
```

是将累计器 A 的内容写到 P1 端口。

表中带"*"的均为可位寻址寄存器,可通过名称直接引用。这些寄存器的寻址方式同 DATA 区中的其他字节和位一样,可位寻址 SFR(如果 SFR 的地址值能够被 8 整除)。

表 3.3　常用 SFR 简介

符号	地址	说明	符号	地址	说明
*ACC	E0H	累加器	DPH	83H	数据存储器指针 DPTR 高 8 位
*B	F0H	乘除法寄存器	*P0	80H	并行 I/O 接口 P0
*PSW	D0H	程序状态字寄存器	*P1	90H	并行 I/O 接口 P1
SP	81H	堆栈指针寄存器	*P2	A0H	并行 I/O 接口 P2
DPL	82H	数据存储器指针 DPTR 低 8 位	*P3	B0H	并行 I/O 接口 P3

3.5.6　IDATA

片内间接访问的 RAM,编址为 00H～FFH,共 256 字节。访问其内容采用间接寻址的方式。其应用示例如下:

MOV	R0，#6EH
MOV	A，@R0

先将常数 6EH 写入寄存器 R0，然后以间接访问(标志是"@"符号)的方式操作，结果是将位于地址 6EH 处的数据复制到累加器 A 里，从效果上等同于：

MOV	A，6EH

80C51 单片机仅有 128 字节的 DATA 型 RAM，而 80C52 单片机增加了 128 字节的 RAM，安排在地址 7FH～FFH 处。IDATA(Indirect DATA)型 RAM 共计 256 字节：前 128 字节实际上与 DATA 型 RAM 重叠，即位于片内地址 00H～7FH 处的 RAM 既可以直接访问，又可以间接访问；后 128 字节的 IDATA 型 RAM 与 SFR 编址范围表面上相同，但因为访问方式不同，所以是位于完全不同的空间里。其应用示例如下：

MOV	R0，#0D0H
MOV	A，@R0
MOV	B，0D0H

前 2 条指令的执行效果是将 RAM 存储器 D0H 处的内容复制到累加器 A 里，而最后一条指令是将 PSW 寄存器(SFR 编址为 D0H)的内容复制到寄存器 B 里。

3.5.7 BIT

80C51 单片机的一大特色是支持位(BIT)数据类型，而其他大多数 8 位/16 位单片机都不具有这种特性。一个 BIT 数据长度是字节的 1/8，取值只有 0 或 1 两种情况。BIT 编址范围为 00H～FFH，其中前 128 个 BIT 位于 DATA 区的 20H～2FH，共 16 字节(8×16=128)；后 128 个 BIT 离散地分布于 SFR 区，特点是 SFR 地址如果能够被 8 整除(即以十六进制表示时以 0 或 8 结尾)，则能够位寻址，否则不能位寻址，详见表 3.4。

表 3.4 BIT 数据类型分布

DATA 地址	前 128 个 BIT 的分布							
	BIT 地址							
20H	07H	06H	05H	04H	03H	02H	01H	00H
21H	0FH	0EH	0DH	0CH	0BH	0AH	09H	08H
...	...	...	...	...	...	...	...	...
2FH	7FH	7EH	7DH	7CH	7BH	7AH	79H	78H
SFR 地址	后 128 个 BIT 的分布							
	BIT 地址							
80H	87H	86H	85H	84H	83H	82H	81H	80H
88H	8FH	8EH	8DH	8CH	8BH	8AH	89H	88H
...	...	...	...	...	...	...	...	...
F8H	FFH	FEH	FDH	FCH	FBH	FAH	F9H	F8H

综上所述，80C51 的存储器组织结构的确复杂，不同的存储空间或分开或重叠，同一个地址可以表示不同的存储空间含义。今后，为了避免在表述和理解上出现不必要的误会，特做以下规定：CODE 地址前缀 C，如 C：5BH 等同于 C：005BH；XDATA 地址前缀 X；PDATA 地址前缀 P；DATA 地址前缀 D；IDATA 地址前缀 I；BIT 地址前缀 B。

3.6 基本 I/O 结构

3.6.1 基本输入电路

如图 3.15(a)所示为基本输入 I/O 口的内部结构图，它由一个带控制输入端且具有高阻抗特性的三态缓冲器组成。

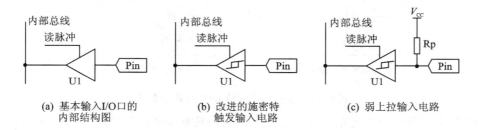

图 3.15 输入电路内部结构

其工作原理如下：

▶ 在执行"读"指令时，CPU 会自动发出读脉冲信号，此时 Pin 引脚的电平状态（0 或 1）会直接反映在内部总线上；

▶ 在未执行"读"指令时，Pin 引脚与内部总线之间是完全隔离的，Pin 引脚的状态不会影响内部电路。

图 3.15(b)是在图 3.15(a)基础上改进的施密特触发输入电路，其作用是将缓慢变化的或畸变的输入脉冲信号整理成近似于理想的矩形脉冲信号，现代微控制器的 I/O 输入电路普遍采用这种电路结构。

如图 3.15(c)所示为弱上拉输入电路，Rp 为上拉电阻。当 Pin 引脚没有信号输入时，如果没有 Rp，则电路处于悬空状态，因此非常容易受到外部干扰信号的影响，而且 CPU 读取引脚的状态时，既可能为 0，也可能为 1。当加上 Rp 后，即使 Pin 引脚悬空，默认的输入状态还是确定的高电平状态，其缺点是显著降低了输入阻抗。

3.6.2 推挽电路

如图 3.16 所示为推挽输出 I/O 口的内部结构示意图，其中 U1 为输出锁存器，U2 为反馈输入缓冲器，T1 和 T2 构成的 CMOS 反相器作为输出驱动器。

当执行读操作时，在读信号的作用下，锁存在 Q 的输出信号经过缓冲器 U2 回读到内部总线，此时读到的不是外部 Pin 引脚的状态，而是锁存器的状态，所

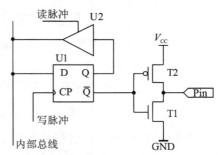

图 3.16 推挽电路内部结构

以在推挽输出模式下,Pin 不能用作数据输入。

当执行写操作时,在写信号的作用下,数据被锁存到 $\overline{Q}$。虽然 T1 或 T2 导通时都表现为较低的阻抗(数十至数百 Ω),但 T1 和 T2 不会同时导通或同时关闭。当内部总线输出的信号为 0 或 1 时,锁存在 $\overline{Q}$ 的输出信号决定推挽电路的输出方式,即用 $\overline{Q}$ 来控制 CMOS 反相器,即写 1 时最终输出高电平,写 0 时最终输出低电平。

如图 3.17 所示,当内部总线输出的信号为 1 时,锁存在 $\overline{Q}$ 的信号为 0,此时 T2 导通,T1 关闭;当内部总线输出的信号为 0 时,锁存在 $\overline{Q}$ 的信号为 1,此时 T1 直接连接到 GND,T2 关闭。

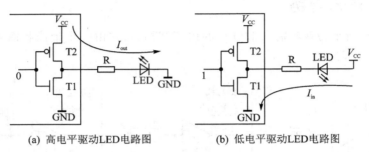

(a) 高电平驱动LED电路图　　(b) 低电平驱动LED电路图

图 3.17　推挽方式驱动 LED 电路示意图

由此可见,采用上下对称的晶体管推挽输出电路具有极强的驱动能力,而且可以直接输出高电平或低电平驱动小功率外部设备,如 LED、微型继电器。如图 3.17(a)所示为高电平驱动 LED 电路原理图,而图 3.17(b)则是用低电平来驱动的,且用这 2 种电路驱动 LED 的发光亮度都是一样的。

3.6.3　开漏电路

如图 3.18(a)所示为开漏输出 I/O 口的内部结构示意图。尽管开漏输出和推挽输出电路在结构上基本相近,但开漏输出电路只有下拉晶体管 T1,而没有上拉晶体管 T2,因此 T1 的漏极是悬空的。当内部总线输出的信号为 1 时,锁存在 $\overline{Q}$ 的信号为 0,则 T1 关闭;当内部总线输出的信号为 0 时,锁存在 $\overline{Q}$ 的信号为 1,则 T1 直接连接到 GND。

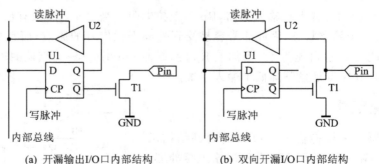

(a) 开漏输出I/O口内部结构　　(b) 双向开漏I/O口内部结构

图 3.18　开漏电路内部结构

当执行读操作时,在读信号的作用下,锁存在 Q 的输出信号经过缓冲器 U2 回读到内部总线,此时读到的不是外部 Pin 引脚的状态,而是锁存器的状态,所以在开漏输出模式下,Pin 不能用作数据输入。

如图 3.18(b)所示为双向开漏 I/O 口的内部结构示意图。由于 T1 的漏极与缓冲器 U2 的输入端相连，因此具有这种结构的开漏电路，不仅可以用作数据输出，也可以用作数据输入。但在执行读操作之前，必须先保证 T1 处于关闭状态，即向输出锁存器写 1；否则，当 T1 处于导通状态时，最终读到的状态始终为 0。

如图 3.19 所示，如果误使 T1 导通，则 Pin 引脚将被强制拉到 GND。此时如果 V_{CC} 通过串联限流电阻(3.3～10 kΩ)接入开漏电路，尽管看起来为高电平信号输入，但读到的状态却仍然是低电平；如果去掉限流电阻 R，在开漏电路中强制接入 V_{CC}，则可能烧毁晶体管 T1。

由于开漏结构在内部总线输出为 1 时 T1 完全断开，因此它完全没有驱动能力；反之，由于 T1 导通，因此开漏结构在内部总线输出为 0 时具有较强的吸收电流能力。在实际的应用中，一般都会外接一个上拉电阻 Rp，这样就能够获得高电平输出，详见图 3.20。但由于 Rp 是弱上拉电阻，因此输出高电平时的驱动能力较弱，其驱动能力不如推挽电路，虽然可以驱动逻辑电路，但却不适宜直接用作功率输出接口电路。如图 3.21 所示为开漏结构直接驱动小功率 LED 电路图。当输出为 0 时，LED 发光；当输出 1 时，LED 熄灭。通常在应用中可省略外部上拉电阻。

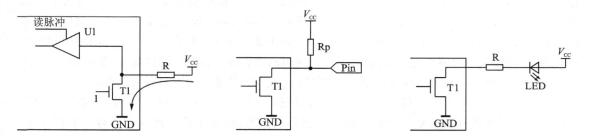

图 3.19　开漏结构输入口　　图 3.20　开漏结构外接上拉电阻　　图 3.21　开漏结构直接驱动 LED

开漏结构的好处之一是能够很方便地实现"线与"逻辑。如图 3.22 所示的 T1 和 T2 是 2 个开漏输出晶体管电路，它们的漏极并联连接到上拉电阻 Rp，这样就具备了"线与"逻辑功能。只有当 T1 和 T2 同时输出为 1 时，才能从 Pin 引脚得到 1；但如果 T1 和 T2 只要有一个输出为 0，则从 Pin 引脚处得到的总是 0，即符合"与"逻辑关系。

如果电路为推挽结构，则无法实现"线与"逻辑关系。如图 3.23 所示，当 2 个推挽电路的引脚直接相连时，如果一个输出为 1，而另一个输出为 0，则会构成一个消耗很大电流的通路，以至于电路无法正常工作，甚至会烧毁内部电路。

开漏结构的好处之二是能够很方便地实现不同逻辑电平之间的转换。在 MCU 应用电路中，最常见的逻辑电平有 3.3 V 和 5 V 两种标准。对于推挽结构的 2 个引脚，如果输出逻辑电平不相同，则不能直接相连。但具有开漏结构的 I/O 则可以直接相连，因为其内部没有上拉电阻。不论 MCU 是 3.3 V 还是 5 V，当开漏 I/O 通过上拉电阻外接 3.3 V 时，就能够与 3.3 V 的逻辑电平兼容；当开漏 I/O 通过上拉电阻外接 5 V 时，就能够与 5 V 的逻辑电平兼容。

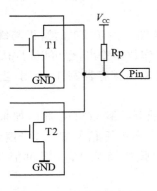
图 3.22 "线与"用法

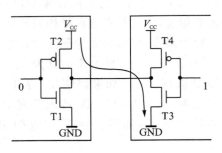
图 3.23 不能"线与"

恩智浦半导体(NXP)发明的 2 线制 I^2C 总线就是开漏结构,因此很容易在同一个数字系统中实现不同逻辑电平之间的相互连接和通信。

3.6.4 弱上拉和准双向电路

如图 3.24(a)所示为类似于开漏输出的弱上拉输出 I/O 口的内部结构示意图。与开漏输出相比,这种结构只是多了一个内部弱上拉电阻 Rp,因此可以在不接外部上拉电阻的情况下输出高电平。由于输出锁存器 U1 的 Q 与读入缓冲器 U2 的输入端互连,因此弱上拉电路结构不具备 Pin 引脚读取功能,只能读取其自身的输出状态。由于弱上拉输出结构的特性与开漏结构非常类似,因此输出高电平时驱动能力弱,输出低电平时驱动能力强;同样也具有"线与"逻辑功能,当然也可以省略外部上拉电阻,但在不同逻辑电平之间互连时,其兼容性不如开漏结构。

如图 3.24(b)所示为准双向 I/O 口的内部结构示意图。在作为输入使用前,必须先向该口进行写 1 操作关闭 T1,然后才能正确地读到外部信号;否则不论外部输入信号为 0 还是 1,都可能因为 T1 导通而读到的结果总是 0。

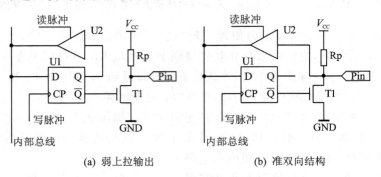

(a) 弱上拉输出   (b) 准双向结构

图 3.24 弱上拉输出和准双向结构

注意:准双向 I/O 口既可以输出高电平,也可以输出低电平,但高低电平的驱动能力差异性很大。当输出为 0 时,其 I/O 口具有很强的吸收电流能力;当输出为 1 时,由于内部存在弱上拉电阻,因此驱动能力很弱。

如图 3.25 所示为准双向 I/O 口输出高电平时驱动负载的情况。内部弱上拉电阻 Rp 通常在数十 kΩ 以上，但由于负载 R_L 通常都在几 kΩ 以下，因此分压的结果是在 Pin 处得到低电平。

为了便于理解各种 I/O 结构的特性，在此特别总结了各种 I/O 口结构之间的差异，详见表 3.5。

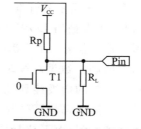

图 3.25　准双向 I/O 口输出高电平驱动特性

表 3.5　I/O 结构特性表

I/O 类型		输入结构	推挽结构	开漏结构	准双向结构
基本特性		高阻抗 施密特触发	CMOS 互补输出 上下对称	无上拉晶体管 强下拉晶体管	弱上拉电阻 强下拉晶体管
输入/输出		仅输入	仅输出	输出或双向	双向
驱动能力	输出 1	—	强	无	弱
	输出 0	—	强	强	强
"线与"逻辑		—	不支持	支持	支持
3 V/5 V 兼容性		—	不兼容	很好	一般

3.7　80C31Small 的 I/O 结构

3.7.1　P0 口

P0 口是一个多功能的 8 位 I/O 口，可以按字节访问，也可以按位访问；其字节访问地址为 80H，位访问地址为 80H～87H。

如图 3.26(a)所示为 P0 口的位结构示意图。P0 既可作为 I/O 口，也可作为地址/数据总线。当 P0 用作 I/O 口时，由于来自 MCU 的控制信号为 0，因此上拉晶体管将始终处于关闭状态，与此同时 MUX 多路选择器将下拉晶体管的栅极切换到锁存器的输出端 $\overline{Q}$，这样自然也

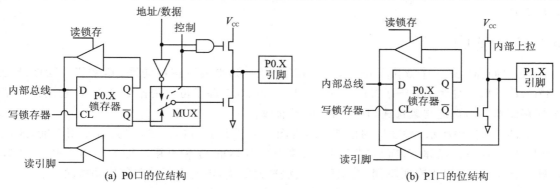

(a) P0 口的位结构　　　　　　　　　　(b) P1 口的位结构

图 3.26　P0 与 P1 口的位结构图

就成了等效于图 3.18 所示的开漏 I/O 结构。由于内部没有上拉电阻而呈现高阻态,所以不能输出 HIGH,但能正常输出 LOW,因此在实际的使用中,P0 口常常外接上拉电阻。无论是读锁存还是读引脚选通信号,CPU 都会在执行相应的指令时自动作出选择。

当 P0 口用作地址/数据总线时,由于来自 CPU 的控制信号为 1,因此会控制 MUX 多路选择器将下拉晶体管的栅极接到地址/数据信号反相器的输出端。如果地址/数据信号为 1,则上拉晶体管会被选通,同时下拉晶体管被关闭,最终形成强上拉输出;如果地址/数据信号为 0,则上拉晶体管被关闭,而下拉晶体管导通,最终形成强下拉输出。所以当 P0 口作为地址/数据总线使用时,其内部结构等效于推挽结构,因此可省略上拉电阻。如果 P0 用作数据输入,则等效于高阻输入结构。

3.7.2　P1 口

P1 口是一个 8 位 I/O 口,可以按字节访问,也可以按位访问;其字节访问地址为 90H,位访问地址为 90H~97H。

如图 3.26(b)所示为 P1 口的位结构示意图,包含输出锁存器、读引脚与读锁存输入缓冲器,以及由 FET 管与内部上拉电阻组成的输入/输出驱动器。

P1 口类似于图 3.24 的准双向结构,其输出特性为强下拉和弱上拉。从 P1 口的位结构图可以看出,有两种"读口"的操作方式,它们分别为读引脚操作和读锁存器操作。

> 在执行"MOV A,P1"与"MOV direct,P1"这样的读引脚指令时,引脚的电平通过缓冲器进入内部总线。通过 3.6 节对准双向电路的学习我们知道,在执行这类指令之前,必须先向该口进行写 1 操作关闭 FET 管,然后才能正确地读到外部信号。

> 在执行读锁存器指令时,单片机先将锁存器的值通过缓冲器读入内部总线,然后重新写到锁存器中,这就是"读—修改—写"指令,这类指令包含对所有口的 ANL、ORL 和 XRL 逻辑操作以及 JBC、CPL、MOV、SETB 和 CLR 位操作指令。

3.7.3　P2 口

P2 口是一个多功能的 8 位 I/O 口,可以按字节访问,也可以按位访问;其字节访问地址为 0A0H,位访问地址为 A0H~A7H。

如图 3.27(a)所示为 P2 口的位结构示意图,类似于 P0 口,但输出上拉有所不同。当作为 I/O 使用时等效于弱上拉电阻;当作为地址总线时为强上拉晶体管,内部电路会自动根据情况作出选择。

3.7.4　P3 口

P3 口同样也是一个 8 位 I/O 口,可以按字节访问,也可以按位访问;其字节访问地址为 0B0H,位访问地址为 B0H~B7H。其中的 P3.6 和 P3.7 除了可以用作 I/O 之外,还用作外部数据存储器的写选通与读选通,且均为低电平有效。

如图 3.27(b)所示为 P3 口的位结构示意图。类似于 P1 口,但 P3 口具有复用功能,通过"与非"门控制下拉晶体管,而"与非"门输入来自锁存器的 Q 和复用功能的输出控制。P3 口的输入结构和 P1 口也有所不同,它采用 2 级缓冲器结构,中间多了一路复用功能输入。

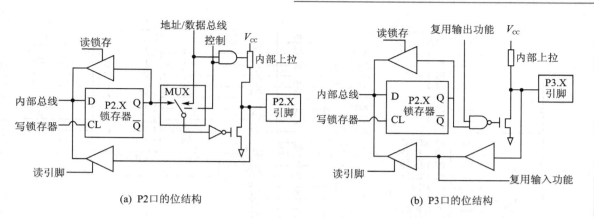

图 3.27 P2 和 P3 口的位结构图

而对于 80C51 系列单片机来说，除了 P3.6 与 P3.7 之外，P3.0～P3.5 分别为 RXD(串行输入口)、$\overline{\text{INT0}}$(外部中断 0 的请求)、$\overline{\text{INT1}}$(外部中断 1 的请求)、T0(定时器/计数器 0)、T1(定时器/计数器 1)和 TXD(串行输出口)，详见本书的姊妹篇《项目驱动——单片机应用设计基础》[3]。

3.8 并行扩展

3.8.1 并行总线

在很多应用场合，当单片机自身的存储器和 I/O 资源不能满足要求时，可以考虑利用并行总线进行系统扩展。并行总线是采用并行传送方式在单片机与外部设备之间交换数据的一种通信方式。它的特点是能够同时传送多位二进制数，采用应答式的联络信号来协调双方的数据传送操作。并行总线的好处是一次能够传输多位数据，因而传输速度极快；但缺点是占用的引脚较多，且不适合远距离传输。

80C51 系列单片机的并行总线信号是由数据总线(D0～D7)、地址总线(A0～A15)和 ALE、$\overline{\text{PSEN}}$、$\overline{\text{WR}}$、$\overline{\text{RD}}$ 控制信号构成的。限于引脚数目和封装大小，并行总线和 I/O 口是复用的，尤其是 P0 口同时复用为数据和地址。

如图 3.28 所示为 80C51 并行总线应用的最基本电路形式，仅在最小系统电路的基础上增加了一个地址锁存器 74HC573。74HC573 是 8 路 D 型透明锁存器，其作用是将低 8 位(A0～A7)地址总线从 P0 口分离出来。最终形成的单片机对外的并行总线是：

- 数据总线——D0～D7，来自 P0 口，双向；
- 地址总线——A0～A15，来自 P0 和 P2 口，输出；
- 控制信号——读程序信号 $\overline{\text{PSEN}}$，写数据信号 $\overline{\text{WR}}$(来自 P3.6)，读数据信号 $\overline{\text{RD}}$(来自 P3.7)，这些控制信号都是输出性质。

第3章 单片计算机硬件结构

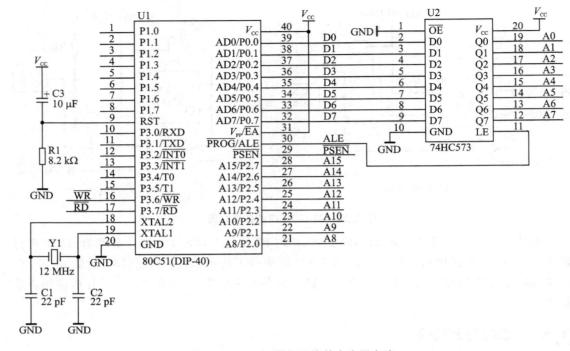

图 3.28 80C51 并行总线基本应用电路

3.8.2 外部程序存储器扩展

由于 80C31 单片机没有片内 ROM，因此必须外扩程序存储器才能使用。随着单片机内置 Flash 存储器技术的发展，虽然很少再需要外扩了，但是外扩程序存储器始终是单片机经典的电路用法之一，且对后续学习 32 位嵌入式系统硬件电路的设计帮助很大，因此非常有必要了解。

如图 3.29 所示为 80C51 系列单片机利用并行总线接口外扩程序存储器的电路图。台湾

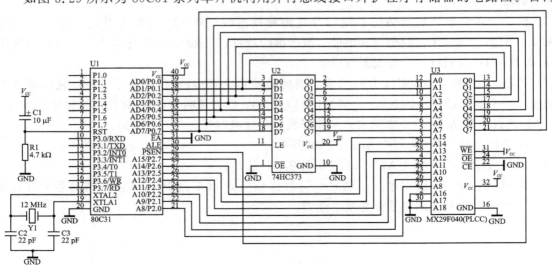

图 3.29 外扩程序存储器（$\overline{EA}=0$）

MXIC 半导体公司的 MX29F040 是容量为 512 KB 的并行 Flash 存储器,由于单片机能够外扩程序存储器的最大容量为 64 KB,因此只需将多余的地址线 A16～A18 接地,即可当作 64 KB 的 Flash 使用。

片选引脚 $\overline{\text{CE}}$ 可以接 GND,数据输出使能信号 $\overline{\text{OE}}$ 由 $\overline{\text{PSEN}}$ 来控制。

3.8.3 外部数据存储器扩展

在实际的应用中,常常需要大容量的数据存储器,由于片内最多只有 256 字节 RAM,因此外扩数据存储器至今仍然应用十分广泛。事实上,现今内置 Flash 的 80C51,其片内程序存储器已达 32 KB 以上,而片内的 256 字节 RAM 在比例上显然极不相称。如图 3.30 所示是利用 IS62C256AL 外扩 32 KB SRAM 的典型应用电路,片选信号 $\overline{\text{CE}}$ 直接用 A15 来控制可省略地址译码器,数据输出使能 $\overline{\text{OE}}$ 和写入使能 $\overline{\text{WE}}$ 分别由 $\overline{\text{RD}}$ 和 $\overline{\text{WR}}$ 控制。

80C51 属于哈佛存储结构,即外扩程序存储器和数据存储器虽然共用数据总线和地址总线,但控制信号是独立分开的,因此总的寻址空间是 128 KB。事实上,80C51 也能支持程序存储器和数据存储器相统一的冯·诺依曼存储结构。其典型应用电路详见图 3.31,这种用法最适合将 RAM 作为程序存储器来使用,早期的 80C51 仿真器就是采用这种方法实现的。$\overline{\text{RD}}$ 和 $\overline{\text{PSEN}}$ 经单路"与"门逻辑 74AHC1G08 联合控制 $\overline{\text{OE}}$,$\overline{\text{WR}}$ 仍然控制 $\overline{\text{WE}}$,程序和数据就映射在同一个 64 KB 空间内。在实际应用中,可以先用 MOVX 指令(产生 $\overline{\text{WR}}$ 信号)把目标程序代码写入存储器(此时代码被当作数据),然后用 LJMP 或 LCALL 指令跳转过去执行(此时代码才真正作为程序),读取存储器内容时用 MOVC 指令(产生 $\overline{\text{PSEN}}$ 信号),也可以用 MOVX 指令(产生 $\overline{\text{RD}}$ 信号)。

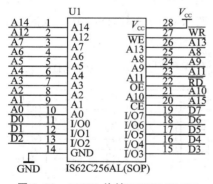

图 3.30　80C51 外扩 32 KB SRAM

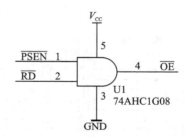

图 3.31　冯·诺依曼接法

3.8.4 地址译码

地址译码是并行扩展里的一个重要概念。在前面的存储器扩展用法中电路结构都比较简单,不需要地址译码,但在一些综合性总线扩展里,为了区分挂在同一总线上的不同器件,必须通过地址译码的方法加以区分。74HC 系列常用的地址译码芯片有 74HC138 和 74HC139。74HC138 是 3-8 译码器,74HC139 是双 2-4 译码器。如图 3.32 所示为 74HC139 作为地址译码器的一种典型用法。还有一类可编程的 FPGA 器件也常用作地址译码器。

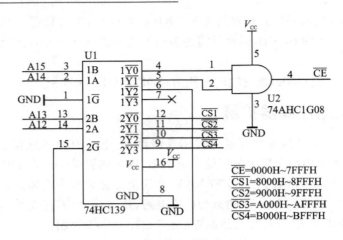

图 3.32 74HC139 地址译码示例

3.8.5 并行扩展 I/O

80C51 单片机有 4 个并行 I/O 端口,在大多数情况下都已经够用,但在用并行总线外扩存储器等用法里,P0 和 P2 端口都已经被占用,再加上 P3.6($\overline{\text{WR}}$)和 P3.7($\overline{\text{RD}}$),剩余的 I/O 仅有 14 个。采用并行扩展的方法也可以增加并行 I/O 端口。

由于常见的 74 系列并行 I/O 芯片有 74HC245、74HC373/573 和 74HC374 等器件,具有电路简单、成本低、驱动能力强等优点,因此应用非常广泛。如图 3.33 所示是通过片选信号 $\overline{\text{CS}}$、$\overline{\text{WR}}$、$\overline{\text{RD}}$ 与 D0~D7 数据总线扩展并行输入与输出的经典接口电路。其中,$\overline{\text{CS}}$ 来自类似于图 3.32 中的地址译码器输出,与之相应的硬件电路详见 Altair-80C31Small 实验区 A6。

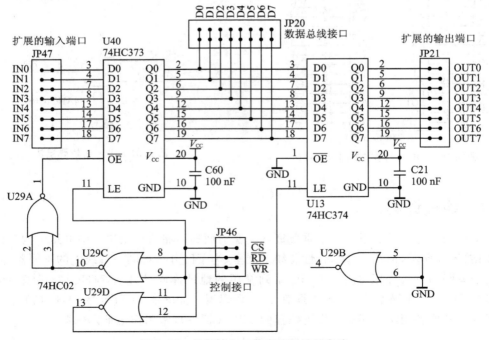

图 3.33 并行输入与输出端口扩展电路

3.9 编程运行实验

3.9.1 计算机微小系统

在第 2 章中,我们用分立器件设计并实现了一个 16 字节的 ROM128 存储器。尽管 ROM128 存储器由于存储空间太小还达不到商用的目的,但如果用"单片机＋74HC373＋ROM128 存储器(16 字节)"来构建一个计算机微小系统还是非常有价值的,至少可以帮助初学者熟悉存储器的结构并运行不超过 16 字节的实验程序,其电路原理图详见图 3.34。我们在前面的实验中已经熟悉了 LED 显示器、74HC373 与 ROM128 存储器的使用方法,唯一没有用过的就是 B2 实验区的 80C31Small 单片机,以及与之相关的复位电路与振荡电路,这正是本实验要解决的问题,请读者根据相关的知识构建计算机微小系统电路。

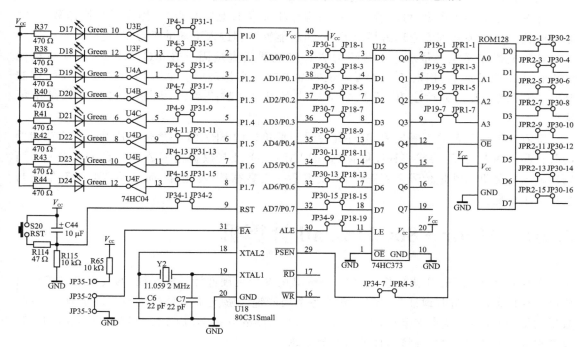

图 3.34 计算机微小系统电路原理图

请想一想,为什么要将 JPR2_1～JPR2_15 与 JP30_2～JP30_16 连在一起?

3.9.2 最简单的程序

下面将运行一段最简单的测试程序,程序的目标是完成一个简单的加法运算 1＋2,并用二进制将运算结果显示出来(详见程序清单 3.1)。这里先复习一下二进制与十进制的关系:0000B＝0,0001B＝1,0010B＝2,0011B＝3,0100B＝4,0101B＝5,0110B＝6,0111B＝7,1000B＝8,1001B＝9,1010B＝10,1011B＝11,1100B＝12,1101B＝13,1110B＝14,1111B＝15。

第 3 章　单片计算机硬件结构

程序清单 3.1　"1＋2"程序范例

地　　址	操作码和操作数	助记符		注　　释
0000 0000	0111 0100	MOV	A，＃01H	；累加器 A 取数字 1,2 字节指令
0000 0001	0000 0001			
0000 0010	0010 0100	ADD	A，＃02H	；累加器 A 的内容加 2,2 字节指令
0000 0011	0000 0010			
0000 0100	1111 0101	MOV	P1，A	；累加器 A 的内容送 P1,2 字节指令
0000 0101	1001 0000			
0000 0110	1000 0000	SJMP	0006H	；程序在原地循环执行
0000 0111	1111 1110			；相当于停机命令,2 字节指令

　　如果电路连接无误，且输入指令正确，此时只需要在打开电源开关之后，按下 RST 复位键，将会通过 B1 实验区的 I/O 显示电路看到数据 3，即显示器的状态为 0000 0011。

　　仔细观察上述指令表，可以看到一些与程序相关联的地址和指令（操作码与操作数）。如果能够找到这些关联和完全理解指令的格式，就能够顺利进入下面的学习了。

　　计算机微小系统是依靠人工跳线的方式将机器码直接固化在 ROM 中的，尽管与现代计算机相比非常原始，但对于初学者来说非常直观且容易理解。如果用户需要更大的存储空间，不仅成本会大幅度上升，而且电路板的面积也会越来越大，很显然这种方式是不可取的。

　　随着半导体工艺的不断发展，高存储容量与低价格的 SRAM 自然也就成为 ROM 存储器的替代品。由此可见，要想将程序固化到 SRAM 中，地址与数据输入装置是必不可少的。而判断输入的数据与地址信号是否正确，不仅需要一套数据读/写电路，而且还需要一套地址与数据显示电路。

3.10　Altair－80C31Small 计算机

　　Altair－80C31Small 就是基于 80C31Small 的 8 位纯硬件计算机系统，通过发光二极管直接显示存储器的二进制地址和数据。它的各个功能键能够支持实验系统的二进制地址寻找、数据的读/写校验以及全速运行，因此 Altair－80C31Small 是学习 CPU 机器指令的最佳利器，也是掌握计算机最基本、最核心技术的有效工具。

3.10.1　最小系统

　　其实在 SRAM 读/写实验中，我们已经掌握了输入程序的操作方法，事实上对存储器的每个存储单元写入二进制数据就是 Altair－80C31Small 计算机的编程方式。但如果要使该系统能够执行程序，还需要对前面的电路再作一些改进。Altair－80C31Small 计算机系统电路原理图详见图 3.35，其实验过程如下：

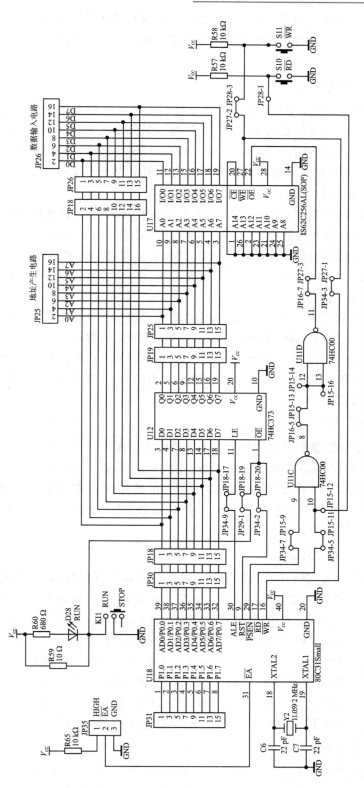

图3.35 Altair–80C31Small计算机系统电路原理图

先通过存储器手动输入编程电路,将 80C31Small 单片机要执行的指令一一输入到存储器相应的单元中;然后关闭手动输入编程系统,由 80C31Small 接管存储器电路,并开始执行由手动系统输入的各条指令。

1. RESET 复位功能

这里要用到 80C31Small 单片机的一个重要特性——复位特性。当 A4 实验区 K11 开关处于 STOP 位置时,80C31Small 的 RESET 复位输入端为高电平,即单片机处于复位状态,禁止地址锁存器 74HC373 工作,80C31Small 所有的总线(地址、数据和控制)均为输入(高阻)状态,即 CPU 不工作,芯片的各个端口均不会对外接电路产生任何影响,此时手动输入编程电路就可以对存储器进行操作了。

当 K11 拨到 RUN 位置时,RESET 引脚输入的电平由高到低,即关闭手动地址输入编程电路,80C31Small 单片机和地址锁存器 74HC373 同时选通,80C31Small 的地址、数据和控制三总线有效,80C31Small 的地址线接管存储器,计算机立即进入全速运行状态,程序从 0 地址开始执行指令。Altair - 80C31Small 计算机就是利用这一特性来实现存储器电路的程序手动输入与程序运行功能切换的。

因为在手动输入程序时,80C31Small 单片机需要让出所有的总线,因此 80C31Small 的地址锁存器 74HC373 应该处于非工作状态,即用杜邦线将 B2 实验区与 80C31Small 的 RESET 引脚相连的 JP34_2,连接到 B3 实验区与 74HC373 的 $\overline{OE}$ 端相连的 JP18_20;然后用杜邦线再将与 80C31Small 的 RESET 引脚(JP34_2)相连的 JP18_19,连接到 A4 实验区与运行控制电路 RESET 端相连的 JP29_1。

2. $\overline{WE}$ 与 $\overline{WR}$ 引脚

$\overline{WR}$ 为外部数据存储器的写控制信号。当手动输入程序时,CPU 处于不工作的复位状态,此时只要按下 S11($\overline{WR}$)键,$\overline{WE}$ 即为低电平,程序代码立即被写入 SRAM 存储器中;当 CPU 处于全速运行状态时,CPU 将接管 SRAM 存储器。用杜邦线将 B2 实验区与单片机 $\overline{WR}$ 相连的 JP34_3 连接到 A8 实验区与外部 SRAM 数据存储器 $\overline{WE}$ 相连的 JP27_1,同时用杜邦线将 JP27_2 与 JP28_3 连接即可。

3. $\overline{PSEN}$ 与 $\overline{RD}$、$\overline{OE}$ 引脚

$\overline{PSEN}$ 与 $\overline{RD}$ 分别为外部程序存储器和外部数据存储器的读控制信号(它是用 2 个"与非"门组合而成的,典型的冯·诺依曼接法)。在 STOP 状态下,$\overline{PSEN}$ 不起作用。当按下 S10($\overline{RD}$)键时,$\overline{OE}$ 即为低电平,此时可读出 SRAM 中的代码;当系统处于 RUN 状态时,在 $\overline{PSEN}$ 信号的作用下,80C31Small 就可以读到存储器里面的指令代码了。

分别用杜邦线将 B2 实验区与单片机 $\overline{PSEN}$ 相连的 JP34_7、与 $\overline{RD}$ 相连的 JP34_5,连接到 B5 实验区与 U11C 的输入端相连的 JP15_9、JP15_11;然后通过 U11C 和 U11D 连接到 A8 实验区与存储器 $\overline{OE}$ 端相连的 JP27_3,并将 JP16_5 与 JP15_13、JP15_13 与 JP15_14、JP16_7 与 JP27_3 分别相连,同时将 JP15_12 与 JP28_1(S10)相连就可以读出代码了。

4. A0~A7 地址线

地址总线的情况相对比较复杂。由于 80C31Small 芯片没有专用的低 8 位地址线 A0~A7,其 A0~A7 是由数据总线 D0~D7(P0.0~P0.7)配合地址锁存信号线 ALE 外加一片地

址锁存器 74HC373 构成的。通过 CPU 内部的程序计数器(PC)为 CPU 寻找存储器的地址。这是一种特殊的处理方法，一般来说其他类型的 CPU 由于引脚比较多，其地址线可从 CPU 直接输出，不需要考虑地址与数据线的复用问题。

用并行排线将 B2 实验区与单片机 P0.0～P0.7 相连的 JP30 单号插针，连接到 B3 实验区与 74HC373 输入端 D0～D7 相连的 JP18 单号插针；接着用杜邦线将 B2 实验区与 ALE 相连的 JP34_9，连接到 B3 实验区与 LE 相连的 JP18_17；然后用并行排线将 B3 实验区与 74HC373 输出端 Q0～Q7 相连的 JP19 单号插针，连接到 A8 实验区与存储器 A0～A7 相连的 JP25 单号插针(80C31Small 的低 8 位地址线 A0～A7)；最后用并行排线将与 74HC373 输入端 D0～D7 相连的 JP18 双号插针，连接到 A8 实验区与 D0～D7 相连的 JP26 单号插针，此时存储器地址电路就算接好了。

5. $\overline{EA}$ 引脚

尽管 80C31Small 单片机内置了 16 KB Flash 存储器，但为了便于初学者输入二进制地址和数据，Altair-80C31Small 计算机系统并没有使用内部的 Flash，而是外扩了一片存储器，因此只要将 $\overline{EA}$ 引脚接地，即选择使用外部程序存储器与外部数据存储器。

将 B2 实验区与 $\overline{EA}$ 引脚相连的 JP35 用短路器和 GND 短接，强迫程序计数器(PC)只能从外部程序存储器取指令，80C31Small 就处于从外部存储器取指令的状态。由于 Altair-80C31Small 只连接 8 根地址/数据复用总线，所以其地址范围为 00H～FFH，而不是 0000H～FFFFH。当然，只要将 B2 实验区与 $\overline{EA}$ 引脚相连的 JP35 用短路器和 V_{CC}(+5 V)短接，即可使用内部 16 KB Flash 程序存储器(0000H～3FFFH)。

3.10.2 地址输入电路

如图 3.36 所示为地址输入电路。由于 80C31Small 在运行程序时将独占存储器电路，所以必须在 8 位地址输入电路与存储器地址线 A0～A7 之间增加一组三态门进行隔离。即用短路器将 C1 实验区与 KA0～KA7 相连的 JP7 单号插针和 C1 实验区与三态门相连的 JP7 双号插针短接；接着用并行排线将 C1 实验区与三态门相连的 JP8 单号插针，连接到 B1 实验区与红色 LED 相连的 JP3 单号插针；最后用并行排线将 B1 实验区的 JP3 双号插针，连接到 A8 实验区与存储器 8 位地址线 A0～A7 相连的 JP25 双号插针。

当手动输入地址时，CPU 处于不工作的复位状态。首先用杜邦线将 RESET 复位信号(JP29_2)连接到 U11A 作为输入信号(JP15_2)；接着用短路器将 U11A_1(JP15_1)和 U11A_2(JP15_3)短接成为一个"非"门电路。

由于此时 K11 开关处于 STOP 断开位置，RESET 输出信号为高电平，经过反相变换后与 U11A_3 相连的 JP16_1 输出低电平，详见图 3.37。

然后用杜邦线将 B5 实验区与 U11A_3 相连的 JP16_1，连接到 C1 实验区与三态门 $\overline{EN}$ 相连的 JP7_18，从而保证在地址输入过程中 74HC125 三态门始终是打开的，此时输出与输入信号相同，通过 KA0～KA7 产生的地址信号就直接传递到了存储器的地址线上，接着 JP39_3 与 JP39_4 相连之后，就可以开始输入地址数据了。

第 3 章 单片计算机硬件结构

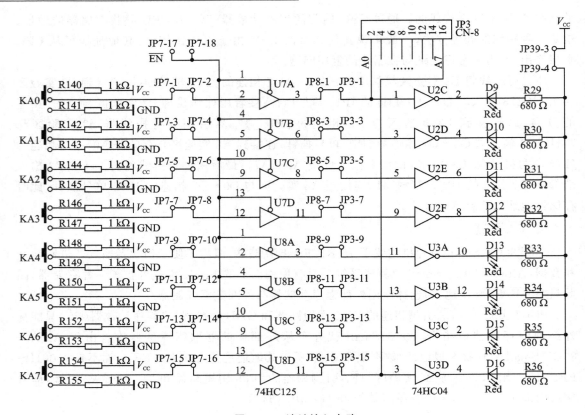

图 3.36 地址输入电路

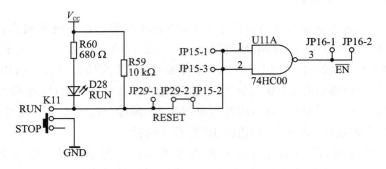

图 3.37 地址输入控制电路

当 CPU 处于全速运行状态时,系统不再依赖手动地址与时钟信号产生电路提供地址信号,而是使用 CPU 内部的程序计数器产生地址信号,所以 KA0~KA7 的输出不得干扰 CPU 内部程序计数器的工作。此时由于 RESET 复位电路输出低电平(D28 点亮),则由"与非"门 U11A 构成的"非"门电路输出高电平,从而保证 74HC125 三态门被关闭,此时无论输入为何种信号,输出均为高阻态,将由 CPU 自带的程序计数器寻址。

请关注图 3.36 与图 2.176 之间的细微差别,在 KA0~KA7 连接到地址线 A0~A7 之前分别串接了 8 个三态门,且用 RESET 信号来控制三态门的打开与关闭。

> **特别提示**
>
> 请改进如图 2.152 所示的地址输入电路为第二方案,即将图 3.36 所示电路左边的拨码开关用 CD4060+74HC393 替代。

3.10.3 运行控制电路

如图 3.38 所示为 Altair-80C31Small 计算机的复位与运行控制电路。当使用手动方式输入程序代码时,CPU 需要让出全部总线以供手动输入电路进行数据输入操作。

由于此时 K11 是断开的,RESET 复位电路输出高电平,此时只要用杜邦线将 A4 实验区与 RESET 电路相连的 JP29_1,连接到 B2 实验区与单片机 RESET 引脚相连的 JP34_2(见图 3.35),即可保证 CPU 处于不工作的复位状态,以达到让出全部总线的目的。

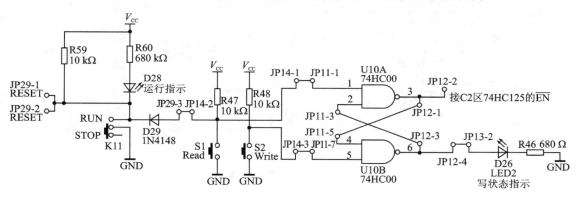

图 3.38 复位与运行控制电路

当程序代码输入完毕经过检查正确无误之后,手动输入编程电路要退出总线控制状态,将存储器的操作交给 CPU。如果二者同时有效,就会发生总线冲突,即地址线和数据线都得不到正确的数据。

此时只要将 K11 闭合,系统即处于 RUN 状态,RESET 复位电路输出低电平,计算机立即进入全速运行状态。由于输入程序的过程完全不依赖于 CPU,因此 Altair-80C31Small 计算机对存储器的操作是分时进行的。由于 RESET 复位电路输出低电平,因此经过反相器输出高电平关闭相应的三态门,手动输入编程电路退出总线控制状态。

3.10.4 数据输入电路

通过学习和实践,我们已经掌握了数据输入电路的设计原理和数据输入的操作过程,因此手动数据输入电路仍然使用 2.12.5 小节的电路来实现。由此可见,只要将图 3.38 所示的 JP12_2 与图 3.39 所示的数据输入电路的 JP5_1 相连即可。

> **特别提示**
>
> 请改进如图 2.164 所示的数据输入电路为第二方案,即将图 3.39 所示电路左边的拨码开关用 74HC164 替代。

第 3 章 单片计算机硬件结构

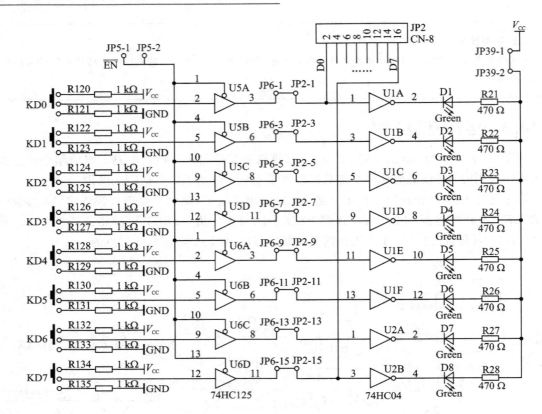

图 3.39 数据输入电路

第 4 章

汇编语言程序设计基础

本章导读

从 8 位单片计算机向 32 位嵌入式应用系统的发展过程中,开发工程师已经很少使用汇编语言来编写程序了,取而代之的是 C 语言。但事实上掌握汇编语言,不仅有助于理解计算机的原理,而且对学习操作系统的帮助依然很大,因为操作系统中的任务切换、用户模式切换到系统模式等很多源代码都是用汇编语言来编写的。

如果读者想在未来成为一位优秀的人才,那么在学习本章时,一定要强迫自己静下心来,坚持将汇编语言学到手,将本书的每一个实验在理解的基础上踏踏实实地做一遍。

特别提示

艰苦的编程实践是学习汇编语言的唯一方法,本章所提供的机器语言代码已全部在计算机微小系统上实现。

4.1 指令格式与寻址方式

4.1.1 指令格式

80C51 系列单片机的指令系统有 7 种寻址方式,共 111 条指令,其中包括乘、除指令和位操作指令,因此能够满足几乎所有的需求。由于它有 16 位地址线(A15~A0),因此可寻址 64 KB 程序存储器空间和 64 KB 数据存储器空间(0000H~FFFFH)。

本节主要介绍并通过实验验证 80C51 的所有指令,从指令执行的细节中掌握 CPU 的内部结构。Altair-80C31Small 是一台 8 位计算机,因为 8 位二进制是最常用的数据形式,因此它有一个特殊的名字——字节。

8 位计算机的基本指令格式就是字节,因为 CPU 每次只能从与它配套的存储器读到一个字节的内容。指令字节除了解释指令是做什么操作的,还必须处理与命令相关的数据,所以 80C51 的指令中多数都超过一个字节,人们将这种指令字节数不一样的指令集称为复杂指令集。

在系统介绍指令之前,下面将通过一段具体的程序来说明传送指令的作用,了解指令的存储及指令的一般表达方式。假设在 P1 口上外接 8 个显示其电平状态的发光二极管,其任务是

第4章 汇编语言程序设计基础

通过 CPU 将数据 0101 0101B 传送到 P1 口。通过前面的学习可知,运行程序需要一个固定的起始点,一般来说 CPU 都是从 0 地址开始执行的,Altair-80C31Small 也不例外,详见程序清单 4.1。

程序清单 4.1 LED 显示程序范例

地　　址	操作码和操作数	注　　释
0000 0000	0111 0100	;(操作码)累加器 A 取下一地址存储单元的内容
0000 0001	0101 0101	;(操作数)将要读入累加器 A 的数据
0000 0010	1111 0101	;(操作码)将累加器 A 的内容送到下一地址存储单元所指定的地址
0000 0011	1001 0000	;(操作数)将要送到指定地址的参数
0000 0100	1000 0000	;(操作码)绝对无条件转移指令
0000 0101	1111 1110	;(操作数)循环执行地址的参数

程序右边分号后的内容仅解释指令的含义,程序注释前括号中的内容不是操作码就是操作数。标注有操作码的字节表明是操作码,例如 0000 0000 地址单元的 0111 0100 是操作码;标注操作数的地址单元表明是操作数据,例如 0000 0001 地址单元的 0101 0101 是操作数,因此这条指令是由 2 个部分组成的双字节指令。

指令指示所在存储单元的二进制数字是明确规定的,其内容是不能改变的。如果改变 0000 0000 地址单元的 0111 0100,那么指令的意思就完全不一样了,而操作数据则可以根据需要而改变。假设老师"命令"学生写作文,学生必须拿起笔在稿纸上写字,但学生在纸上写什么字,老师是不能预先规定的,学生会根据自己对作文的理解而书写不同的内容,但要求学生在稿纸上写字是确定不变的。程序清单 4.1 指令的具体解释如下:

▶ 命令累加器 A 取进数据 0101 0101。
▶ 命令累加器 A 将自己的内容送到 P1 口,1001 0000 为 CPU 内部 P1 口的地址(90H)。
▶ 停机命令,这条指令的具体意思为"程序转移",对 CPU 来说是没有停机这个概念的, CPU 只要一工作就是不断地重复进行"取指—执行"的过程。如果要让 CPU 达到停机的效果,那么只需要让它在一个什么也不做的闭环里打转就行了。

为了方便编程和规范程序的书写,CPU 制造商都会为指令规定一套助记符。使用助记符的好处是能帮助用户迅速编写和阅读程序。由助记符组成的语言约定为汇编语言,程序清单 4.1 就是由汇编语言程序翻译出来的计算机能够认识的机器语言,程序清单 4.2 是在程序清单 4.1 加助记符后的格式。

程序清单 4.2 汇编程序范例

地　　址	操作码和操作数	助记符
0000 0000	0111 0100	MOV　A,♯01010101B
0000 0001	0101 0101	
0000 0010	1111 0101	MOV　P1,A
0000 0011	1001 0000	
0000 0100	1000 0000	SJMP　0004H
0000 0101	1111 1110	

4.1.2 寻址方式

在了解 CPU 的指令格式、程序的表现形式以及助记符的使用之后,下面将从数据传送指令开始全面学习 CPU 的指令集。

数据传送其实就是将数据从一个地方送到另一个地方,那么寻址方式就是用于说明操作数所在地址的方法。按照数据传送起始地点的不同,80C31Small 单片机共有 7 种数据传送方式,分别为立即寻址、直接寻址、寄存器寻址、寄存器间接寻址、相对寻址、变址寻址和位寻址。

1. 立即寻址

所谓立即寻址,就是直接将操作数据放在指令字节后面的地址单元中。程序清单 4.2 中的第 1 条指令"MOV A,♯01010101B",首先取出指令机器操作码 0111 0100,同时程序计数器 PC 自动加 1,指令译码器得出该指令为双字节立即数寻址指令,其 PC+1 单元中存放立即数 55H,于是将立即数 55H 送入累加器 ACC,其执行过程详见图 4.1。立即寻址的标识符为"♯"号,数据前加上"♯"号便表示指令是立即寻址。

图 4.1 "MOV A,♯55H"执行示意图

2. 直接寻址

直接寻址就是将地址包含在指令中的寻址方式,也就是说,操作数是直接以单元地址的形式给出的,单元地址中存放的内容就是操作数。例如,程序清单 4.2 中的第 2 条指令"MOV P1,A",指令的参数中包含了数据的存放地址,P1 为直接寻址地址,该指令的含义是将累加器 ACC 的内容(0101 0101B)送到 P1 口,而不是将指令后面的数据 1001 0000B 送到 P1 口,此处的 1001 0000B 其实就是 P1 口在 SFR 的直接地址(90H),其执行过程详见图 4.2。

由于直接寻址方式只能是 8 位地址,因此其寻址范围只限于片内,具体地说:

- 片内 RAM 的 00H~7FH——在指令中直接以单元地址的形式给出;
- 特殊功能寄存器 SFR 的地址空间——除了以单元地址的形式给出外,还能以寄存器符号的形式给出,而且直接寻址是访问特殊功能寄存器的唯一方法;
- 位地址空间。

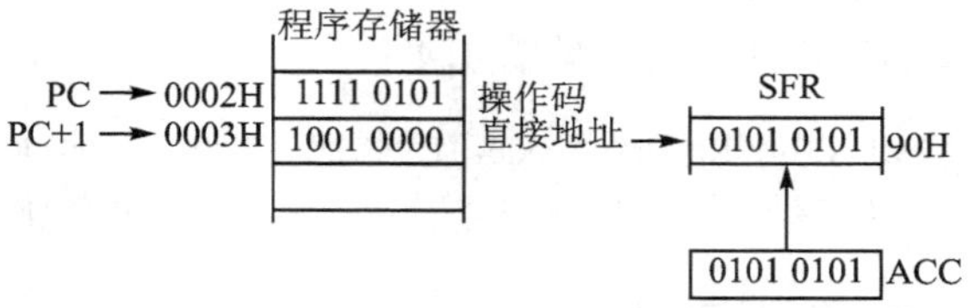

图 4.2 "MOV P1,A"执行示意图

3. 寄存器寻址

寄存器寻址是指在指令中将指定寄存器的内容作为操作数,因此指定寄存器就能得到操作数。在寄存器寻址中,用符号名称来表示寄存器。例如,"INC Rn"是将寄存器 Rn 的内容加 1,再送回到 Rn 中。由于操作数在 Rn 中,指定了 Rn,也就得到了操作数。该指令的操作机器码为 0000 1rrr,其中 rrr 与 R0~R7 的指令参数相对应,即 000~111 对应 R0~R7。

如图 4.3 所示为执行"INC R0"指令示意图,程序计数器 PC 对应的操作码为 0000 1rrr→0000 1000。我们知道,片内 RAM 的 128 字节是从 0 地址开始的,先是 4 组工作寄存器,且每组都有 8 个工作寄存器 R0～R7，由 RS1：RS0 确定选择 4 组工作寄存器中的一组。

由于单片机复位后自动选用第 0 组工作寄存器，因此 PSW 中的 RS1：RS0 为 00，即 R0 寄存器对应片内 RAM 的地址为 00000(RS1：RS0) 000(rrr)。

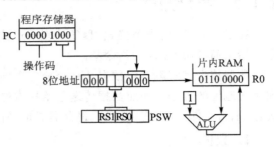

图 4.3 "INC R0"执行示意图

4. 寄存器间接寻址

将地址存储在某一个寄存器中，然后再从所指定的地址中取操作数的方式就是寄存器间接寻址。在寄存器寻址方式中，寄存器中存放的是操作数；而在寄存器间接寻址方式中，寄存器中存放的是操作数的地址，即操作数是通过寄存器间接得到的，因此称之为寄存器间接寻址。为了区别寄存器寻址和寄存器间接寻址，在寄存器间接寻址中，应当在寄存器的名称前面加前缀"@"。寄存器间接寻址的寻址范围：

- ▶ 片内 RAM，00H～7FH——只能使用 R0 或 R1 为间接寄存器，书写为@Ri(i=0 或 1)；
- ▶ 堆栈区——堆栈操作指令 PUSH 和 POP 也可以算作寄存器间接寻址，即以堆栈指针(SP)作间址寄存器的间接寻址方式；
- ▶ 片外 RAM，0000H～FFFFH——在访问外部 RAM 的页内地址 xx00H～xxFFH 时（高 8 位地址不变），用 R0 或 R1 为间接寄存器；在访问外部 RAM 整个 64K(0000H～FFFFH)地址空间时，用数据指针 DPTR 来间接寻址。

若要找到程序清单 4.2 后面的地址 0000 0001B 中的数据 0101 0101B，那么可以使用以下 2 条指令来完成操作。执行完这 2 条指令后，则可以在 ACC 中读到 0101 0101B，详见图 4.4。

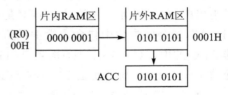

图 4.4 "MOVX A，@R0"执行示意图

```
MOV    R0,#00000001B        ;0000 0001B 对应片外 RAM 区 0001H 单元
MOVX   A,@R0                ;将片外 RAM 区 0001H 单元的内容传送到累加器 A
```

5. 相对寻址

相对寻址是以指令中给出的操作数为程序转移的偏移量，其地址偏移量以 rel 表示。因此，将 PC 的当前值加上偏移量就构成程序转移的目的地址，而 PC 的当前值是指执行完转移指令后的 PC 值(转移指令的地址+转移指令的字节数)，即：

目的地址＝PC 当前值＋rel＝(转移指令所在的地址＋转移指令字节数)＋rel

其中，rel 为一个带符号的 8 位二进制补码数，因此 rel 的取值范围为－128～＋127。也就是说，以指令的所在地址为基点，向前最大可转移(127＋转移指令字节数)个单元地址，向后最大可转移(128－转移指令字节数)个单元地址。如图 4.5 所示为程序清单 4.2 中的第 3 条指令"SJMP 0004H"示意图，SJMP 是一条双字节相对寻址指令，转移指令的字节数为 2，转移指令所在的地址为 0004H，其程序转移目的地址为 0004H，则：

rel＝0004H－(0004H＋2)＝[－2]$_{补}$＝(1111 1101＋1)＝1111 1110

6. 变址寻址

变址寻址是80C51系列单片机指令系统一种重要的寻址方式。它以程序计数器 PC 或数据指针 DPTR 作为基址寄存器,用于存放一个存储区域的地址;以累加器 A 作为变址寄存器,用于存放存储

图 4.5 "SJMP rel"执行示意图

区域中想要访问的数据的偏移量,即 8 位无符号的偏移量,两者内容相加形成的 16 位程序存储器地址作为指令操作数的地址。这种方式常用于读取程序存储器中的内容,详见 4.2.2 小节中的详细介绍。

7. 位寻址

由于单片机具有位处理功能,可以对数据位进行操作,因此就有相应的位寻址方式。片内 RAM 中的位寻址区:片内 RAM 中的单元地址 20H～2FH,共 16 个单元 128 位为位寻址区,位地址是 00H～7FH,对这 128 个位的寻址使用直接位地址表示。

另外,对于 80C31Small 单片机 10 个 SFR 中字节地址能被 8 整除的特殊功能寄存器的每一位,也具有可位寻址的地址。对这些寻址位在指令中可用以下方式表示:

> 直接使用位地址表示方法,如 0D3H;
> 采用字节地址位方式表示,两者之间用"."隔开,如 20H.0;
> 采用字节寄存器名加位数表示,两者之间用"."隔开,如 P1.5、PSW.5 等;
> 采用位寄存器的定义名称表示,如 F0。

4.2 数据传送指令

数据传送指令共 28 条,可分为内部数据传送指令、外部数据传送指令、堆栈操作指令和数据交换指令。

4.2.1 内部数据传送指令

1. 立即寻址传送指令

立即寻址传送指令共有 4 条,除了"MOV direct,♯data"为双周期指令外,其他均为单周期指令,详见表 4.1。

表 4.1 立即寻址传送指令

指令格式	功能简述	机器码	指令格式	功能简述	机器码
MOV A,♯data	A←data	0111 0100 xxxx xxxx	MOV @Ri,♯data	(Ri)←data	0111 011i xxxx xxxx
MOV Rn,♯data	Rn←data	0111 1rrr xxxx xxxx	MOV direct,♯data	direct←data	0111 0101 xxxx xxxx xxxx xxxx

(1) MOV A, ♯data

在执行这条指令时,计算机首先要知道当前指令将要做什么事情,因此必须给这条指令规定一个"指令操作码",用于说明这条指令将执行什么类型的数据传送操作命令,其指令操作码 0111 0100 将占用一个地址单元。那么,接下来的单元地址中存放的应该是将要传送的立即数 data(xxxx xxxx),所以这条指令的功能就是将位于指令操作码 0111 0100 之后,下一个地址单元中的内容(xxxx xxxx)传送到累加器 A 中,其助记符中的"♯data"表示一个字节的任意立即数,符号"♯"表示其操作方式为立即寻址方式。由于其指令机器码 0111 0100 占用一个字节,立即数 data 也占用一个字节,所以它是一条双字节指令。

(2) MOV Rn, ♯data

该指令的功能与"MOV A, ♯data"指令类似,不同点在于它是将立即数 xxxx xxxx 传送到 Rn 中的 8 条指令的集合。其指令格式分为指令操作码和操作数 2 部分,其指令机器码为 0111 1rrr,而其中的 rrr 参数值正好对应 8 个寄存器 R0~R7,即:

MOV R0, ♯data 的指令机器码为 0111 1000;
MOV R1, ♯data 的指令机器码为 0111 1001;
⋮
MOV R7, ♯data 的指令机器码为 0111 1111。

为了便于理解和记忆,指令表中许多指令都是以这种方式来表示的。

(3) MOV @Ri, ♯data

该指令的功能是将立即数传送到由寄存器 Ri(i=0 或 1)指示的地址单元中。例如:

MOV R0, ♯78H		;R0←78H
MOV @R0, ♯55H		;因 R0 所指向的单元地址为 78H,故(78H)←55H

(4) MOV direct, ♯data

该指令的功能是将立即数传送到直接地址所指向的存储单元中,助记符中的 direct 表示该操作为直接寻址,由于指令操作码 0111 0101 占用一个字节,直接地址 direct 也占用一个字节,立即数也占用一个字节,所以它是一条三字节指令,其应用范例详见程序清单 4.3。

程序清单 4.3 "MOV direct, ♯data"指令应用范例

地 址	操作码和操作数	助记符	注 释
0000 0000	0111 0101	MOV P1, ♯55H	;LED 灯显示状态 ●☼●☼●☼●☼
0000 0001	1001 0000		;1001 0000(90H)为 P1 口的直接地址
0000 0010	0101 0101		;0101 0101 为立即数 55H
0000 0011	1000 0000	SJMP 0003H	
0000 0100	1111 1110		

2. 寄存器寻址传送指令

寄存器寻址传送指令共有 3 条,除了"MOV direct, Rn"为双周期指令外,其他均为单周期指令,详见表 4.2。

(1) MOV A, Rn

"MOV A, Rn"单周期指令是一种与"MOV Rn, ♯data"指令类似的微指令集。该指令的功能是将 Rn 的内容送到累加器 A 中,而"MOV Rn, A"指令则是"MOV A, Rn"指令的反方向操作。

(2) MOV direct, Rn

该指令的功能是将 Rn 的内容传送到直接地址 xxxx xxxx 中,其应用范例详见程序清单 4.4。

表 4.2　寄存器寻址传送指令

指令格式	功能简述	机器码
MOV A, Rn	A←Rn	1110 1rrr
MOV Rn, A	Rn←A	1111 1rrr
MOV direct, Rn	direct←Rn	1000 1rrr
		xxxx xxx

程序清单 4.4　"MOV direct, Rn"指令应用范例

地　　址	操作码和操作数	助记符	注　　释
0000 0000	0111 1000	MOV　R0, ♯78H	
0000 0001	0111 1000		
0000 0010	1000 1000	MOV　P1, R0	;LED 灯显示状态 ●☆☆☆　☆●●●
0000 0011	1001 0000		;1001 0000(90H)为 P1 口的直接地址
0000 0100	1000 0000	SJMP　　0004H	
0000 0101	1111 1110		

3. 直接寻址传送指令

直接寻址传送指令共有 5 条,除了"MOV A, direct"与"MOV direct, A"为单周期指令外,其他均为双周期指令,详见表 4.3。

(1) MOV A, direct

该指令的功能是将片内 RAM 地址 direct 中的内容传送到累加器 A 中,而"MOV direct, A"指令则是"MOV A, direct"指令的反方向操作。

(2) MOV Rn, direct

"MOV Rn, direct"指令是"MOV direct, Rn"指令的反方向操作。

(3) MOV @Ri, direct

该指令的功能是将片内 RAM 地址 direct 中的内容送到 Ri 所指示的地址单元中。

(4) MOV direct2, direct1

该指令的功能是将片内 RAM 地址 direct1 中的内容送入片内 RAM 地址 direct2 中。

表 4.3　直接寻址传送指令

指令格式	功能简述	机器码
MOV A, direct	A←(direct)	1110 0101
		xxxx xxxx
MOV direct, A	direct←A	1111 0101
		xxxx xxxx
MOV Rn, direct	Rn←(direct)	1010 1rrr
		xxxx xxxx
MOV @Ri, direct	(Ri)←(direct)	1010 011i
		xxxx xxxx
MOV direct2, direct1	direct2←(direct1)	1000 0101
		xxxx xxxx
		xxxx xxxx

☞ **特别提示**

当将这条指令翻译为机器码时,一定要注意机器码前后之间的排列顺序:排在最前面的是指令操作机器

码,紧接着的是源地址 direct1,跟在最后面的是目的地址 direct2。例如"MOV P1,20H"对应的机器码为 85 20 90,而不是 85 90 20,同时也可以将"MOV P1,20H"指令写成"MOV 90H,20H",因为 90H 就是 P1 口的直接地址,其应用范例详见程序清单 4.5。

程序清单 4.5 "MOV direct2,direct1"指令应用范例

地 址	操作码和操作数	助记符	注 释
0000 0000	0111 0101	MOV 20H,♯0AAH	;(20H)←0AAH
0000 0001	0010 0000		;0010 0000;20H
0000 0010	1010 1010		;1010 1010;0AAH
0000 0011	1000 0101	MOV P1,20H	;LED 灯显示状态 ☆●●☆ ☆●☆●
0000 0100	0010 0000		;0010 0000;20H
0000 0101	1001 0000		;1001 0000;90H
0000 0110	1000 0000	SJMP 0006H	
0000 0111	1111 1110		

4. 寄存器间接寻址传送指令

寄存器间接寻址传送指令共有 3 条,除了"MOV direct,@Ri"为双周期指令外,其他均为单周期指令,详见表 4.4。

(1) MOV A,@Ri

该指令的功能是将由寄存器 Ri(i=0 或 1)所指示的地址单元中的内容传送到累加器 A 中,"MOV @Ri,A"指令则是"MOV A,@Ri"指令的反方向操作。

(2) MOV direct,@Ri

该指令的功能是将由寄存器 Ri(i=

表 4.4 寄存器间接寻址传送指令

指令格式	功能简述	机器码
MOV A,@Ri	A←(Ri)	1110 011i
MOV @Ri,A	(Ri)←A	1111 011i
MOV direct,@Ri	direct←(Ri)	1000 011i xxxx xxxx

0 或 1)所指示的地址单元中的内容传送到片内 RAM 地址 direct 中,其应用范例详见程序清单 4.6。

程序清单 4.6 "MOV direct,@Ri"指令应用范例

地 址	操作码和操作数	助记符	注 释
0000 0000	0111 1000	MOV R0,♯78H	
0000 0001	0111 1000		
0000 0010	0111 0110	MOV @R0,♯55H	;因 R0 所指向的单元地址为 78H,故(78H)←55H
0000 0011	0101 0101		
0000 0100	1000 0110	MOV P1,@R0	;LED 灯显示状态 ●☆●☆ ●☆●☆
0000 0101	1001 0000		
0000 0110	1000 0000	SJMP 0006H	
0000 0111	1111 1110		

4.2.2 外部数据传送指令

下面将详细介绍 80C51 系列单片机外部数据传送指令集,主要用于与片外程序存储器

ROM、片外数据存储器 RAM 之间进行数据传送。

1. 16 位数传送指令

如表 4.5 所列为 16 位数双周期传送指令。其功能是将 16 位立即数传送给 DPTR,高 8 位送入 DPH,低 8 位送入 DPL。这个立即数其实就是外部数据或程序存储器的地址,专用于外部数据传送。其指令机器码为 1001 0000,紧接其后的为立即数 DPH 和 DPL。例如：

```
MOV    DPTR,#0123H          ;(DPH)←01H,(DPL)←23H
```

表 4.5 16 位数据传送指令

指令格式	功能简述	机器码
MOV DPTR,#data16	DPTR←data16	1001 0000
		xxxx xxxx
		xxxx xxxx

2. 外部程序存储器的字节传送指令

外部程序存储器的字节传送指令属于变址寻址指令,因为专用于查表,所以又称之为查表指令,它们均为双周期指令,详见表 4.6。

表 4.6 外部程序存储器的字节传送指令

指令格式	功能简述	机器码
MOVC A,@A+DPTR	A←((A)+(DPTR))	1001 0011
MOVC A,@A+PC	PC←(PC)+1,A←((A)+(PC))	1000 0011

(1) MOVC A,@A+DPTR

采用 DPTR 作为基址寄存器,表头地址存放在 DPTR 中,表地址的偏移量 data 存放在累加器 A 中,因此只要用"MOV DPTR,#data16"指令将数据表的起始地址传送给 DPTR,即可查找到表格中的任意数据。其程序范例详见程序清单 4.7,与之相应的传送示意图详见图 4.6(a)。

程序清单 4.7 "MOVC A,@A+DPTR"查表指令应用范例

```
MOV    A,#data              ;偏移量 data
MOV    DPTR,#data16         ;表头地址 DPTR
MOVC   A,@A+DPTR            ;PC←(PC)+1,A←((A)+(DPTR))
```

(2) MOVC A,@A+PC

采用 PC 作为基址寄存器,表头地址存放在 PC 中,表地址的偏移量 data 存放在累加器 A 中。当执行"MOVC A,@A+PC"指令取出操作码时,PC 自动执行加 1(当前值为 PC+1)操作指向下一个地址单元;当"MOVC A,@A+PC"指令执行完毕之后,则通过(PC 当前值+偏移量 A)即可查找到表格中的任意数据。其程序范例如程序清单 4.8 所示,其示意图详见图 4.6(b)。

程序清单 4.8 "MOVC A，@A+PC" 查表指令应用范例

| MOV   A, #data | ;偏移量 data |
| MOVC A, @A+PC | ;PC←(PC)+1, A←((A)+(PC)) |

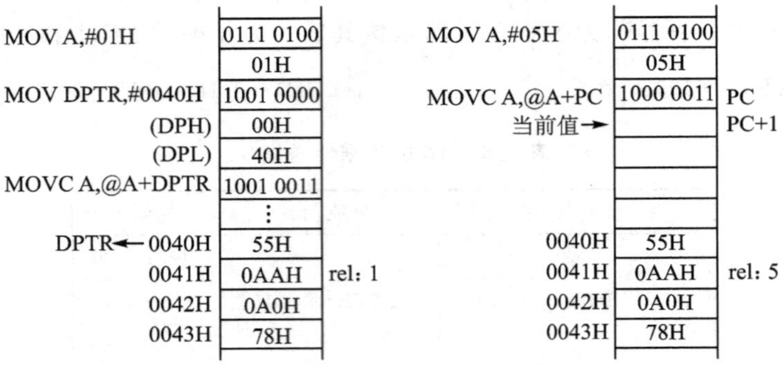

```
MOV A,#01H      0111 0100              MOV A,#05H      0111 0100
                01H                                    05H
MOV DPTR,#0040H 1001 0000              MOVC A,@A+PC    1000 0011   PC
        (DPH)   00H                    当前值 →                    PC+1
        (DPL)   40H
MOVC A,@A+DPTR  1001 0011
                 ⋮
DPTR ← 0040H    55H                     0040H          55H
        0041H   0AAH   rel: 1                 0041H    0AAH   rel: 5
        0042H   0A0H                          0042H    0A0H
        0043H   78H                           0043H    78H
```

(a) 程序清单4.7对应的传送示意图   (b) 程序清单4.8对应的传送示意图

图 4.6 外部程序存储器字节传送示意图

3. 外部 RAM 的字节传送指令

外部 RAM 的字节双周期传送指令共有 4 条，详见表 4.7。累加器 A 与片外 RAM 的数据传送是通过 P0、P2 口进行的，片外 RAM 的地址总线低 8 位和高 8 位分别与 P0、P2 口相连，数据是通过 P0 口与低 8 位地址选通信号分时传送的。

表 4.7 外部 RAM 的字节传送指令

指令格式	功能简述	机器码
MOVX A, @Ri	A←(Ri)	1110 001i
MOVX @Ri, A	(Ri)←A	1111 001i
MOVX A, @DPTR	A←(DPTR)	1110 0000
MOVX @DPTR, A	(DPTR)←A	1111 0000

(1) MOVX A, @Ri

该指令是用 Ri(i=0 或 1)作低 8 位地址指针由 P0 口送出，其功能是将片外 RAM 中由寄存器 Ri 指示的地址单元中的内容传送到累加器 A，其寻址范围为 0000H～00FFH。"MOVX @Ri, A"指令是"MOVX A, @Ri"指令的反方向操作。

(2) MOVX A, @DPTR

该指令的功能是将片外 RAM 中由 DPTR 指示的地址单元中的内容传送到累加器 A，其寻址范围为 0000H～FFFFH。"MOVX @DPTR, A"指令是"MOVX A, @DPTR"指令的反方向操作。

4.2.3 堆栈操作指令

堆栈操作共有 2 条双周期指令，它们分别为"PUSH direct"与"POP direct"，其特点是根据堆栈指针 SP 中的栈顶地址进行数据传递操作，详见表 4.8。

入栈(PUSH)操作指令，又称"压栈"操作。其功能是将 direct 为地址操作数传送到

表 4.8 堆栈操作指令

指令格式	功能简述	机器码
PUSH direct	SP←SP+1, (SP)←(direct)	1100 0000
		xxxx xxxx
POP direct	(SP)→direct, SP←SP-1	1101 0000
		xxxx xxxx

堆栈中。这条指令执行时分两步：首先将 SP 中的栈顶地址加 1,使之指向堆栈的新的栈顶单元;其次是将 direct 中的操作数压入由 SP 指示的栈顶单元,此操作不影响标志位。假设(SP)=09H,DPTR=0123H,执行入栈操作指令的应用程序范例如下：

```
PUSH    DPL         ;(SP)+1=0AH→(SP),(DPL)=23H→(0AH)
PUSH    DPH         ;(SP)+1=0BH→(SP),(DPL)=01H→(0BH)
```

出栈(POP)操作指令,又称"弹出"操作。其功能是将堆栈中的操作数传递到 direct 单元。这条指令在执行时仍分两步：首先将由 SP 所指栈顶单元中操作数弹到 direct 单元;其次是将 SP 中的原栈顶地址减 1,使之指向新的栈顶地址。弹出指令不会改变堆栈区存储单元中的内容,堆栈中是否有数据的唯一标志是 SP 的栈顶与栈底地址是否重合,因此只有压栈指令才会改变堆栈中的数据。假设(SP)=32H,片内 RAM 的 30H～32H 单元中的内容分别为 20H、23H、01H,执行出栈操作指令的应用程序范例如下：

```
POP     DPH         ;((SP))=(32H)=01H→DPH
                    ;(SP)-1=32H-1=31H→SP
POP     DPL         ;((SP))=(31H)=23H→DPL
                    ;(SP)-1=31H-1=30H→SP
POP     SP          ;((SP))=(30H)=20H→SP
                    ;(SP)-1=20H-1=1FH→SP
```

☞ **特别提示**

堆栈操作指令是直接寻址指令,所以要注意指令的书写格式。不能将"PUSH ACC"与"POP ACC"写成"PUSH A"与"POP A",因为 A 不是直接地址,而是汇编指令中代表累加器的符号;ACC 是 SFR 中反映累加器内容的专用寄存器,是一个直接地址。也不能将"PUSH 00H"与"POP 00H"写成"PUSH R0"与"POP R0",因为 R0 对应多个地址。

4.2.4 数据交换指令

数据交换指令共有 4 条,其中字节交换指令 3 条,半字节交换指令 1 条,详见表4.9。

XCH 指令的功能是将累加器 A 中的内容和片内 RAM 单元的内容互相交换。XCHD 指令是半字节交换指令,其功能是将累加器 A 中的低 4 位和以 Ri 为间接寻址单元的低 4 位相互交换,各自的高 4 位保持不变。

表 4.9 数据交换指令

指令格式	功能简述	机器码
XCH A, Rn	A↔Rn	1100 1rrr
XCH A, direct	A↔(direct)	1100 1010
		xxxx xxxx
XCH A, @Ri	A↔(Ri)	1100 011i
XCHD A, @Ri	A3~0↔(Ri)3~0	1101 011i

4.3 算术运算指令

80C51系列单片机的运算指令分为算术运算指令和逻辑运算指令两类,共24条。本节主要介绍算术运算指令。算术运算中最基本的计算就是加减指令。算术运算与传送指令有相同的寻址方式,算术运算的结果会对CPU内部状态寄存器PSW的各个状态位产生影响。

4.3.1 加法指令

加法指令共有13条,包括加法、带进位的加法和加1指令。

1. 加法指令

单周期加法指令共有4条,详见表4.10。其功能是将寄存器Rn、直接地址中的内容、间接地址存储器中的无符号二进制数、立即数与累加器A的内容相加,相加的结果保存在A中。这些指令将影响标志位AC、CY、OV和P。当两个字节数相加时,其规则如下:

- 若"和"的第3位与第7位有进位,则分别将AC与CY标志置位;否则为0。
- 对于带符号运算数(注意:带符号数在机器内均以补码表示)的溢出,若"和"的第7位有进位而第6位无进位,或第7位无进位而第6位有进位,则溢出标志OV置位;否则OV为0。OV为1表示如下"错误"结果:2个正数相加,和为负数;或2个负数相加,和为正数。
- 如果相加的和存放在A中,其结果中1的个数为奇数,则P=1;否则P=0。

假设(A)=0FH,(R1)=0FBH,其程序范例详见程序清单4.9,通过"MOV P1,PSW"指令将PSW的内容传送到P1口,那么从8个LED灯的显示状态,即可观察CY、AC、OV和P当前的状态。

表4.10 加法指令

指令格式	功能简述	机器码
ADD A, Rn	(A)←(A)+(Rn)	0010 1rrr
ADD A, direct	(A)←(A)+(direct)	0010 0101
		xxxx xxxx
ADD A, @Ri	(A)←(A)+((Ri))	0010 011r
ADD A, #data	(A)←(A)+data	0010 0100
		xxxx xxxx

程序清单4.9 加法指令程序范例

地址	操作码和操作数	助记符		注 释
0000 0000	0111 0100	MOV	A, #0FH	
0000 0001	0000 1111			
0000 0010	0111 1001	MOV	R1, #0FBH	
0000 0011	0000 1011			
0000 0100	0010 1001	ADD	A, R1	;A←(A)+(R1),A=0AH,PSW=0C0H
0000 0101	1000 0101	MOV	P1, PSW	;LED灯的显示状态☆☆●●●●●●
0000 0110	1101 0000			;1101 0000(0D0H)为PSW的直接地址
0000 0111	1001 0000			;1001 0000(90H)为P1口的直接地址
0000 1000	1000 0000	SJMP	0007H	
0000 1001	1111 1110			

2. 带进位位加法指令

带进位位单周期加法指令共有 4 条,它对 PSW 的影响与 ADD 加法指令是一样的,详见表 4.11。这组指令的功能是将寄存器 Rn、直接地址中的内容、间接地址存储器中的无符号二进制数、立即数与累加器 A 的内容相加,同时带上进位位 CY 参与低位的运算,相加的结果保存在 A 中。

一般来说,带进位位的加法指令多用于多字节加法运算,低位字节相加时可能产生进位,因此高位字节运算必须使用带进位的加法运算。

3. 加 1 指令

加 1 指令共有 5 条,除了"INC DPTR"为双周期指令外,其他均为单周期指令。这类指令除影响 P 外,不影响 PSW 的其他标志位,详见表 4.12。该指令的功能是将累加器 A、直接地址中的内容、间接地址存储器中的无符号二进制数、寄存器 Rn 的内容和数据指针 DPTR 加 1,相加的结果存放在原单元中。将累加器 A 的内容由 0 递增加到 100,结果放在累加器 A 中的程序范例详见程序清单 4.10。

表 4.11 带进位位加法指令

指令格式	功能简述	机器码
ADDC A, Rn	(A)←(A)+(Rn)+(CY)	0011 1rrr
ADDC A, direct	(A)←(A)+(direct)+(CY)	0011 0101
		xxxx xxxx
ADDC A, @Ri	(A)←(A)+((Ri))+(CY)	0011 011r
ADDC A, #data	(A)←(A)+data+(CY)	0011 0100
		xxxx xxxx

表 4.12 加 1 指令

指令格式	功能简述	机器码
INC A	(A)←(A)+1	0000 0100
INC direct	(direct)←(direct)+1	0000 0101
		xxxx xxxx
INC @Ri	((Ri))←((Ri))+1	0000 011i
INC Rn	(Rn)←(Rn)+1	0000 1rrr
INC DPTR	(DPTR)←(DPTR)+1	1010 0011

当"INC direct"中的直接地址 direct 为 P0、P1、P2、P3 中任一个 I/O 口时,该指令具有"读字节—改字节—写字节"功能,即端口数据从输出口的锁存器读入,而不是从引脚读入的。例如,执行"INC P1"指令的过程是 MCU 先发出"读锁存器"有效信号,将 P1 口各个 D 锁存器 Q 的当前状态通过内部总线读入 MCU,接着将读入 P1 口的 8 位二进制数加 1,然后 MCU 发出"写入"信号,通过内部总线将加 1 后的数据重新写入到 P1 口的锁存器中去。

程序清单 4.10 "INC A"指令应用范例

地址	操作码和操作数	助记符		注释
0000 0000	1110 0100	CLR	A	;将累加器 A 的内容清 0
0000 0001	0111 1001	MOV	R1,#64H	;循环 100 次(64H=100)
0000 0010	0110 0100			
0000 0011	0000 0100	INC	A	
0000 0100	1101 1001	DJNZ	R1,0003H	;DJNZ 循环指令的用法详见 4.5.1 小节
0000 0101	1111 1101			
0000 0110	1111 0101	MOV	P1,A	;LED 显示状态●☆☆●　●☆●●

```
0000 0111    1001 0000
0000 1000    1000 0000         SJMP    0008H
0000 1001    1111 1110
```

4.3.2 减法指令

1. 带借位减法指令

单周期减法指令共有 4 条，分别为"SUBB A，Rn"、"SUBB A，direct"、"SUBB A，@Ri"和"SUBB A，♯data"，详见表 4.13。这组指令的功能是从 A 中减去进位位 CY 和指定的变量，结果(差)存放在 A 中。

若第 7 位有借位，则 CY 置 1；否则 CY 清 0。若第 3 位有借位，则 AC 置 1；否则 AC 清 0。若第 7 位和第 6 位中有一位须借位，而另一位不借位，则 OV 置 1。OV 位用于带符号的整数减法。OV=1，表示正数减负数结果为负数，或负数减正数结果为正数的"错误"结果。

2. 减 1 指令

单周期减 1 指令共有 4 条，分别为"DEC A"、"DEC direct"、"DEC @Ri"和"DEC Rn"，详见表 4.14。这组指令的功能是将累加器 A、直接地址中的内容、间接地址存储器中的无符号二进制数、寄存器 Rn 的内容减 1，相减的结果存放在原单元中。这类指令除"DEC A"影响 P 之外，其余指令不影响 PSW 的标志位。

表 4.13 减法指令

指令格式	功能简述	机器码
SUBB A，Rn	(A)−(Rn)−(CY)→(A)	1001 1rrr
SUBB A，direct	(A)−(direct)−(CY)→(A)	1001 0101
		xxxx xxxx
SUBB A，@Ri	(A)−((Ri))−(CY)→(A)	1001 011i
SUBB A，♯data	(A)−data−(CY)→(A)	1001 0100
		xxxx xxxx

表 4.14 减 1 指令

指令格式	功能简述	机器码
DEC A	(A)←(A)−1	0001 0100
DEC direct	(direct)←(direct)−1	0001 0101
		xxxx xxxx
DEC @Ri	((Ri))←((Ri))−1	0001 011i
DEC Rn	(Rn)←(Rn)−1	0001 1rrr

当"DEC direct"用于修改输出口时，同样执行的是"读字节—改字节—写字节"功能。

4.3.3 乘除法指令

乘除法指令共有 2 条，执行时间都是 4 周期，详见表 4.15。

(1) MUL AB

该指令的功能是将累加器 A、B 中的两个 8 位无符号数相乘，16 位乘积的低 8 位放在累加器 A 中，高 8 位放在 B 寄存器中。如果乘积大于 255，则 OV=1；否则 OV=0。

表 4.15 乘除法指令

指令格式	功能简述	机器码
MUL AB	BA←(A)×(B)	0101 0100
DIV AB	A←(A)/(B) B←(A)/(B)的余数	1000 0100

(2) DIV AB

该指令的功能是将累加器 A、B 中的两个 8 位无符号数相除,其中的商存放在累加器 A 中,余数存放在 B 中。当除数为 0 或相除的商大于 8 位时,OV=1。

4.3.4 十进制调整指令

如表 4.16 所列为十进制单周期调整指令,对存放在 A 中的 BCD 码之和进行调整,对减法无效。它实际上就是将十六进制的加数运算转换为十进制,具体操作为:

- 若累加器 A 的低 4 位大于 9(A~F),或辅助进位位 AC=1,则累加器 A 的内容加 06H (A←(A)+06H),且将 AC 置位。
- 若累加器 A 的高 4 位大于 9(A~F),或进位位 CY=1,则累加器 A 的内容加 60H(A←(A)+60H),且将 CY 置位。

表 4.16 十进制调整指令

指令格式	功能简述	机器码
DA A	十进制调整,对 A 中 BCD 码十进制加法运算结果进行调整	1101 0100

调整后,辅助进位标志 AC 表示十进制数中个位向十位的进位,进位标志 CY 表示十位向百位的进位。

4.4 逻辑运算指令

80C51 系列单片机的逻辑运算指令表共有 25 条,主要包括"与"、"或"、"异或"、清除、求反和移位指令。

4.4.1 双操作数逻辑运算指令

1. 逻辑"与"运算指令

逻辑"与"运算指令共有 6 条,除"ANL direct,♯data"为双周期指令外,其他指令均为单周期指令,详见表 4.17。

- **ANL A,Rn**   功能是将 Rn 中的内容与累加器 A 的内容相"与",结果存放到 A 中。
- **ANL A,direct**   功能是将直接地址中的内容与累加器 A 的内容相"与",结果存放到 A 中。
- **ANL A,@Ri**   功能是将间接地址存储器中的无符号二进制数与累加器 A 的内容相"与",结果存放到 A 中。
- **ANL A,♯data**   功能是将立即数与累加器 A 的内容相"与",结果存放到 A 中。
- **ANL direct,A**   功能是将 A 的内容与直接地址的内容相"与",结果存放到 direct 中。
- **ANL direct,♯data**   功能是将立即数与直接地址中的内容相"与",结果存放到 direct 中。

2. 逻辑"或"运算指令

逻辑"或"运算指令共有 6 条,除"ORL direct,♯data"为双周期指令外,其他指令均为单周期指令,详见表 4.18。

表 4.17 逻辑"与"运算指令

指令格式	功能简述	机器码
ANL A, Rn	(A)←(A)·(Rn)	0101 1rrr
ANL A, direct	(A)←(A)·(direct)	0101 0101 xxxx xxxx
ANL A, @Ri	(A)←(A)·((Ri))	0101 011i
ANL A, #data	(A)←(A)·data	0101 0100 xxxx xxxx
ANL direct, A	(direct)←(direct)·(A)	0101 0010 xxxx xxxx
ANL direct, #data	(direct)←(direct)·data	0101 0011 xxxx xxxx xxxx xxxx

表 4.18 逻辑"或"运算指令

指令格式	功能简述	机器码
ORL A, Rn	(A)←(A)+(Rn)	0100 1rrr
ORL A, direct	(A)←(A)+(direct)	0100 0101 xxxx xxxx
ORL A, @Ri	(A)←(A)+((Ri))	0100 011i
ORL A, #data	(A)←(A)+data	0100 0100 xxxx xxxx
ORL direct, A	(direct)←(direct)+(A)	0100 0010 xxxx xxxx
ORL direct, #data	(direct)←(direct)+data	0100 0011 xxxx xxxx xxxx xxxx

- ➤ ORL A, Rn　　功能是将 Rn 中的内容与累加器 A 的内容相"或",结果存放到 A 中。
- ➤ ORL A, direct　　功能是将直接地址中的内容与累加器 A 的内容相"或",结果存放到 A 中。
- ➤ ORL A, @Ri　　功能是将间接地址存储器中的无符号二进制数与累加器 A 的内容相"或",结果存放到 A 中。
- ➤ ORL A, #data　　功能是将立即数与累加器 A 的内容相"或",结果存放到 A 中。
- ➤ ORL direct, A　　功能是将 A 的内容与直接地址中的内容相"或",结果存放到 direct 中。
- ➤ ORL direct, #data　　功能是将立即数与直接地址中的内容相"或",结果存放到 direct 中。

3. 逻辑"异或"运算指令

逻辑"异或"运算指令共有 6 条,除"XRL direct, #data"为双周期指令外,其他指令均为单周期指令,详见表 4.19。

- ➤ XRL A, Rn　　功能是将累加器 A 的内容与 Rn 中的内容相"异或",结果存放到 A 中。
- ➤ XRL A, direct　　功能是将直接地址中的内容与 A 中的内容相"异或",结果存放到 A 中。
- ➤ XRL A, @Ri　　功能是将间接地址存储器中的无符号二进制数与 A 中的内容相"异或",结果存放到 A 中。

表 4.19 逻辑"异或"运算指令

指令格式	功能简述	机器码
XRL A, Rn	(A)←(A)⊕(Rn)	0110 1rrr
XRL A, direct	(A)←(A)⊕(direct)	0110 0101 xxxx xxxx
XRL A, @Ri	(A)←(A)⊕((Ri))	0110 011i
XRL A, #data	(A)←(A)⊕data	0110 0100 xxxx xxxx
XRL direct, A	(direct)←(direct)⊕(A)	0110 0010
XRL direct, #data	(direct)←(direct)⊕data	0110 0011 xxxx xxxx xxxx xxxx

- **XRL A，#data** 功能是将立即数与 A 中的内容相"异或",结果存放到 A 中。
- **XRL direct，A** 功能是将 A 的内容与直接地址中的内容相"异或",结果存放到 direct 中。
- **XRL direct，#data** 功能是将立即数与直接地址中的内容相"异或",结果存放到 direct 中。

4.4.2 单操作数逻辑运算指令

单操作数逻辑运算指令的操作对象是累加器 A,共有 7 条单周期指令,详见表 4.20。

表 4.20 单操作数逻辑运算指令

指令格式	功能简述	机器码
RR A	累加器循环右移	0000 0011
RRC A	带进位位累加器循环右移一位	0001 0011
RL A	累加器循环左移一位	0010 0011
RLC A	带进位位累加器循环左移一位	0011 0011
SWAP A	累加器高半字节与低半字节交换	1100 0100
CLR A	将累加器 A 清 0	1110 0100
CPL A	将累加器 A 取反	1111 0100

- **RR A** 功能是将 A 的内容向右边循环移动 1 位,其中最右边的一位移到最左边的一位。
- **RRC A** 功能是将 A 的内容向右边循环移动 1 位,其中最右边的一位移到标志位 CY,而 CY 原来的内容移到最左边的一位。
- **RL A** 功能是将 A 的内容向左边循环移动 1 位,其中最左边的一位移到最右边的一位。
- **RLC A** 功能是将 A 的内容向左边循环移动 1 位,其中最左边的一位移到标志位 CY,而 CY 原来的内容移到最右边的一位。
- **SWAP A** 功能是将累加器的高半字节与低半字节内容交换,也可以是向左或向右轮移 4 位。

4.5 控制转移指令

80C51 的控制转移指令共有 22 条,分为无条件转移指令(AJMP、LJMP、SJMP、JMP),条件转移指令(JZ、JNZ、JC、JNC、JB、JNB、CJNE、DJNZ),调用和返回指令(ACALL、LCALL、RET、RETI),以及空操作指令(NOP)。控制和转移指令可改变程序计数器 PC 的值,从而使程序跳转到指定的目的地址开始执行。

4.5.1 条件转移指令

条件转移指令共有 13 条,分为减 1 循环转移指令、判断累加器是否为 0 转移指令、位条件转移指令和比较不等转移指令。

1. 循环转移指令

减1循环转移双周期指令共有2条,详见表4.21,其流程图详见图4.7。

表 4.21 减 1 循环转移指令

指令格式	功能简述	机器码
DJNZ Rn, rel	若 Rn−1≠0,则 PC←(PC)+2+rel	1101 1rrr
	若 Rn−1=0,则 PC←(PC)+2	xxxx xxxx
DJNZ direct, rel	若(direct)−1≠0,则 PC←(PC)+3+rel	1101 0101
		xxxx xxxx
	若(direct)−1=0,则 PC←(PC)+3	xxxx xxxx

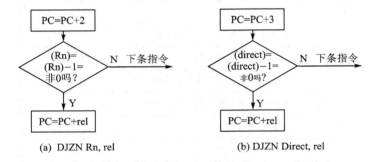

图 4.7 减 1 循环转移指令流程图

DJNZ Rn,rel

该指令机器码是 1101 1rrr。它的第 2 字节参数 xxxx xxxx 为转移参数。由于该参数只有一个字节,所以类似于这样的指令都称为短转移指令,其转移范围只能在 256 地址范围之内,rel 表示该参数为相对转移地址偏移量。该指令的功能是先将程序计数器 PC 加 1 两次(即取出指令码),然后将加 1 两次后的地址和 rel 相加作为目标转移地址。单片机执行该指令时先将 Rn 减 1,然后判断 Rn 中的内容是否为 0。如果它不为 0,则程序发生转移;否则程序继续执行。

地址偏移量 rel 的计算方法如下:

目标转移地址＝转移指令所在的地址＋2＋rel

例如:用 DJNZ 实现的延时程序范例详见程序清单 4.11,翻译为机器码的程序详见程序清单 4.12。

程序清单 4.11 延时程序范例(汇编语言)

```
Delay:  MOV    R7, #4FH      ;1个机器周期
        NOP                  ;1个机器周期
Delay1: DJNZ   R7, Delay1    ;2个机器周期(*)
```

在执行指令之前 R7 先减 1,然后判断 R7 是否为 0。如果 R7 不为 0,则 R7 继续进行减 1 操作。因为延时参数寄存器 R7 保存的数据为 79(4FH),且执行 1 条指令(标有"*"号的指令)为 2 个机器周期,所以这 2 个机器周期会重复执行 79 次。那么程序实际所耗费的准确机

器周期为 $1+1+2\times79=160$ 个，即 $160\times1.085~\mu s\approx 176~\mu s$。

程序清单 4.12　延时程序范例（机器语言）

地　　址	操作码和操作数	助记符
0000 0000	0111 1111	MOV　　R7,♯4FH
0000 0001	0100 1110	
0000 0010	0000 0000	NOP
0000 0011	1101 1111	DJNZ　R7,rel
0000 0100	1111 1110	

$$rel=0003H-0003H-2=[-2]_{补}=(1111\ 1101+1)=1111\ 1110$$

当参数字节的最高位为 0 时，程序转向转移指令后面的地址位置；当最高位为 1 时，程序转向转移指令前面的地址位置。

注意："DJNZ direct, rel"指令的使用方法与"DJNZ Rn, rel"指令类似，在此不再进行解释。JZ、JNZ、JC、JNC、JB、JNB 和 JBC 转移指令的地址偏移量 rel 的计算方法与 DJNZ 相同。

2. 判断累加器 A 是否为 0 转移指令

判断累加器 A 是否为 0 的双周期转移指令共有 2 条，详见表 4.22，其流程图详见图 4.8。

表 4.22　判断 A 是否为 0 转移指令

指令格式	功能简述	机器码
JZ rel	若(A)≠0,则 PC←(PC)+2	0110 0000
	若(A)=0,则 PC←(PC)+2+rel	xxxx xxxx
JNZ rel	若(A)=0,则 PC←(PC)+2	0111 0000
	若(A)≠0,则 PC←(PC)+2+rel	xxxx xxxx

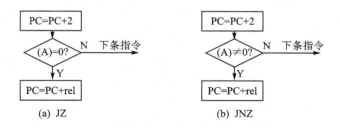

图 4.8　A 是否为 0 转移指令流程图

(1) JZ rel

判断 A 中的内容是否为 0，如果它为 0，则转移；否则就不转移。rel 的计算方法与 DJNZ 指令一样。

其实计算机的许多指令在功能上是重叠的，因此实现同一功能会有很多种编程方法。将选用何种编程方法的方法称为"计算方法"。事实上，对指令的选用也是"算法"中最基本的一种方法，所以在程序清单 4.13 中将尝试用另一种方法来编写延时程序。

程序清单4.13　延时程序范例

```
Delay:   MOV   R7,#20H        ;1个机器周期,20H等于十进制的32
         MOV   A,R7           ;1个机器周期
Delay1:  DEC   A              ;1个机器周期(*),A-1
         JZ    Exit           ;2个机器周期(*),A=0,则转移至Exit
         SJMP  Delay1         ;2个机器周期(*),A≠0,则转移至Delay1
Exit:
```

Delay延时程序所有的机器周期加起来共有7个(1+1+1+2+2),即耗时$7\times 1.085\ \mu s$。在执行"DEC A"指令后,判断A是否为0。如果A不为0,则继续执行A-1操作。又因为延时参数寄存器R7保存的数据为32(20H),所以执行3条指令共需要5个机器周期(标有"*"符号的指令),则这5个机器周期会重复执行31次。当执行到第32次时,因为A为0,当执行"JZ Exit"指令时,程序将跳过"SJMP Delay1"指令结束延时程序,所以这段程序所耗费的准确机器周期为$1+1+31\times 5+3=160$个,即延时时间为$160\times 1.085\ \mu s\approx 173\ \mu s$。

(2) JNZ rel

判断A中的内容是否为0,如果不为0,则程序转移;否则就继续执行原程序。rel的计算方法与DJNZ指令相同。

3. 位条件转移指令

双周期位条件转移指令共有5条,这组指令的功能分别是判断进位位C或直接寻址位是1还是0,条件符合则转移;否则继续执行程序。其中,JC与JNC为双字节指令,JB、JNB和JBC为三字节指令,偏移量rel的计算方法与DJNZ指令相同,详见表4.23。

表4.23　位条件转移指令

指令格式	功能简述	机器码
JC rel	若CY=0,则PC←(PC)+2 若CY=1,则PC←(PC)+2+rel	0100 0000 xxxx xxxx
JNC rel	若CY=0,则PC←(PC)+2+rel 若CY=1,则PC←(PC)+2	0101 0000 xxxx xxxx
JB bit, rel	若(bit)=0,则PC←(PC)+3 若(bit)=1,则PC←(PC)+3+rel	0010 000 xxxx xxxx xxxx xxxx
JNB bit, rel	若(bit)=0,则PC←(PC)+3+rel 若(bit)=1,则PC←(PC)+3	0011 0000 xxxx xxxx xxxx xxxx
JBC bit, rel	若(bit)=0,则PC←(PC)+3 若(bit)=1,则PC←(PC)+3+rel (bit)←0	0001 0000 xxxx xxxx xxxx xxxx

(1) JC rel

如果进位标志C为1(置位),则程序转移至rel处;否则程序继续执行,详见图4.9(a)。

(2) JNC rel

如果进位标志 C 为 0,则程序转移至 rel 处;否则程序继续执行,详见图 4.9(b)。

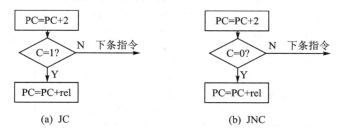

图 4.9　C 为 1 或不为 1 转移指令流程图

(3) JB bit,rel

如果 bit 位为 1,则程序转移至 rel 处;否则程序继续执行,详见图 4.10(a)。

(4) JBC bit,rel

如果 bit 位为 1,则程序转移至 rel 处,同时将 bit 清零;否则程序继续执行。这条指令也具有"读字节—改字节—写字节"功能,详见图 4.10(b)。

(5) JNB bit,rel

如果 bit 位为 0,则程序转移至 rel 处;否则程序继续执行,详见图 4.10(c)。

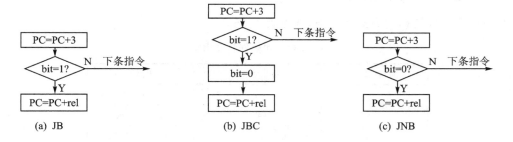

图 4.10　位地址为 1 或不为 1 转移指令流程图

4. 比较不等转移指令

双周期比较不等转移指令共有 4 条,详见表 4.24。

表 4.24　比较不等转移指令

指令格式	功能简述	机器码
CJNE A,direct,rel	若(A)=(direct),则 PC←(PC)+3,CY←0	1011 0101
	若(A)>(direct),则 PC←(PC)+3+rel,CY←0	xxxx xxxx
	若(A)<(direct),则 PC←(PC)+3+rel,CY←1	xxxx xxxx
CJNE A,#data,rel	若(A)=data,则 PC←(PC)+3,CY←0	1011 0100
	若(A)>data,则 PC←(PC)+3+rel,CY←0	xxxx xxxx
	若(A)<data,则 PC←(PC)+3+rel,CY←1	xxxx xxxx

续表 4.24

指令格式	功能简述	机器码
CJNE Rn,♯data,rel	若(Rn)=data,则 PC←(PC)+3,CY←0	1011 1rrrr
	若(Rn)>data,则 PC←(PC)+3+rel,CY←0	xxxx xxxx
	若(Rn)<data,则 PC←(PC)+3+rel,CY←1	xxxx xxxx
CJNE @Ri,♯data,rel	若((Ri))=data,则 PC←(PC)+3,CY←0	1011 0111
	若((Ri))>data,则 PC←(PC)+3+rel,CY←0	xxxx xxxx
	若((Ri))<data,则 PC←(PC)+3+rel,CY←1	xxxx xxxx

比较不等转移指令流程图如图 4.11 所示。

本指令具有 3 个操作数,其中第一操作数与第二操作数相比较,如果不相等,则按照第三操作数的偏移量转移到目标地址,目标地址在下一条指令的 −128~+127 范围之内;如果相等,则执行下一条指令。

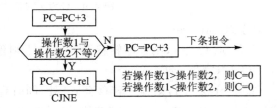

图 4.11　比较不等转移指令流程图

4.5.2　无条件转移指令

双周期无条件转移指令共有 4 条,详见表 4.25。

表 4.25　无条件转移指令

指令格式	功能简述	机器码
SJMP rel	PC←PC+2	1000 0000
	PC←PC+rel	xxxx xxxx
AJMP addr11	PC←PC+2	a10~a80 0001
	PC10~PC0←addr11	a7~a4 a3~a0
LJMP addr16	PC←addr16	0000 0010
		xxxx xxxx
		xxxx xxxx
JMP @A+DPTR	PC←A+DPTR	0111 0011

(1) SJMP rel

该指令功能是先将 PC 加两次取出指令码,然后将加 1 两次后的地址和 rel 相加作为目标转移地址。这是一条相对转移指令。

由于 80C51 系列单片机没有专门的停机指令,因此也可以使用 SJMP 指令来实现。动态停机指令用法如下:

LOOP: SJMP　LOOP　;或写成"SJMP.",". "表示本指令的首字节所在单元的地址,使用". "可省略标号

(2) AJMP addr11

该指令为绝对无条件转移指令,提供 11 位地址 addr11(a10~a0),目的地址是由指令第 1

字节的高 3 位 addr10～addr8 和指令第 2 字节的 addr7～addr0 组成的,因此目的地址必须包含 AJMP 指令后第一条指令的第 1 字节在内的 2 KB 范围,其指令机器码是 a10～a8 0 0001。

(3) LJMP addr16

该指令为长转移指令,其操作是将 16 位目标地址 addr16 装入 PC 中,允许转移的目标地址在 64 KB 空间的任意单元,用汇编语言编写程序时,addr16 往往是一个标号。

(4) JMP @A+DPTR

该指令为间接长转移指令,转移的目标地址是由数据指针 DPTR 和累加器 A 相加得到的,其特点是转移地址可以在程序运行中改变,常用作分支转移。如果将 DPTR 作为基准地址,则程序可以根据 A 的不同值实现分支转移。由此可见,一条指令可以完成多分支转移的功能,因此又将该功能称之为散转功能,进而间接长转移指令也可以称之为散转指令。

4.5.3 调用和返回指令

双周期调用返回指令共有 4 条,详见表 4.26。ACALL 与 LCALL 调用指令自动将断点地址(当前 PC 值)压入堆栈保护起来,RET 与 RETI 子程序返回指令自动将断点地址从堆栈弹出送到 PC,从而实现程序返回原程序断点处继续往下执行。子程序的第一条指令地址称为子程序的首地址或入口地址,必须用标号标明,如 Delay,以便调用指令正确调用。而调用指令的下一条指令的地址,通常称为返回地址或断点地址。

表 4.26 调用和返回指令

指令格式	功能简述	机器码
ACALL addr11	PC←PC+2 SP←SP+1,(SP)←PC7～PC0 SP←SP+1,(SP)←PC15～PC8 PC10～0←addr11	a10～a8 1 0001 a7～a4 a3～a0
LCALL addr16	PC←PC+3 SP←SP+1,(SP)←PC7～PC0 SP←SP+1,(SP)←PC15～PC8 PC←addr16	0001 0010 xxxx xxxx xxxx xxxx
RET	PC15～PC8←(SP),SP←SP-1 PC7～PC0←(SP),SP←SP-1	0010 0010
RETI	PC15～PC8←(SP),SP←SP-1 PC7～PC0←(SP),SP←SP-1	0011 0010

(1) ACALL addr11

绝对调用子程序指令,无条件调用首地址为 addr11(a10～a0)处的子程序。执行时将 PC 加 2 获得下一条指令的地址,将这个 16 位的地址压入堆栈(先 PCL:PC7～PC0,后 PCH:PC15～PC8),同时堆栈指针加 2。然后将指令提供的 11 位目标地址送入 PC10～PC0,而 PC15～PC11 的值不变,程序转向子程序的首地址开始执行。

目的地址是由指令第 1 字节的高 3 位 addr10～addr8 和指令第 2 字节的 addr7～addr0 组

成的,因此目的地址必须包含 AJMP 指令后第一条指令的第 1 字节在内的 2 KB 范围,其指令机器码是 a10~a81 0001。在使用该指令后,用 RET 指令可以使程序回到转移时,调用指令的下一条指令执行程序,因此该指令称为子程序调用指令。ACALL 子程序调用程序范例详见程序清单 4.14。

程序清单 4.14　ACALL 子程序调用程序范例

MAIN:	MOV	A,#55H	
Loop:	ACALL	Display	;调用显示子程序,Display 详见程序清单 4.16
	AJMP	Loop	;跳转,实现循环

(2) LCALL addr16

长调用子程序指令,该指令执行时 PC 先加 1 三次(取出指令码),然后将断点地址(PC+3 后的地址)压入堆栈,最后将 addr16 送入程序计数器 PC,转入子程序执行。由于指令码中 addr16 是一个 16 位地址,因此长调用指令是一种 64 KB 范围内的调用指令。LCALL 子程序调用程序范例详见程序清单 4.15。

程序清单 4.15　LCALL 子程序调用程序范例

MAIN:	MOV	A,#0AAH	
Loop:	LCALL	Display	;调用显示子程序,Display 详见程序清单 4.16
	AJMP	Loop	;跳转,实现循环

(3) RET

单字节双周期子程序返回指令只能用在子程序末尾,堆栈中存放的是调用地址指令下一条指令的地址。其功能是将堆栈中断点地址恢复到程序计数器 PC 中,且将堆栈指针 SP−2,从而使单片机回到断点处执行。显示子程序范例详见程序清单 4.16。

程序清单 4.16　显示子程序范例

| Display: | MOV | P1,A |
| | RET | |

> **☞ 特别提示**
>
> 请初学者自行分析程序清单 4.14~程序清单 4.16 中,执行 ACALL 与 LCALL 子程序调用指令以及 RET 返回指令的详细过程。要求绘出子程序的调用和返回过程以及堆栈变化示意图,撰写一篇图文并茂的小论文,并通过查表将汇编语言翻译成相应的机器码输入 Altair−80C31Small 计算机运行。

(4) RETI

双周期单字节中断服务子程序返回指令,与 RET 一样只能用在子程序的末尾。中断服务子程序是通过 RETI 指令返回的,SP 指向的是断点地址。

4.5.4　空操作指令

单周期单字节 NOP 空操作指令机器码为 0000 0000。该指令不进行任何操作,仅将程序计数器 PC 加 1,使程序继续往下执行,常用于延时或时间上等待一个机器周期的时间。

4.6 位操作指令

由于单片机具有位处理功能,因此可以对数据位进行操作,即位操作指令的操作数不是字节,而是字节中的某一位(每位取值只能是 0 或 1),故又称之为布尔变量操作指令。在指令中 CPU 状态寄存器的进位位 CY 作为布尔累加器。

位操作指令的操作对象是片内 RAM 的位寻址区(20H~2FH)和 SFR 中的 10 个可以位寻址的寄存器,因此就有相应的位寻址方式。

4.6.1 位传送指令

位传送指令共有 2 条,其中的"MOV bit,C"为双周期指令,"MOV C,bit"为单周期指令。由于位直接地址之间不能直接传送,因此一定要经过布尔累加器 C,所以布尔累加器 C 也可以像累加器 A 那样当作中间数据暂存单元使用,详见表 4.27。

对于"MOV bit,C"来说,当 bit 为 P0~P3 口中的某一位时,其执行过程是先读入 8 位 I/O 口的全部内容,然后将 CY 的内容传送到指定位,最后再将 8 位 I/O 口的全部内容传送到端口的锁存器,因此这条指令并不是真正的按位操作,而是"读字节—改位—写字节"操作。

例如,通过 P1 口外接的 8 个 LED 发光二极管观察数据的状态,先置 P1.3 为高电平,然后通过布尔累加器将 P1.5 置位,详见程序清单 4.17。

表 4.27 位传送指令

指令格式	功能简述	机器码
MOV bit, C	CY←(bit)	1001 0010
		xxxx xxxx
MOV C, bit	bit←(CY)	1010 0010
		xxxx xxxx

程序清单 4.17　读字节—改位—写字节操作程序范例

地　址	操作码和操作数	助记符	注　释
0000 0000	0111 0101	MOV　P1,0000 1000B	;P1.3=1,P1.5=0
0000 0001	1001 0000		;P1 的直接地址为 90H
0000 0010	0000 1000		;●●●●☆●●●
0000 0011	1010 0010	MOV　C,P1.3	;C=1
0000 0100	1001 0111		;P1.3 的位地址为 93H
0000 0101	1001 0010	MOV　P1.5,C	;因为 C=1,则 P1.5=1
0000 0110	1001 0101		;●●☆●☆●●●,P1.5 的位地址为 95H
0000 0111	0000 0001	AJMP　0007H	;在原地打转,即循环运行程序
0000 1000	0000 0111		

4.6.2 位状态操作指令

单周期位状态操作指令共有 6 条,其主要作用是对位累加器 C 或位地址中的状态进行清 0、置 1 或取反,执行结果不影响其他标志位,详见表 4.28。

当直接位地址为端口中的某一位时,即具有"读字节—改位—写字节"功能。

表 4.28 位状态操作指令

指令格式	功能简述	机器码	指令格式	功能简述	机器码
CLR C	C←0	1100 0011	SETB bit	(bit)←1	1101 0010
SETB C	C←1	1101 0011			xxxx xxxx
CPL C	C←$\overline{C}$	1011 0011	CPL bit	(bit)←$\overline{(bit)}$	1011 0010
CLR bit	(bit)←0	1100 0010			xxxx xxxx
		xxxx xxxx			

4.6.3 位逻辑运算指令

双周期位逻辑运算指令共有 4 条,其主要作用是对位地址 bit 中的位状态或位反状态与累加器 C 中的状态进行逻辑"与"、"或"操作,结果放在位累加器 C 中,详见表 4.29。

表 4.29 位逻辑运算指令

指令格式	功能简述	机器码	指令格式	功能简述	机器码
ANL C, bit	CY←CY∧(bit)	1000 0010	ORL C, bit	CY←CY∨(bit)	0111 0010
		xxxx xxxx			xxxx xxxx
ANL C, /bit	CY←CY∧/bit	1000 0000	ORL C, /bit	CY←CY∨/bit	1010 0000
		xxxx xxxx			xxxx xxxx

在位逻辑运算指令中,只有逻辑"与"、逻辑"或",没有逻辑"异或"指令。位的逻辑"异或"运算可由逻辑"与"、逻辑"或"指令来实现。

至此,80C31Small 单片机的 111 条指令已经全部介绍完毕,在学习本节时只要知道指令的格式和大概的意思就基本上达到目的了,对指令全面和深刻的理解,往往需要经过一定程度的程序设计实践,而这正是下面将要学习的内容。

☞ **特别提示**

对于一个初学者来说,如果仅局限于课堂上的学习,那是远远不够的。如果读者梦想成为一个技术高手,不仅需要更多的实践经验作为支撑,而且还需要阅读更多的参考资料,请到 http://www.zlgmcu.com 周立功单片机网站"创新教育"专栏——"卓越工程师教育计划园地"下载与之配套的资料。

第 5 章

经典范例程序设计

本章导读

通过前面的学习,我们已经初步掌握了如何用指令串来完成一个简单的任务。尽管开发一个电子产品对于大学一年级的学生来说还很复杂,但无论如何还是可以寻找其中的规律的,通过反复练习将其总结为经典的范例程序,以备后续项目驱动开发之用。

特别提示

以实战为主是学习经典范例程序设计的唯一方法,因此建议教师先给学生讲解一遍,然后由学生上机实践,本章所提供的代码已全部在 Altair-80C31Small 计算机上实现。如果条件许可,建议用汇编语言在计算机上实现程序设计,然后使用 TKStudio 集成开发环境和 SDCC51 汇编语言开源编译器编译代码,摆脱手工编译的原始方式。由于篇幅的限制,与开发工具有关的内容,请参考与本书配套的电子版学习资料(www.zlg-mcu.com)。

5.1 视觉实验:LED 流水灯

5.1.1 单个灯闪烁

1. 硬件接口

发光二极管 LED 是最简单且变化多样的显示器,下面将从单个 LED 灯的闪烁开始实验。首先连接硬件电路,将实验系统 B1 实验区的 JP4 与 B2 实验区的 JP31 用排线连接起来,并用短路器连接 JP39_5 与 JP39_6,给 LED 驱动电路提供电源,这样单片机 P1 的 8 个口与 D17～D24 发光二极管呈现一一对应的关系,详见图 5.1。

2. 测试示例

以 P1.0 口为例,经过 74HC04 的一个"非"门后连接到发光二极管的负极。假如单片机的 P1.0 口输出高电平 1,那么经过反相器转变为低电平 0 后,即可驱动 LED 发光;反之 LED 熄灭。如果要让接在 P1.0 引脚上的 LED 闪烁,就是要让 LED 亮了灭、灭了亮,再反复操作。单个 LED 闪烁程序范例详见程序清单 5.1。

第 5 章 经典范例程序设计

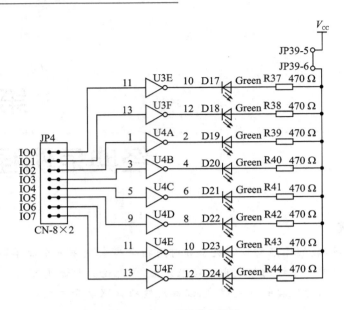

图 5.1　LED 驱动电路图

程序清单 5.1　单个 LED 闪烁程序范例(1)

	.AREA	HOME(ABS, CODE)	
	.ORG	0x0000	;复位向量,程序起始地址
Start:	SETB	P1.0	;P1.0=1,点亮 LED
	CLR	P1.0	;P1.0=0,熄灭 LED
	SJMP	Start	;返回 Start 重复执行

> **特别提示**
>
> SDCC51 语法规则详见与本书配套的电子版学习资料(www.zlgmcu.com)。
>
> 程序中所有以句点"."开头的命令均为汇编命令,在每个汇编命令行的行尾均有数字标号。".AREA"命令定义了一个绝对定位段,该段位于程序区中,名为 HOME。每一个汇编程序必须有一个以 HOME 命名的段,否则编译时会出现警告。这个段被定义为绝对的(ABS)代码段(CODE)。".org"命令在 HOME 程序段中进行绝对定位,定位复位向量。请注意:SDCC51 编译器仅支持 0x0000 格式,而不支持 0000H。其中的 Start 为程序的"标号",在二进制层面,标号的值就是存储器的地址,而标号又是引用存储器的值的别名,因此在语言层面标号的值就是程序的地址。

与机器语言相比,用汇编语言编程有很多便利之处,但使用规则和技巧也比较多,初学者往往不容易理解,因此程序清单 5.2 给出了与程序清单 5.1 对应的机器语言范例。

对缺乏编程经验的初学者来说,汇编语言的一些编程规则是不容易理解的,而了解规则最好的方法就是将汇编语言与机器码程序进行对比,先理清楚如何将汇编语言还原成机器码的方法,然后再思考为什么要这样做。

此外,这些程序短小精悍,很容易用机器码的编程方法来做实验。做这样的实验其实很有好处,它能让你深刻地理解计算机的具体行为,这对程序的设计思路非常有帮助。

第5章 经典范例程序设计

程序清单 5.2　单个 LED 闪烁程序范例(2)

地　址	操作码与操作数	助记符	注　释
0000 0000	1101 0010	SETB　P1.0	;P1.0 口置 1,点亮 LED
0000 0001	1001 0000		
0000 0010	1100 0010	CLR　P1.0	;P1.0 口清 0,熄灭 LED
0000 0011	1001 0000		
0000 0100	1000 0000	SJMP　0x0000	;跳转到程序头,重复执行
0000 0101	1111 1010		

很显然上面这个程序的执行结果非常糟糕,我们看不到发光管的闪烁现象,发光管不太亮又有点儿亮。为什么会这样呢?

因为计算机指令的执行速度非常快,其执行时间是微秒级的,所以在微秒之间点亮和熄灭 LED,眼睛是看不到到闪烁现象的。如果想让人眼看到 LED 闪烁,就必须将发光管点亮和熄灭的停顿时间扩大接近秒的级别。

如果在执行"SETB P1.0"点亮 LED 之后,延时零点几秒或者几秒,再执行第二条指令"CLR P1.0"熄灭 LED,接着再延时零点几秒或者几秒,之后返回执行第一条指令,如此不断循环,即可实现 LED 的闪烁功能,详见程序清单 5.3。

程序清单 5.3　单个 LED 闪烁程序范例(3)

```
Start: SETB    P1.0                ;点亮 LED
       ;执行延时 Delay 实体代码
       CLR     P1.0                ;熄灭 LED
       ;执行延时 Delay 实体代码
       SJMP    Start               ;返回 Start 重复执行
```

与程序清单 5.1 相比,程序清单 5.3 多了一项延时操作,那么如何才能让单片机实现延时停顿以及如何控制停顿的时间呢?下面将重点介绍如何编写单片机的延时程序,这是本实验的关键知识点,希望引起初学者的注意。

3. 延时时间计算

所谓停顿,就是站在那里不动,但单片机并不会停滞不前,它会一直以微秒级的速度狂奔。不过这不是问题,因为我们并不要求单片机停止运行,而仅仅是让 P1.0 口的输出信号维持"停顿"状态,其延时程序范例详见程序清单 5.4。

程序清单 5.4　延时程序范例(1)

```
       MOV     R7, #0xFF           ;1 个机器周期
Delay: DJNZ    R7, Delay           ;2 个机器周期
```

在程序清单 5.4 中"Delay:DJNZ R7,Delay"是实现延时的关键指令,这条指令的书写形式有些奇怪,指令前面的标号"Delay:"加上后面转移的目标标号 Delay,表示该指令是在重复执行自身。

这是一条复合操作指令,其意思是先将 R7 减 1,然后判断 R7 是否为 0。如果 R7≠0,则返回标号"Delay:",即这条指令的本身。接着 R7 继续减 1,直到 R7 减为 0,程序才会指向下

一个存储单元继续执行。

汇编语言编译规则约定,其书写格式一般不会用"Delay:DJNZ R7,Delay"这样的表达方式,而是简单地采用"DJNZ R7,."其中的"."表示指令自身的存储地址。但需要注意的是,SDCC51 不支持"$",它是用句点"."代替来"$"的,否则编译将会提示错误。

"DJNZ R7,."指令是将 R7 减到 0 才退出该指令的执行,所以 R7 在这条指令前的初值就决定了该指令的延时时间,在此之前通过"MOV R7,0xFF"指令已经给 R7 赋初值 0xFF。下面我们来计算一下该程序的延时时间。

由于实验系统中单片机的时钟晶振频率为 11.0592 MHz,因此它的机器周期的频率为 $(11.0592 \div 12)$ MHz,则 1 个机器周期耗时为:

$$12 \div (11.0592 \text{ MHz}) = 1.085 \ \mu s$$

程序清单 5.4 中的程序注释已经标出了这 2 条指令所占用的机器周期,其中,第 1 条为 1 个周期,第 2 条为 2 个周期。并且 R7 所取的初值为 0xFF(255),所以这段程序共占用(1+2×255)=511 个时钟周期,所以其延时时间为:

$$511 \times 1.085 \ \mu s = 554.5 \ \mu s = 0.5545 \text{ ms}$$

这里先不妨介绍一下编程技巧,其实给 R7 所赋的值 0xFF 并不是最大的延时参数,其最大延时参数应该是 0 这个令人最意外的数字。因为对计算机而言,0 减 1 的结果是 0xFF,所以用 0 作为延时参数的循环次数为 256,0 才是最大的初值,于是将延时参数修改为 0 的延时时间是:

$$(1+2 \times 256) \times 1.085 \ \mu s = 556.605 \ \mu s = 0.556605 \text{ ms} \approx 0.557 \text{ ms}$$

即使延时时间为 0.557 ms,但对人眼来说仍然还是太快了,所以必须增加时间长度。那么,我们不妨在该程序的外面再套上一层延时循环,这就是程序清单 5.5。

程序清单 5.5 延时程序范例(2)

	MOV	R6,#0x0	;1 个机器周期
Delay:	MOV	R7,#0x0	;1 个机器周期
	DJNZ	R7,.	;2 个机器周期
	DJNZ	R6,Delay	;2 个机器周期

该程序使用了 2 个工作寄存器 R6、R7 作为延时计数器,其中,R6 的延时循环套在 R7 的延时循环之外。由于中间延时程序的延时时间已知为 556.606 μs,所以其延时时间为:

$$[1+(1+2 \times 256+2) \times 256] \times 1.085 \ \mu s = 143047.485 \ \mu s \approx 143 \text{ ms}$$

如果延时还不够,可以再加第 3 级延时,这样就需要另外再增加一个工作寄存器。因为延时主要是由嵌套在里层的程序来完成的,对外层单个指令的时间来说比例太小,加上单片机的振荡器频率可能产生的误差,所以 1~2 条指令的耗时完全可以忽略不计。

可以这样简单地估算,如果第一级延时时间为 0.557 ms,那么第 2 级最大延时是它的 256 倍,即:

$$0.557 \text{ ms} \times 256 = 142.592 \text{ ms} \approx 143 \text{ ms}$$

第 3 级延时又是第 2 级延时的 256 倍,即:

$$143 \text{ ms} \times 256 = 36608 \text{ ms} \approx 36.6 \text{ s}$$

如果再给该程序加上 2 级延时,则它的最大延时时间将超过 3 个星期。

4. 程序范例

对于闪烁现象的观察,143 ms 是一个比较理想的参数,所以只需将延时程序清单 5.5 插入到程序清单 5.3 中";执行延时程序 Delay 实体代码"前面的位置即可,这就是程序清单 5.6。

程序清单 5.6　单个 LED 闪烁程序范例(4)

```
        .AREA    HOME(ABS,CODE)
        .ORG     0x0000
Start:  SETB     P1.0                    ;点亮 LED
        MOV      R6,#0x00                ;延时 143 ms
Delay:
        MOV      R7,#0x00
        DJNZ     R7,.
        DJNZ     R6,Delay
        CLR      P1.0                    ;熄灭 LED
        MOV      R6,#0x00                ;延时 143 ms
Delay1:
        MOV      R7,#0x00
        DJNZ     R7,.
        DJNZ     R6,Delay1
        SJMP     Start                   ;返回 Start,循环执行程序
```

5. 进一步优化

程序清单 5.6 就是添加了延时程序以后的 LED 闪烁程序,虽然也能够达到实验目的,但还不是最优的。因为会看到 LED 点亮的延时和熄灭的延时在功能上是一样的,但却占用了 2个程序空间,这不但会增加存储器的开销,也会使编程变得更加麻烦。

通过程序清单 5.6 可以看出,"SETB　P1.0"与"CLR　P1.0"的功能等价于"CPL　P1.0",则程序清单 5.7 就是经过优化的代码,而与之对应的机器语言代码详见程序清单 5.8。

程序清单 5.7　单个 LED 闪烁程序范例(5)

```
        .AREA    HOME(ABS,CODE)
        .ORG     0x0000
Start:  CPL      P1.0                    ;LED 状态取反
        MOV      R6,#0x00                ;延时 143 ms
Delay:
        MOV      R7,#0x00
        DJNZ     R7,.
        DJNZ     R6,Delay
        SJMP     Start                   ;返回 Start,循环执行程序
```

该程序巧妙地利用了位操作的"非"逻辑指令,使延时程序的利用率达到最大。比较一下这两段程序的篇幅,就可以看出程序的思路以及对指令的熟练掌握是多么重要。

程序清单 5.8　单个 LED 闪烁程序范例(6)

地　址	操作码与操作数	助记符	注　释
0000 0000	1011 0010	CPL　P1.0	;LED 状态取反
0000 0001	1001 0000		

0000 0010	0111 1110	MOV	R6,#0x00	;延时 143 ms
0000 0011	0000 0000			
0000 0100	0111 1111	MOV	R7,#0x00	
0000 0101	0000 0000			
0000 0110	1101 1111	DJNZ	R7,.	;R7≠0,返回指令本身
0000 0111	1111 1110			
0000 1000	1101 1110	DJNZ	R6,0x0004	;R7≠0,返回地址 0x0004
0000 1001	1111 1010			
0000 1010	1000 0000	SJMP	0x0000	;程序跳转到 0x0000,循环执行程序
0000 1010	1111 0100			

6. 上升沿与下降沿

通过上面的实验可以得出,LED 点亮的过程就是在 I/O 口上产生高电平 1,并持续延时 143 ms;LED 熄灭就是在 I/O 上产生低电平 0,并持续延时 143 ms。如此周而复始,LED 处于闪烁工作状态,即让 P1.0 输出高、低电平,如图 5.2 所示就是与之相应的波形。其中,数字电平由 0 变为 1 的一瞬间叫做上升沿,用"↑"表示;数字电平由 1 变为 0 的一瞬间叫做下降沿,用"↓"表示。我们知道,NOP 是一条只有一个机器周期的空操作指令,可以使用 NOP 指令来产生"一瞬间"的延时,用软件来产生"↑"上升沿的代码如下:

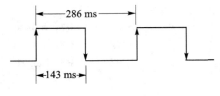

图 5.2 方波示意图

```
CLR     P1.0
NOP                     ;瞬间延时时间
SETB    P1.0
```

☞ **关键知识点**

尽管上面的练习很简单,但必须认真实践,搞清楚每一行代码的来龙去脉。看懂了仅仅代表你"暂时记住"了,但很快就会忘记。当你将调试中出现的所有"问题(bug)"都找到时,才会体会更深。无数成功者的经验表明:过程比结果更重要!

"延时时间"的计算以及"上升沿与下降沿"是本节至关重要的知识点。另外,必须学会查阅相关的资料,了解单片机的 I/O 口和"非"门集成电路驱动电流的大小,LED 的导通电压以及回路电流与限流电阻的计算。

5.1.2 LED 流水灯

人们时常看到户外动画广告,一会儿从左到右显示,一会儿又从右到左显示,这就是流水灯效果。其特征是将想要显示的画面切割成 N 份,且每次只让其中的一个画面显示,以便肉眼能够看得清楚。

假设先让其中的一幅画面显示,接着"立刻"点亮与其相邻的另一幅画面,且同时熄灭前一幅画面,画面切换间隔时间为 μs 级,由于人眼的反应速度非常慢,所以无法看清楚画面切换的过程,以至于看起来的效果就是一幅全部点亮的画面,如电视画面,这是典型的视觉暂存效应现象。

如果在点亮第一幅画面后,延时等待一个固定的时间值(假设延迟时间为 ms 或 s 级),再在点亮与其相邻画面的同时熄灭前一幅画面,接着再延时等待一个固定的时间值……那么就能够看到画面像流水一样显示的效果,即每次只让其中一个画面点亮。

　　SETB、CLR 与 CPL 位操作指令只是针对一个端口(bit)进行操作,很显然对 8 个 I/O 口 P1 操作则不大合适,因此需要选用单片机的 8 位操作指令。这样,要想实现 8 个 LED 流动点亮的效果,只需将 0x01、0x02、0x04、0x08、0x10、0x20、0x40、0x80 依次送往单片机 P1 口(参见程序清单中注释的部分),就能让灯光流动起来,即将"MOV direct,♯data"指令使用 8 次。考虑到视觉响应时间的问题,则需在每条"MOV direct,♯data"指令后面加上一段合适时间的延时程序。LED 流水灯程序范例详见程序清单 5.9。

程序清单 5.9　LED 流水灯程序范例(1)

```
        .AREA     HOME(ABS, CODE)
        .ORG      0x0000

Start:  MOV       P1, ♯0x01           ;LED 的显示状态:●●●●●●●☼
        ;执行延时 Delay 实体代码
        MOV       P1, ♯0x02           ;LED 的显示状态:●●●●●●☼●
        ;执行延时 Delay 实体代码
        ……
        MOV       P1, ♯0x80           ;LED 的显示状态:☼●●●●●●●
        ;执行延时 Delay 实体代码
        AJMP      Start                ;跳转到 Start,循环执行程序
```

　　程序清单 5.9 的逻辑关系非常清楚,毫无疑问也能够达到目的,但却是一段非常糟糕的程序,不仅代码量非常大,而且书写起来也很繁琐,代码效率低下。

　　通过仔细观察发现,LED 从右向左移动的过程中,每次只点亮一个 LED,即数据 0x01、0x02、0x04、0x08、0x10、0x20、0x40、0x80 中的 1 是一个不断地从右向左移动的过程。对照指令表发现,逻辑运算"RLC A"指令可以将保存在累加器 A 中的数据实现左移。

　　我们不妨先用"MOV A,♯0x01"指令将数据 0x01 存放到累加器 A 中,然后再将 A 中的数据传递给 P1 口,即:

```
MOV     A, ♯0x01
MOV     P1, A
```

　　接着使用"RLC A"移位运算指令,将 A 的内容全部向左移动 1 位。当移位 8 次之后,最高位 D7 即被移到标志位 CY,而 CY 原来的内容则移到累加器最低位 D0 中,此时其"数据结构"为 1 0000 0000。由此可见,当 CY=1 时,LED 全部熄灭,即 LED 循环显示到第 9 次时,LED 全部熄灭,这就是实现"流水"灯的基本思路,详见程序清单 5.10,与之相对应的机器语言程序详见程序清单 5.11。

程序清单 5.10　LED 流水灯程序范例(2)

```
            .AREA     HOME(ABS, CODE)
            .ORG      0x0000

Start: MOV        A, ♯0x01              ;操作数据取初值 0x01,设定第一个 LED 亮
Loop:  MOV        P1, A                 ;初次上电时 LED 的显示状态:●●●●●●●☼
```

```
            RLC     A                      ;左移一次后LED的显示状态：●●●● ●●☼●
            MOV     R6,#0x0                ;延时143 ms
    Delay:
            MOV     R7,#0x0
            DJNZ    R7,.
            DJNZ    R6,Delay
            SJMP    Loop
```

在正确地完成实验后,初学者可以尝试修改程序清单 5.10 用不同的方式来实现和优化。虽然这段程序还不够完美,但却能帮助你体会到它为什么不好,从而学到在正确的程序中学不到的东西。

程序清单 5.11　LED 流水灯程序范例(3)

地　址	操作码与操作数	助记符		注　释
0000 0000	0111 0100	MOV	A,#0x01	;操作数据取初值 0x01,第一个 LED 亮
0000 0001	0000 0001			
0000 0010	1111 0101	MOV	P1,A	;将 A 的内容送到 P1 口
0000 0011	1001 0000			
0000 0100	0011 0011	RLC	A	;A 的内容左移一次
0000 0101	0111 1110	MOV	R6,#0x00	;R6 取延时初值 0,延时 143 ms
0000 0110	0000 0000			
0000 0111	0111 1111	MOV	R7,#0x00	;R7 取延时初值 0
0000 1000	0000 0000			
0000 1001	1101 1111	DJNZ	R7,.	;R7 自减循环
0000 1010	1111 1110			
0000 1011	1101 1110	DJNZ	R6,0x0007	;R6 自减循环
0000 1100	1111 1010			
0000 1101	1000 0000	SJMP	0x0002	;返回 0x0002,重复操作
0000 1110	1111 0011			

☞ **关键知识点**

附录 A 中的最后一题就是作者 2010 年面向全国电类专业招聘开发工程师的考题,其实就是从上面这个例子改过来的,但很多学生做不出来。尽管上面这个例子很简单,很多学生也看懂了,但由于没有结合作者介绍的设计思想动手实践,到头来放下书本也就全部忘记了。因此,看懂了不见得真正地掌握了。

如果将程序清单 5.10 中"RLC A"指令改为"RL A",请仔细观察流水灯的效果有什么不同? 另外,如果要求让流水灯从右到左变化,如何编程?

5.1.3　户外广告灯(查表法)

在 5.1.2 节中,2 条"求反和左移"指令的巧妙运用都是在有逻辑规则的前提下进行的逻辑操作。但在实际的应用中许多变化并不存在逻辑上的规律,像花样极多的街头广告显示牌。例如,需要左移 2 次,然后右移 2 次,接着又闪烁 2 次。很显然随着显示花样的增多,如果继续沿用上述编程方法,一旦用户需要修改显示形式,势必使编程的工作量越来越大,所以必须引进新的处理方法。

在日常的书写方式中,将一组数据按一定规律集中书写在一起的方式叫"列表"。这种方式的好处就是可以将我们最关心的关键数据罗列在一起,这样看起来极其方便。

计算机在编程中有列表这种处理方法,并且已经发展成为一种数据结构的专门类别。在本小节的程序实验中,将学习到最初级、最基本的列表技术手段。

下面不妨换一种编程思路:如果将显示花样(数据)做成一个列表,即可用查表指令"MOVC A,@A+DPTR"找到显示数据区,则可以使关键数据一目了然,修改也极其方便。指令 MOV 后面的 C 表示该操作在代码存储区(即 CODE 段),而 DPTR 则是 80C51 单片机唯一的 16 位数据寄存器。由于标准 80C51 的程序存储地址最大为 16 位,所以 DPTR 寄存器是为专用地址操作而设计的,根据累加器 A 的值再加上 DPTR 的值,使程序计数器 PC 指向表内相应的地址取出所需要的数据。由此可见,要想改变显示的花样,只需修改显示数据区的列表就可以了,其示例程序详见程序清单 5.12,与之相对应的机器语言程序详见程序清单 5.13。

程序清单 5.12　　LED 户外广告灯程序范例

```
        .AREA    HOME(ABS, CODE)
        .ORG     0x0000
Start:  MOV      DPTR, #Table           ;将 Table 表的地址存入数据指针
Loop:   CLR      A                      ;清 0 累加器 A
        MOVC     A, @A+DPTR             ;查表
        CJNE     A, #0x55, Loop1        ;是否为结束码? 否,则跳到 Loop1
        AJMP     Start                  ;返回起点,重复执行
Loop1:
        MOV      P1, A                  ;将 A 输出到 P1
        MOV      R6, #0x00              ;延时时间为 143 ms
Delay:
        MOV      R7, #0x00
        DJNZ     R7, .
        DJNZ     R6, Delay
        INC      DPTR                   ;数据指针加 1,取下一个码
        AJMP     Loop
Table:  .DB      0x81, 0x42, 0x24, 0x18, 0x24, 0x42, 0x81, 0x00
        .DB      0x18, 0x24, 0x42, 0x81, 0x42, 0x24, 0x18, 0x00
        .DB      0x80, 0x40, 0x20, 0x10, 0x08, 0x04, 0x02, 0x01
        .DB      0x80, 0x40, 0x20, 0x10, 0x08, 0x04, 0x02, 0x01     ;右移两次
        .DB      0x00, 0xFF, 0x00, 0xFF                             ;闪烁两次
        .DB      0x55                                               ;显示数据区结束特征码
```

程序清单 5.12 的好处是非常灵活,只要修改 Table 数据区就可以得到不同的显示效果。该程序对于显示区域的长度也没有什么限制,但在 256 个图形组合中 0x55 不能被显示,因为该数据被选为显示数据区的结束特征码。

程序清单 5.13　　LED 户外广告灯的机器语言程序范例

地　址	操作码与操作数	助记符		注　释
0000 0000	1001 0000	MOV	DPTR, #0x0017	;将 Table 表的地址存入数据指针

0000 0001	0000 0000				
0000 0010	0001 0111				
0000 0011	1110 0100；	CLR	A		；累加器 A 清 0
0000 0100	1001 0011	MOVC	A，@A+DPTR		；到数据指针所指的地址取码
0000 0101	1011 0100	CJNE	A，♯0x55，0x000A		；不是，则跳到 Loop1
0000 0110	0101 0101				
0000 0111	0000 0010				
0000 1000	0000 0001	AJMP	0x0000		；返回起点，重复执行
0000 1001	0000 0000				
0000 1010	1111 0101	MOV	P1，A		
0000 1011	1001 0000				
0000 1100	0111 1110	MOV	R6，♯0x00		；延时时间为 143 ms
0000 1101	0000 0000				
0000 1110	0111 1111	MOV	R7，♯0x00		
0000 1111	0000 0000				
0001 0000	1101 1111	DJNZ	R7，.		
0001 0001	1111 1110				
0001 0010	1101 1110	DJNZ	R6，0x000E		
0001 0011	1111 1010				
0001 0100	1010 0011	INC	DPTR		；数据指针加 1，取下一个码
0001 0101	0000 0001	AJMP	0x0003		
0001 0110	0000 0011				
0001 0111	1000 0001				；显示数据区首地址
0001 1000	0100 0010				
0001 1001	0010 0100				
0001 1010	0001 1000				
0001 1011	0010 1100				
……	……				
0011 1011	0101 0101				；显示数据结束特征码

☞ **关键知识点**

查表指令的应用非常广泛，如果存储器空间允许，有时使用查表方式更直接，速度更快。因此大家必须重点掌握查表指令的应用方法。

5.2 听觉实验：提示音与报警声

5.2.1 蜂鸣器是如何发声的

听觉是人对振动产生的感觉，但人的听觉能力是有限的，因此人类只能听到声波振动频率在 20 Hz～20 kHz 范围的声音，因为 20 Hz 以下和 20 kHz 以上分别属于次声和超声的范围，人的耳朵是听不到的。

蜂鸣器是一种通过电流的导通和截止将电能转换为机械振动的电子器件，因此只要给蜂鸣器加载一定音频范围变化的脉冲(通断)电流,让蜂鸣器"通电"一段时间、"断电"一段时间,即可产生与通断频率相同的机械振动音。

如图 5.3 所示是使用单片机 I/O 口驱动交流蜂鸣器的电路原理图。当 P1.0 口输出低电平 0 时,驱动蜂鸣器的三极管导通,从而促使三极管给蜂鸣器提供电流;当 P1.0 口输出高电平 1 时,驱动蜂鸣器的三极管截止,从而停止给蜂鸣器供电。

此时,只要用杜邦线将 B2 实验区与单片机 P1.0 相连的 JP31_2,连接到 A5 实验区与蜂鸣器驱动电路相连的输入端 JP37_1,即可完成硬件电路的连接。

其实,上面提到的分别接通和断开"一段时间"的总和就是蜂鸣器的振荡周期,再稍作转换就能够得到确定的音频脉冲频率参数。由于单片机的运行速度很快,如果直接用指令驱动蜂鸣器,则由于频率太高,即超过了蜂鸣器的工作范围,同时也超出了人的听觉范围。

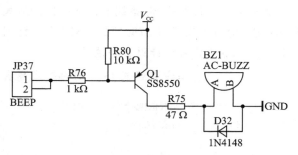

图 5.3 交流蜂鸣器驱动电路图

现在来看一下前面学习的一级寄存器延时所产生的频率是否在听觉范围以内,按图 5.3 所示的电路,驱动程序详见程序清单 5.14。

程序清单 5.14 蜂鸣器发声程序范例

```
        .AREA    HOME(ABS, CODE)
        .ORG     0x0000

Start： CPL     P1.0          ;蜂鸣器驱动电平取反
        MOV     R7,#0x00      ;单机器周期指令
        DJNZ    R7,.          ;双机器周期指令
        SJMP    Start         ;返回 Start,循环执行程序
```

我们不妨先来复习一下前面学过的延时计算方法。先计算程序占用的机器周期总数,共计 $(1+2\times256)=513$ 个时钟周期,1 个机器周期的耗时为 $12\div(11.0592\ \text{MHz})=1.085\ \mu s$。

因此,蜂鸣器的电平翻转的时间为 $513\times1.085\ \mu s=556.605\ \mu s$。由于一个周期包括一个低电平(0)的延时时间和一个高电平(1)的延时时间,那么它的振荡周期就等于 $2\times556.605\ \mu s=1113.21\ \mu s$,振荡频率就是每秒钟振荡的次数:

$$f=1/(1113.21\ \mu s)\approx 898.3\ \text{Hz}$$

由于人能听到的频率范围一般在 20~20 000 Hz 之间,所以程序清单 5.14 所发出的频率在人的听觉范围以内,实验也正好证明了这一点。

仅仅让蜂鸣器发出声音是不够的,我们需要蜂鸣器能够按照要求发出特定的声音。这里要涉及一点点音乐知识,比如,一个普通的七音阶组可以由以下频率组成:264 Hz(多)、297 Hz(来)、330 Hz(咪)、352 Hz(发)、396 Hz(索)、440 Hz(啦)、495 Hz(西)和 528 Hz(高音"多")。

考察一下音阶的规律可以发现,每个 8 度音阶之间存在一种倍频的关系,且高音"多"的频率正好是"多"的倍频。将如何让蜂鸣器发出高音"多"这个音阶的声音呢?高音"多"的频率是

528 Hz，现在套用程序清单 5.14 的发音方式来完成这个音阶发音。

528 Hz 就是蜂鸣器每秒钟振荡 528 次，即每次占用的时间为 (1/528)s ≈ 1.894 ms，由于振荡器需要在导通和停顿期间占用相等的时间，因此 528 Hz 频率的延时应该等于 1.894 ms/2 = 0.947 ms（即 947 μs）。前面已经计算过，单片机的每个机器周期为 1.085 μs，所以用 947 μs 除以 1.085 μs 就能得到延时所占的机器周期个数，947/1.085 ≈ 873 个机器周期。

通过前面的计算得知，单级 8 位寄存器的最大延时值为 513 个时钟周期，所以单级延时的时间不够，但也仅仅只差 873 − 513 = 360 个时钟周期，与之相应的程序详见程序清单 5.15，与之对应的机器语言程序详见程序清单 5.16。

程序清单 5.15　蜂鸣器发高音"多"音阶的程序范例（1）

```
        .AREA    HOME(ABS, CODE)
        .ORG     0x0000

Start:  CPL      P1.0            ;蜂鸣器驱动电平取反
        MOV      R7, #0x0        ;延时 513 个机器周期
        DJNZ     R7, .
        MOV      R7, #179        ;延时 360 个机器周期
        DJNZ     R7, .
        NOP                      ;单周期指令
        SJMP     Start            ;返回 Start，循环执行程序
```

程序的延时时间计算方法如下：先由一级延时程序延时 513 个机器周期，然后剩下的 360 个机器周期由程序通过公式（1 + 2 × 179）+ 1 = 360 完成，因为程序必须有个单指令周期的 "MOV R7, #179"，所以第 2 个延时程序加上一条"NOP"空操作指令（一个机器周期），以达到最精确的延时。

程序清单 5.16　蜂鸣器发高音"多"音阶的机器语言程序范例（1）

地 址	操作码与操作数	助记符		注 释
0000 0000	1011 0010	CPL	P1.0	;蜂鸣器驱动电平取反
0000 0001	1001 0000			
0000 0010	0111 1111	MOV	R7, #0x00	;延时 513 个机器周期
0000 0011	0000 0000			
0000 0100	1101 1111	DJNZ	R7, .	
0000 0101	1111 1110			
0000 0110	0111 1111	MOV	R7, #179	;延时 360 个机器周期
0000 0111	1011 0011			
0000 1000	1101 1111	DJNZ	R7, .	
0000 1001	1111 1110			
0000 1010	0000 0000	NOP		
0000 1011	1000 0000	SJMP	0x0000	;返回 Start，循环执行程序
0000 1100	1111 0011			

在上述例程中，我们巧妙地应用了"CPL P1.0"这样一个求反的指令，使低电平（0）和高电平（1）的延时共用一个程序，但这种用法受到很多限制，比如，对不同 I/O 口进行操作时就不

能使用这种方法。其实在编程技术中有一种更为方便的程序共用法,它就是子程序,这样我们可以将延时程序做成一个子程序。尽管编程方式不一样,但程序清单 5.17 与程序清单 5.15 达到的效果却是一样的,与之相对应的机器语言程序详见程序清单 5.18。

程序清单 5.17　蜂鸣器发高音"多"音阶的程序范例(2)

```
        .AREA    HOME(ABS, CODE)
        .ORG     0x0000

Start:  CLR      P1.0                    ;P1.0 口清 0,蜂鸣器导通
        ACALL    Delay                   ;调延时 873 个时钟周期子程序
        SETB     P1.0                    ;P1.0 口置 1,蜂鸣器断电
        ACALL    Delay                   ;调延时 873 个时钟周期子程序
        SJMP     Start                   ;返回 Start,循环执行程序

        ;— 延时 873 个时钟周期子程序—
Delay:
        MOV      R7, #0                  ;延时 513 个机器周期
        DJNZ     R7, .
        MOV      R7, #178                ;延时 360 个机器周期
        DJNZ     R7, .
        NOP
        RET
```

顾名思义,子程序就是供其他程序调用的下一级程序。由于它可以为调用它的程序共用,所以子程序的使用是汇编编程的技术最需要掌握的部分。需要注意的是,该子程序的第二段延时参数为 178 而不是 179,是因为返回指令 RET 也是一条双机器周期指令,它的执行也需要 2 个机器周期的时间,所以只能从延时循环里减去 2 个机器周期。

程序清单 5.18　蜂鸣器发高音"多"音阶的机器语言程序范例(2)

地　址	操作码与操作数	助记符		注　释
0000 0000	1100 0010	CPL	P1.0	;P1.0 口清 0,蜂鸣器导通
0000 0001	1001 0000			
0000 0010	0001 0001	ACALL	0x000A	;调延时 873 个时钟周期子程序
0000 0011	0000 1010			
0000 0100	1101 0010	SETB	P1.0	;P1.0 口置 1,蜂鸣器断电
0000 0101	1001 0000			
0000 0110	0001 0001	ACALL	0x000A	
0000 0111	0000 1010			
0000 1000	1000 0000	SJMP	0x0000	;返回 Start,循环执行程序
0000 1001	1111 0110			
0000 1010	0111 1111	MOV	R7, #0x00	;延时 873 个机器周期子程序
0000 1011	0000 0000			
0000 1100	1101 1111	DJNZ	R7, .	;延时 513 个机器周期
0000 1101	1111 1110			
0000 1110	0111 1111	MOV	R7, #178	;再延时 360 个机器周期

0000 1111	1011 0010			;0xB2=178
0001 0000	1101 1111	DJNZ	R7,.	
0001 0001	1111 1110			
0001 0010	0000 0000	NOP		;补一个机器周期
0001 0011	0010 0010	RET		

思考题：

▶ 如何得到音阶"多"、"来"、"咪"、"发"、"索"、"啦"、"西"的延时子程序？

▶ 尝试使用实验系统模拟出变化的声音，如电话机的铃声等。

5.2.2 如何控制蜂鸣器随机发声

通过上面的实验发现，蜂鸣器可按要求产生特定的声音，但我们还必须知道单片机是如何对外界的信号产生反应的。比如，希望控制它什么时候发声，什么时候不发声。大家可能会认为，可以用通电开关来控制，需要发声的时候通电，不需要的时候断电，不是同样能够控制吗？这里需要说明的是，单片机不像灯泡那样功能单一，虽然它可以完成很多复杂的功能，但仅仅用电源开关类的控制方法是不行的。

现在仍以控制蜂鸣器为例，看看我们是如何通过输入指令，使单片机从外部得到信号的。为了能够更好地理解程序的设计思想，本实验将使用电路 A3 开关区的开关作为输入信号。虽然开关是一种最简单的输入器件，但如果用开关构建输入电路，同样也需要对程序做一些特殊的处理，因此希望初学者能够认真对待。

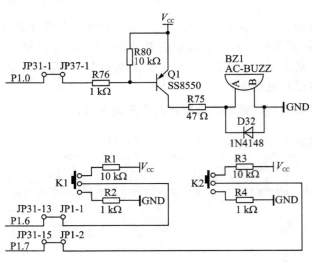

图 5.4 蜂鸣器开关控制电路

在图 5.3 的基础上，分别用杜邦线将 B2 实验区与 P1.7 相连的 JP31_15、与 P1.6 相连的 JP31_13，连接到 A3 实验区与 K2 相连的 JP1_2、与 K1 相连的 JP1_1，构成电路如图 5.4 所示。其中，P1.7 与 P1.6 作为输入 I/O 口，如果 K1 与 K2 处于 1 的位置，则输出高电平，否则为低电平。

80C51 的 I/O 口 P1 被称为准双向口。当准双向口作为输入口使用时，读取 I/O 引脚的数据是有特殊要求的，即在读取 I/O 口的数据之前，必须先向 I/O 口内部的锁存器写入高电平 1，否则有可能无法正确地读到 I/O 引脚的数据。

当开关 K1 为低电平时，蜂鸣器发出高音"多"音阶声音；当开关 K2 为低电平时，发出"多"的声音；当 K1 和 K2 都是高电平时，不发出声音。实验程序见程序清单 5.19。

在产生"多"音时，程序利用了八度音阶的倍频关系，即用了 2 个高音"多"的延时来产生"多"这个音，从而使子程序的利用达到了最大化。

程序清单 5.19   开关控制蜂鸣器程序范例(1)

```
        .AREA    HOME(ABS,CODE)
        .ORG     0x0000

Start:  SETB     P1.7                  ;P1.7口置1,准备读取数据
        JB       P1.7,Buzz1            ;P1.7为1,转 Buzz1 执行程序
        CLR      P1.0                  ;蜂鸣器导通,以下程序产生"多"音
        ACALL    Delay                 ;调用高音"多"延时
        ACALL    Delay                 ;重复调用,因为倍频关系可以产生"多"频率
        SETB     P1.0                  ;蜂鸣器截止
        ACALL    Delay                 ;延时
        ACALL    Delay                 ;重复延时产生"多"频率
Buzz1:
        SETB     P1.6                  ;P1.6口置1,准备读取数据
        JB       P1.6,Start            ;P1.6为1,转 Start 重复执行
        CLR      P1.0                  ;蜂鸣器导通
        ACALL    Delay                 ;调用高音"多"延时
        SETB     P1.0                  ;蜂鸣器截止
        ACALL    Delay                 ;调用高音"多"延时
        SJMP     Start                 ;返回 Start,循环执行程序

;—延时 873 个机器周期子程序—
Delay:
        MOV      R7,#0x00
        DJNZ     R7,.                  ;延时 513 个机器周期
        MOV      R7,#178
        DJNZ     R7,.                  ;延时 360 个机器周期
        NOP
        RET
```

运行该程序后,将 K1 拨到 0 位置时,蜂鸣器发出高音"多";将 K1 拨回 1 位置而 K2 拨到 0 时,蜂鸣器发出"多"音,将 K2 也拨回 1 位置时,蜂鸣器不发出声音,这与我们前面介绍的设计功能一样。但当 K1 和 K2 这 2 个开关都拨到 0 时,却得到第三种声音,它是"多"和高音"多"混合在一起的混音,这种意外的声音就是设计程序时产生的"Bug"所造成的。通常设计者往往会将注意力集中在功能的实现上,而对可能产生意外的条件组合往往容易忽视,从而导致产生所谓的"非法操作","Bug"因此产生。

其实对这样的问题如果有预见,则是可以防止的。而在发现以后再加以处理的程序,就是人们常说的"补丁"程序,当然这是题外话。

如何避免 K1、K2 都是 0 时出现第三种声音,最简单的办法是承认该程序能发出第三种声音,将"非法"合法化。但这样做是不可取的,因为这是设计的意外,除非设计之初就要求有这样的效果。

真正的处理方法是要预先规定这种情况如何处置,也就是规定 K1 和 K2 同时为 0 时,设计者需要单片机怎样处理。例如,还是只发出一种声音,如果是这样,就必须规定保留先拨到

0 还是后拨到 0 的开关所产生的声音,也可以规定这种状况下不发出声音。从这里可以看出,输入的处理往往比输出更复杂一些。

程序清单 5.20 就是改进后的程序,它规定 K1、K2 同时为 0 时不发出声音。

程序清单 5.20　开关控制蜂鸣器程序范例(2)

```
        .AREA   HOME(ABS, CODE)
        .ORG    0x0000
Start:  SETB    P1.7                ;P1.7 口置 1,准备读取数据
        JB      P1.7,Buzz1          ;P1.7 口为 1,转 Buzz1 执行程序
        SETB    P1.6                ;P1.6 口置 1,准备读取数据
        JNB     P1.6, Buzz1         ;如果 P1.6 同时为 0,则跳转到 Buzz1
        CLR     P1.0                ;蜂鸣器导通。以下程序产生"多"音
        ACALL   Delay               ;调用高音"多"延时
        ACALL   Delay               ;重复调用,因为倍频关系可以产生"多"频率
        SETB    P1.0                ;蜂鸣器截止
        ACALL   Delay               ;延时
        ACALL   Delay               ;重复延时产生"多"频率
Buzz1:
        SETB    P1.6                ;P1.6 口置 1,准备读取数据
        JB      P1.6, Start         ;P1.6 口为 1,转 Start 重复执行
        SETB    P1.7                ;P1.7 口置 1,准备读取数据
        JNB     P1.7, Start         ;如果 P1.7 同时为 0,则跳转回 Start
        CLR     P1.0                ;蜂鸣器导通
        ACALL   Delay               ;调用高音"多"延时
        SETB    P1.0                ;蜂鸣器截止
        ACALL   Delay               ;调用高音"多"延时
        SJMP    Start               ;返回 Start,循环执行程序
;—延时 873 个时钟周期子程序—
Delay:
        MOV     R7, #0x00           ;延时 513 个机器周期
        DJNZ    R7, .
        MOV     R7, #178            ;延时 360 个机器周期
        DJNZ    R7, .
        NOP
        RET
```

思考题:

▶ 如果希望在 K1 和 K2 同时为 0 时保持前一种发音,如何编程?

▶ 设想一下,能否用 8 个开关做一个单音的电子琴?如何连接硬件?

5.3 TKStudio IDE 与 SDCC 编译器

通过前面的学习，我们已经掌握了 CPU 的内部结构和基本的程序设计方法。本节将重点学习如何优化程序，并运用 TKStudio IDE 集成开发环境与 SDCC(Small Device C Compiler)编译器高效地设计程序。

SDCC 是为 8 位微控制器开发的免费 C 编译器，支持 8051 单片机的编译、调试；TKStudio 是广州致远电子有限公司历时多年开发的一款功能强大的支持 SDCC 的集成开发环境。

5.3.1 SDCC 简介

TKStudio IDE 集成开发环境是一款内置编辑器的多内核编译/调试环境，支持各种 80C51、ARM7、ARM9、ARM11、XScale、Cortex-M0、Cortex-M1、Cortex-M3、Cortex-M4、Cortex-A8、Cortex-A9、Cortex-R4 与 AVR 等内核，可以完成工程的建立和管理，编译、链接与目标代码的生成与软件仿真功能，通过连接 TKScope 系列仿真器实现实时硬件仿真等完整的开发流程。其内置多种调试工具软件，如串口调试助手、μC/OS-II 调试插件、文件比较器、图片字模助手、数据转换工具、ASCII 码查询工具、文件捆绑/转换工具、波特率计算器、配置信息编辑工具与 K-Flash 在线编程软件，而且由单一的工具链 KEIL C51 发展到 SDCC 51、ADS ARM、GCC ARM、Realview MDK、IAR ARM、AVR GCC、IAR AVR。与此同时，全球首创在 Windows 下调试嵌入式 Linux 操作系统内核、驱动与应用层软件。

该软件可从周立功公司网站(http://www.embedtools.com/pro_tools/emluator/studio.asp)免费下载，使用时所需的各种资料也可在该网址下载。TKStudio 软件自带 SDCC，按照提示安装好后，即可在"安装目录\Build\SDCC\bin"下看到 SDCC 的各个工具文件。

SDCC 是命令行固件开发工具，含预处理器、编译器、汇编器、链接器和优化器。安装文件中还捆绑了 SDCDB，类似于 gdb（GNU 调试器）的源码级调试器。无错的程序采用 SDCC 编译、链接后，生成一个 Intel 十六进制格式的加载模块。

SDCC 编译器工具链由以下各部分组成：

sdcc	C 编译器；
sdcpp	C 预处理器；
asx8051	8051 汇编器；
aslink.exe	8051 链接器；
s51	ucSim8051 软件仿真器；
sdcdb	源码调试器；
packihx	Intel hex 转换器。

一个软件开发工程是由一个或多个源文件组成的，这些文件可以是 C 或汇编源文件。SDCC 构建目标工程示意图详见图 5.5，它可分为两个步骤。

步骤 1：将工程中所有源文件分别进行编译，C 源文件对应 C 编译器 sdcc.exe，汇编源文件对应汇编器 asx8051，形成目标文件"*.rel"及各种辅助文件。"*.rel"文件是单个源文件的目标文件，它将源文件中的各条语句编译为相应二进制机器码，但不能解释外部符号和可重定位单元等全局符号。

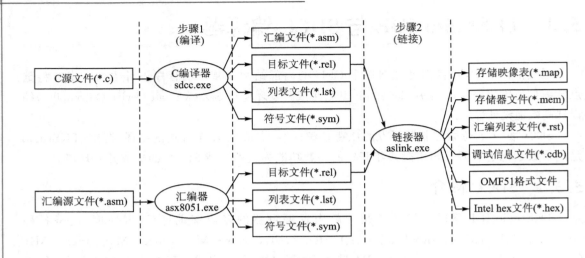

图 5.5　SDCC 构建目标工程示意图

步骤 2：对工程中所有的"*.rel"文件一起进行链接，解析各目标文件中所用外部符号，以及对可重定位单元进行全局定位，最后形成烧片所需的十六进制文件"*.hex"、各种调试文件及辅助文件。

5.3.2　SDCC 的使用

在 TKStudio 中实现步骤 1：在"工程窗口"选中需要编译的文件，然后单击构建目标工程按钮即可。IDE 会自动用 sdcc.exe 编译 C 源文件，用 asx8051.exe 编译汇编源文件。

在 TKStudio 中实现步骤 1 和步骤 2：单击或按钮即可。单击按钮构建单个工程；单击按钮构建所有工程，IDE 先编译所有未编译过的或修改过的源文件，然后再自动将所有目标文件进行链接。

编译和链接选项可在工程配置对话框中设置：单击工程配置按钮，弹出"目标工程配置"对话框，详见图 5.6。

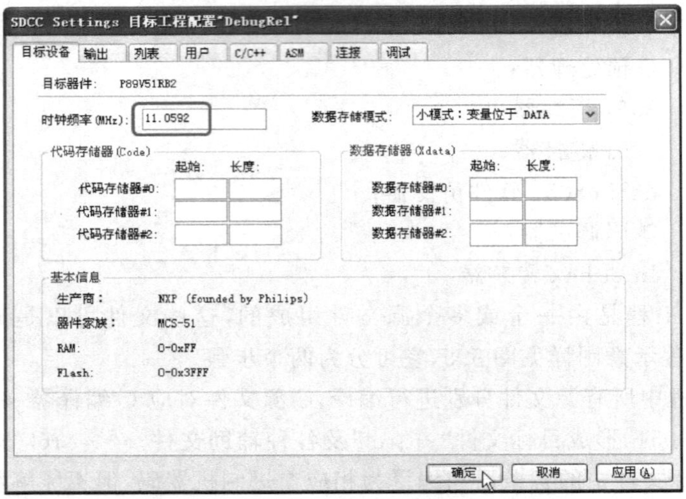

图 5.6　"目标工程配置"对话框

该对话框有很多个选项卡，在一般情况下不需要对这些选项进行任何修改，采用默认选项即可（晶振频率可以改成实际采用的频点，方便将来调试）。下面将通过创建一个基于 SDCC 汇编器的工程，介绍 TKStudio IDE 的使用方法。

5.3.3 创建工程

1. 新建工程

在新建工程之前，请为每个工程单独建一个文件夹，这样便于工程的管理，如 F:\TKStudio 工程\A51\LED。

新建工程主要用于创建一个项目，从器件数据库中选择目标芯片，并配置工具软件的设置。

选择菜单"文件"→"新建"，将弹出"新建"对话框，选择"工程"选项卡，详见图 5.7。选中 Project Wizard 工程向导，接着在"工程名"处输入工程名称，如 LED，然后在"位置"处选择工程的保存位置，即 F:\TKStudio 工程\A51\LED 文件夹。

2. 选择目标 CPU

接下来在"选择目标 CPU"对话框中，选择具体的 CPU 型号与编译工具，详见图 5.8。首先，在右上角"内核"下拉列表框中选择 MCS-51，这时左边对应的列表框中将显示常用的 80C51 系列单片机；接着选择所使用的型号，如 NXP 公司的 P89V51RB2。

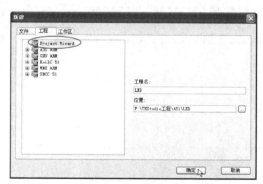

图 5.7　新建工程

图 5.8　选择目标 CPU

然后在"选择编译工具"下拉列表框中选择 SDCC Tools for 51 编译器（这是必需的），最后单击"确定"按钮即可完成设置。当工程建立以后，在工程管理栏上将显示有关的信息。

3. 新建文件

新建文件的过程非常简单，只需在"文件"菜单中选择"新建"，就会弹出如图 5.9 所示的对话框；然后在其左边的列表框中选择文件类型为 Asm File，在右边的"文件"文本框中输入文件名 main.asm；最后单击"确定"按钮完

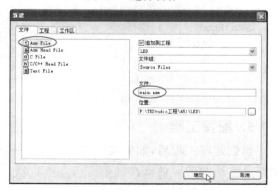

图 5.9　新建汇编源程序文件

4. 编辑代码

TKStudio IDE 内置功能强大的免费的代码编辑器,且兼容常见的专业编辑器的使用方法。当用户建立好文件以后,接着在编辑器中输入程序清单 5.21 所示的源代码,然后单击按钮保存文件。

程序清单 5.21　LED 流水灯程序范例(A51)

```
;**************************************************************
;文件：main.asm
;功能：LED 流水灯(指令延时)
;电路：MCU 选择 P89V51RB2,晶振频率选择 11.059 2 MHz,P1 端口经 8 个反相器接 8 个 LED,高电
;平点亮
;**************************************************************

;**************************************************************
;复位入口
;**************************************************************
        .AREA    HOME(ABS, CODE)
        .ORG     0x0000
        LJMP     main
;**************************************************************
;功能：延时约 143 ms
;**************************************************************
delay:   MOV     R6, #0
delay_2: MOV     R7, #0
delay_1: DJNZ    R7, delay_1
         DJNZ    R6, delay_2
         RET
;**************************************************************
;主程序(用户程序入口)
;**************************************************************
main:    MOV     A, #0x01
         CLR     C
main_Loop:
         MOV     P1, A
         RLC     A
         LCALL   delay
         SJMP    main_Loop
```

5. 配置工程

当创建好工程后,如果需要对工程进行一些适当的配置,可以单击工程配置按钮,弹出如图 5.6 所示的对话框。

6. 构建工程

当配置好工程后,即可构建工程。构建包括编译和链接两大步骤。在构建之前需要配置

好编译工具所在的位置,以便开发环境能够正确地找到编译工具链。首先需要确定工具链所在的目录,TKStudio自带SDCC工具链,安装时也已经设置好工具链的路径,建议用户使用默认的工具链,如果不懂,则不要随便作出修改。

最后可以单击构建目标工程按钮 进行构建,通过查看编译窗口显示的有关信息,可以知道编译成功与错误的情况。

如果出现如图5.10所示的信息,说明工程编译成功。如果编译窗口提示错误,则需要根据提示的错误信息检查代码,改正错误后重新编译,直到编译成功为止,这就是人们常说的Debug。当编译成功后,则可以在当前工程目录(F:\TKStudio 工程\LED\DebugRel)中找到生成的Hex文件。

```
编译窗口
build target SDCC-DebugRel...
Assembling main.asm...
Linking...
hello.hex created - 0 error(s), 0 warning(s)
========================================
Stack starts at: 0x00 (sp set to 0xffffffff) with 256 bytes available.
Other memory:
   Name              Start      End        Size       Max
   PAGED EXT. RAM                          0          256
   EXTERNAL RAM                            0          65536
   ROM/EPROM/FLASH   0x0000     0x004d     78         65536
========================================
========= 生成: 成功 1 个, 失败 0 个 =========
```

图5.10 构建成功信息

5.3.4 在线仿真与ISP下载电路

由于P89V51RB2在出厂之前内置了Monitor51仿真监控功能软件,因此可通过计算机USB或RS-232与单片机的UART串口连接,实现功能强大的在线仿真,同时还支持ISP下载编程功能,将Hex文件下载到芯片的Flash程序存储区。

P89V51RB2支持ISP模式,可以通过K-Flash第三方ISP软件使其进入仿真模式。如图5.11所示为Altair-80C31Small实验箱板载的单片机在线仿真与ISP下载电路,另外一款产品80C51-Study配备的Tiny51-ICE仿真器也采用类似的电路。使用之前,请用跳线器分别将JP34_1与JP34_2、JP35_1与JP35_2、JP38_1与JP38_2、JP38_3与JP38_4短接,并用杜邦线将B2实验区与P1口相连的JP31,连接到B1实验区与JP2相连的LED。

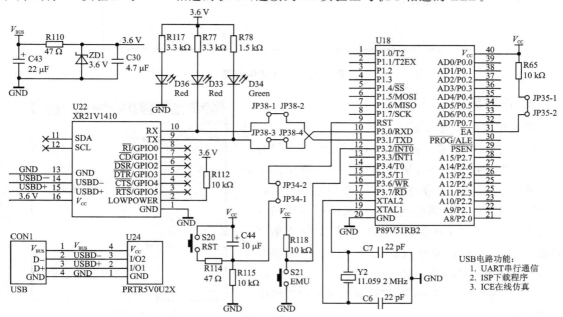

图5.11 在线仿真与ISP下载电路图

此时，可以通过 S20 复位键和 S21 仿真键灵活地在 ISP 模式及 Monitor51 模式之间实现切换。如果读者想进入 Monitor51 仿真模式，则必须注意操作规范：先按住 S21 键不松开，接着按一下 S20 复位键之后立即松开 S20 键，必须继续保持 S21 按下状态 2 s 以上才能松开 S21，实际上是在复位结束时刻，保证让 CPU 检测到 P3.2 引脚是低电平。

此时，P89V51RB2 已进入仿真待命模式。在 TKStudio 里单击启动调试按钮⊙开始硬件在线仿真。仿真前 TKStudio 先自动将程序通过 ISP 方式下载到芯片中。如果不想进行仿真，则再单击一次按钮⊙退出。在实验箱上按一下复位键 S20，则 P89V51RB2 退出 Monitor51 仿真模式，进入全速运行用户程序的正常模式，以后断电再上电，用户程序也不会丢失。

5.3.5 在线仿真

不仅可以在 TKStudio 中创建工程，编译开发程序，而且还可以通过 TKStudio 集成开发环境对 P89V51RB2 实现 Monitor51 硬件在线仿真与程序下载。

1. 选择硬件仿真

首先选择"工程"菜单中的"配置目标工程"选项，将弹出"目标工程配置"对话框，详见图 5.12。接着选择"调试"选项卡，在该选项卡中选择"使用仿真器"单选按钮。然后在其下方的下拉列表框中选择 TKS MON51，再选中"启动时加载调试文件"复选框。如果是调试 C 程序，则"运行到 main( )"必须选中，现在是调试汇编程序，此项不起作用。最后单击"设置"按钮，弹出 Target Setup 对话框，详见图 5.13。

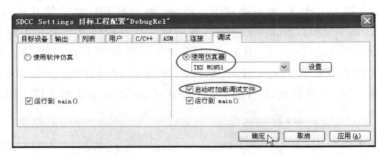

图 5.12 选择硬件仿真

2. 设置串口

设置串口的步骤如下：

① 选择 COM 端口：右击"我的电脑"，选择"属性"，打开"属性"对话框，切换到"硬件"选项卡。在该选项卡中单击"设备管理器"，然后展开"端口（COM 和 LPT）"项，则可查看计算机的所有通信端口列表，记下将要使用的 COM 端口号（如果不清楚到底是哪一个，可以重新拔插 USB 电缆，注意观察设备管理器里 COM 端口的变化）。

② 在图 5.13 的 Port 下拉列表框中选中正确的 COM 端口。

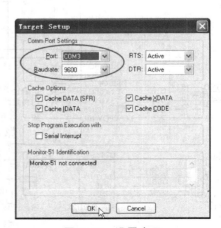

图 5.13 设置串口

③ 在图 5.13 的 Baudrate 下拉列表框推荐选用 9 600 的波特率(若选择更高的波特率,则可能导致通信频繁中断)。

④ 其他选项则按照图 5.13 所示的默认配置即可。

3. 仿真环境

进入仿真环境步骤如下:

① 接通电源,单片机即处于上电状态。

② 先按住 S21 仿真键不松手,接着按一下 S20 复位键然后松开 S20,必须保持 S21 的按下状态 2 s 以上才能松开 S21,此时 P89V51RB2 单片机处于仿真待命状态。

③ 单击 TKStudio 软件工具栏中的启动/停止调试按钮,随即进入调试状态(先决条件是程序正确且编译通过,参照图 5.13 配置无误)。如图 5.14 所示,当黄色程序执行箭头停留在程序左侧时,表示系统已经进入 Monitor51 仿真模式,可以单击调试工具栏中的按钮进行仿真,详见图 5.15。

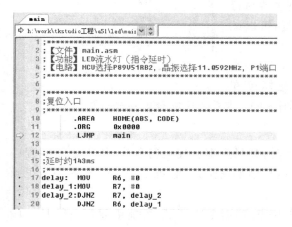

图 5.14　进入仿真环境

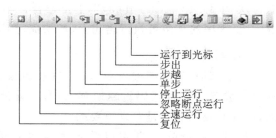

图 5.15　调试工具栏

> **注意**:此时不能再按复位键(或使系统重新上电),系统一旦复位,芯片将立即退出 Monitor51 仿真方式,芯片全速运行 Flash 中的程序。

4. 基本调试技巧

如图 5.15 所示,TKStudio 提供了多项强大的调试功能:

➤ 复位:使程序复位到起始地址(通常是 0x0000)。

➤ 全速运行:快捷键 F5,遇到断点时会自动停下来。

➤ 忽略断点运行:快捷键 Ctrl+F5,程序全速运行,即使遇到断点也不停止。

➤ 停止运行:快捷键 Shift+Esc,当程序在全速运行时,单击此按钮可以使程序暂停。

➤ 单步:快捷键 F11,每按一次程序执行一条语句,如果遇到子程序,则跟踪到子程序内部。

➤ 步越:快捷键 F10,每按一次程序执行一条语句,如果遇到子程序,则完整执行子程序而不会跟踪进入,即把子程序当作一条普通语句来对待。

➤ 步出：快捷键 Shift+F11，当已经单步跟踪进入一个子程序时，如果想尽快结束子程序的调试，则可以单击此按钮，此时程序会全速执行完子程序的剩余语句，然后返回到主程序（或上一级调用者）中。

➤ 运行到光标：快捷键 Ctrl+F10，先单击目标程序行，然后单击此按钮，则程序会全速执行，直到运行到光标所在行时会自动停下来。

可以利用程序清单 5.21 来熟悉上述基本调试工具的使用方法。如图 5.16 所示，程序中的每一行都有一个行号，在行号左边有的行还标记有"·"，表示此处的语句是可以执行的指令；但有的行却没有"·"标记，表示该行不是可以执行的指令（注释、标号和常量定义等）。

不妨先按下 F11 键用"单步进入"方式执行程序，看运行到"LCALL delay"时是否会跟踪进去。如果仍然以按 F11 键的方式调试 delay 子程序，就会发现需要执行很多循环，为了使程序能够跳过这些无聊的重复，可以试一下快捷键 Shift+F11，查看效果如何。

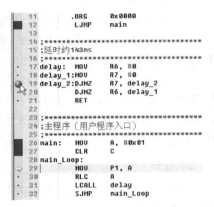

图 5.16 插入断点

接下来，请以按 F10 键"单步越过"方式调试程序，查看再次遇到"LCALL delay"时会怎样。将光标停在 delay 子程序的某条可执行语句上，按快捷键 Ctrl+F10 查看程序能否停在光标处。

5. 断点调试

一般来说，当系统进入 Monitor51 仿真模式时，如果立即全速运行程序，则无法看到程序的执行轨迹。一旦代码量越来越大，有时即便执行结果完全正确，也不一定代表程序是正确的，因此必要的调试是非常重要的。

通过程序清单 5.21 可以看出，如果使用单步（F11）命令来调试，可能需要延时较长一段时间才能循环一次，提高效率的最佳措施是在程序清单 5.21 中设置插入断点（F9）。

在某行设置断点的方法是在最左边的"·"上单击一次，若要取消断点，则再单击一次，详见图 5.16。当设置好断点后，可以按 F5 键全速执行，当程序遇到断点时就会自动停下来。

上一步的调试过程仅仅是从程序的执行结果来帮助读者判断程序的正确性，还不能从数据的传递过程来判断程序的正确性。例如，累加器 ACC 与 P1 口的内容是否正确，可通过 SFR 窗口观察其变化情况来确定，详见图 5.17。

6. ISP 下载程序

在 TKStudio 环境下，P89V51RB2 的 ISP 过程非常简单。在芯片进入 Monitor51 仿真环境以后，TKStudio 已经将程序代码通过 ISP 方式同步下载到芯片的 Flash 中，然后仅需按一下复位键（或使系统重新上电）且立即释放复位键，程序即全速运行。

7. 退出调试状态

单击启动/停止调试按钮，程序即退出调试状态，再次单击启动/停止调试按钮，程序即进入调试状态。此时，如果手动按下 S20 复位键，则程序立即全速运行；如果再次单击启动/停止调试按钮，随即弹出如图 5.18 所示对话框，选择 Stop Debugging，则程序退出调试状态。如果准备再次进入调试状态，则需要重新下载。

第 5 章 经典范例程序设计

图 5.17 SFR 观察窗口

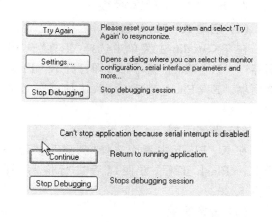

图 5.18 提示并确认退出全速运行状态

8. 退出全速运行状态

如果在没有设置断点的情况下单击运行按钮▶使程序进入了全速运行状态,那么要停止程序的运行就需要单击停止运行按钮⏸,随即弹出如图 5.18 所示对话框,可通过选择 Stop Debugging 强制退出调试状态(全速运行的本质是 P89V51RB2 的仿真监控程序把芯片的全部控制权都交给用户程序,而自身已经退出,所以 TKStudio 只能以强制方式退出 Debug 状态)。

9. 调试下一个程序

当确认调试器已经退出全速运行状态后,即可选择菜单"文件"→"打开工程/工作区",弹出如图 5.19 所示的"打开"对话框,接着在相应的文件夹下打开待调试的程序,程序立即进

图 5.19 打开工程

入调试状态。请注意:不要使用"文件"菜单下的"打开文件"来试图打开一个工程,这会导致错误。

5.3.6 在线编程

1. K-Flash 特性

TKStudio 开发环境集成了多个组件,如 K-Flash 在线编程软件。K-Flash 是一款可以用于 Flash 烧写,具有代码烧写与校验、数据擦除和数据读取等功能的软件。下面将以如图 5.11 所示电路为例,详细介绍如何使用 K-Flash 烧写器,将已经调试好的 HEX 代码在线写入 P89V51RB2 单片机内部 Flash 中。

第5章 经典范例程序设计

2. K-Flash 操作流程

(1) 启动 K-Flash 软件

在 TKStudio 主菜单中选择"工具"→"烧写器"→"K-Flash 烧写器",即打开 K-Flash 烧写器。K-Flash 启动后,默认加载最近一次的工程。

(2) 新建工程

在 K-Flash 主界面选择"新建",新建一个 K-Flash 工程,方便以后进行烧写,详见图 5.20。

(3) 设备配置

在图 5.20 中单击"设备配置"按钮,弹出如图 5.21 所示对话框。

图 5.20 新建工程

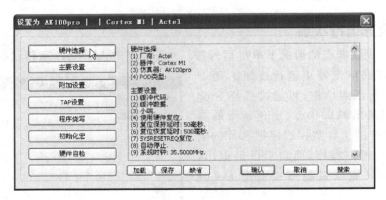

图 5.21 设备配置

单击"硬件选择"按钮,弹出"硬件选择"对话框。在该对话框中选择 OTHER VENDOR→SoftICE 8051→Serial ICE,详见图 5.22。

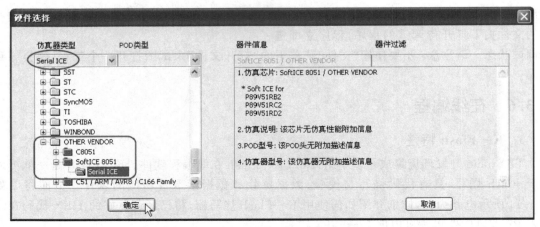

图 5.22 硬件选择

单击"确定"按钮后,配置界面详见图 5.23。

选择"主要配置",在弹出的对话框中,设置端口号和波特率,详见图 5.24。

端口号选择实际使用的端口(未必是图 5.24 中所示的 COM1),波特率选择 9600,其他项采用默认配置即可。单击 OK 按钮回到配置界面,再单击"确认"按钮即完成设备配置。

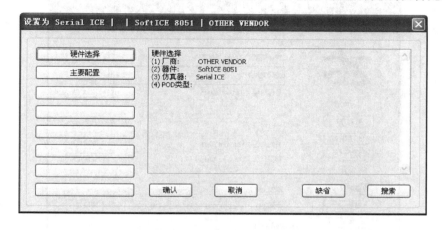

图 5.23　Serial ICE 配置界面

注意：如果计算机自带串口,一般来说,其串行通讯端口号为 COM1;如果计算机没有串口,建议使用 USB 转串口设备通讯。但 USB 转串口设备的端口号,会根据接入 USB 端口的不同而不同。

如何知道实际使用的端口号呢？右击"我的电脑",在快捷菜单中选择"属性",打开"属性"对话框,然后切换到"硬件"选项卡。选择"设备管理器",打开如图 5.25 所示窗口。展开"端口(COM 和 LPT)"项,可以看到计算机的所有通讯端口列表。

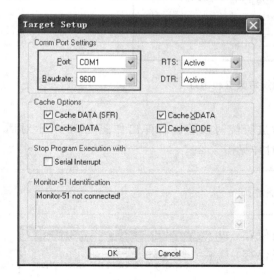

图 5.24　通信配置

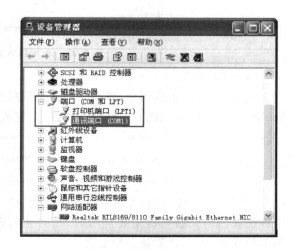

图 5.25　Windows 设备管理器

(4) 选择烧写文件

在 K-Flash 主界面中单击如图 5.26 所示按钮，即可在弹出的对话框中选择烧写文件 *.hex。

图 5.26　单击选择文件按钮

选择好烧写文件后，将弹出"设置烧写数据、地址"对话框，详见图 5.27。采用默认配置，单击"确定"按钮即可。

图 5.27　采用默认的烧写数据和地址

(5) 烧写校验

在 K-Flash 主界面中，单击"烧写校验"按钮进行烧写校验。若弹出如图 5.28 所示对话框，则按开发板上的 RST 复位键，烧写校验完成时详见图 5.29。

> **注意**：不要单击"确定"按钮，否则会取消 ISP 烧写。

当程序烧写完成后，请单击"保存工程"按钮保存工程配置。当以后再次需要烧写时，请直接打开保存的工程即可，不需要重新进行配置。

(6) 全速运行

当程序烧写完成后，按下单片机的复位键或使系

图 5.28　提示复位

图 5.29 烧写校验完成

统重新上电,系统将处于全速运行状态。

5.4 数码管驱动与程序设计

5.4.1 LED 数码管

如图 5.30 所示的单个 LED 数码管其实就是用 8 个独立的 LED 发光二极管按照"日"字形排列起来的。为了方便地控制数码管的每个笔段,相应地将数码管的每个笔段分别命名为 a、b、c、d、e、f、g、h(h 段是小数点,也称为 dp)。

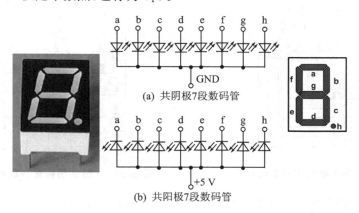

图 5.30 LED 数码管结构图

数码管主要用于阿拉伯数字 0～9 这 10 个数字的显示,偶尔也会用来显示一些为数不多的字母符号等,它是电子数字显示中最为简单的一种。因此在实际的应用中,一般会将 8 个

LED 的阳极或者阴极并联在一起组成数码管。人们习惯上将阳极并联在一起的数码管称为"共阳",将阴极并联在一起的数码管称为"共阴"。

由此可见,一个数码管至少有 9 个引入端,其中 a、b、c、d、e、f、g、h 被定义为段选端,并联在一起的公共端 com 被定义为位选端。对于共阴极的数码管来说,要想让数码管的笔段发光,则只需给位选端输入低电平 0,且段选端输入高电平 1;对于共阳极的数码管来说,要想让数码管的笔段发光,则只需给位选端输入高电平 1,且给段选端输入低电平 0。

如图 5.31 所示是一种实际的共阳极数码管 LN3161BS 的测试电路。LN3161BS 有 10 个引脚,其中 1 和 6 都是 com 端,在内部是连接在一起的。如果将段选端 a~h 连接到单片机的 P0 口,则通过程序即可控制笔段的亮灭。

一个数码管只能显示 1 位数字,如果需要显示多位数字,就需要将多只单个的数码管并接在一起使用。此时会出现一大堆段选端的问题,比如,4 位并列的数码管就需要 $4 \times 8 = 32$ 根段选信号。为避免引脚过多而导致连线复杂,人们发明了一种动态扫描方式来进行多个数码管的显示。虽然在实际的操作过程中数字是轮流显示的,但只要轮流操作的速度达到一定的范围,那么人眼看起来就能达到与整体显示的效果一样,就像我们经常看的电影技术一样。

如图 5.32 所示为一种实际的 4 位共阴极动态数码管 LN3461AS 的引脚排列图。由于它采用了段选端复用的方法,因此仅需 12 个引脚。图 5.33(a) 和 (b) 分别为 LN3461AS 和 LN3461BS 数码管的内部结构图,它们的外形尺寸大小完全一样,而且引脚的排列顺序和名称也完全相同。只不过 LN3461AS 采用的是共阴极接法,而 LN3461BS 则为共阳极接法。从图 5.33 可以看出,所有数码管的 a、b、c、d、e、f、g、h 段选端都并联在一起,并引出到器件的 a、b、c、d、e、f、g、h 端口。4 个公共(阴或阳)端 com1~com4 也分别引出到器件的端口,所以该器件共 12 个端口。

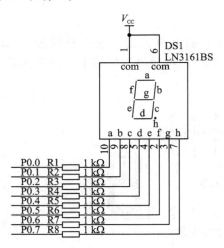

图 5.31 共阳极数码管测试电路图

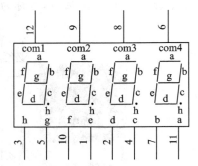

图 5.32 4 位共阴极动态数码管引脚排列图

动态扫描操作要求每次只能有一位数码管显示,所以 com1~com4 在特定的时间段内只能有一个被选通,能够精确而又方便完成这种操作的只有计算机技术。

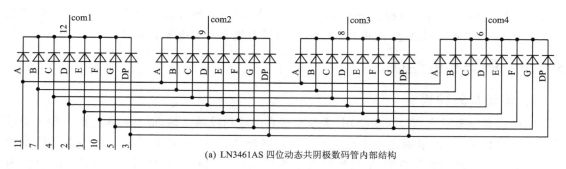

(a) LN3461AS 四位动态共阴极数码管内部结构

(b) LN3461BS 四位动态共阳极数码管内部结构

图 5.33 4 位数码管的内部结构图

5.4.2 数码管驱动电路

如图 5.34 所示为一款由 4 位共阳极数码管 LN3461BS 组成的人机界面模块 TinyView，JP36 是 TinyView 与单片机之间的接口，seg A～seg H 这 8 个端口是驱动数码管段选的接口，通过 R66～R73 限流电阻分别与 LN3461BS 的段选端 a、b、c、d、e、f、g 和 h 相连。

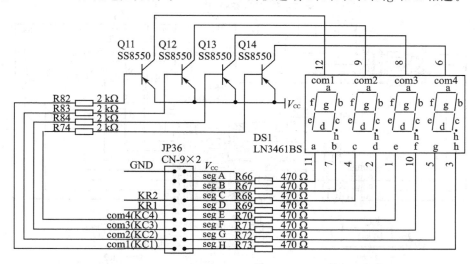

图 5.34 TinyView 数码管电路

com1～com4 这 4 个端口通过 4 个电阻接到 PNP 型三极管 Q11～Q14 的基极，这 4 个三极管的发射极并联接到电源的+5 V，集电极则分别与 LN3461BS 的 4 个位选口 com1～com4

相连。增加三极管的目的是提高 com 口的驱动电流,因为数码管的 8 个段选端的电流全部都要经过 com 口才能得到供电,而单片机的 I/O 口没有这么大的电流驱动能力。

5.4.3 段码表的生成

1. 笔段与段码表

"日"形数字显示之所以大量应用,主要在于它的应用简单灵活,而且成本低廉。除了能够显示十进制数字 0~9,有时也用于显示十六进制字母 A、b、C、d、E、F 或其他一些非常简单的符号。按照二进制的计算方法,8 段显示有 256 种组合,去掉点(h)的显示,其笔段的组合为 128 种(2 的 7 次方),而数字 0~9 只有 10 个符号,因此要想得到希望的显示字符,就必须对显示段进行编码。例如,让笔段 b、c 两段同时点亮,就可以得到"1"字符。

如果再花一番心思和时间,我们完全可以通过想象得到 0~9 这 10 个字符的编码。但想象总不如实验来得直接,所以下面将通过一个电路实验来得到这些符号。

对于单片机的学习必须"软硬兼施"。一个系统设计者只有对实现功能的硬件电路理解透彻,才能使系统既可靠又廉价,所以有关电路功能的设计思维,需要在开发实践中不断学习和积累才能更加完善。

为此本实验计划使用 A3 实验区中的 8 个开关控制数码管的 8 个显示段。由于每个开关都有 0 和 1 的开关位置,所以由 8 个开关组来控制组合数码管的显示段码既直观又方便。将如图 5.35 所示 TinyView 电路上 JP36 的 seg A~seg H 的 8 个引出端用并行排线连接到 A3 实验区与 K1~K8 相连的 JP1,其中,seg A 对应 K1,其余按顺序对应。接着用杜邦线将 JP36 的 com1 连接到与 K9 相连的 JP1,然后给 JP36 的 V_{CC} 和 GND 接上 +5 V 电源和地线。

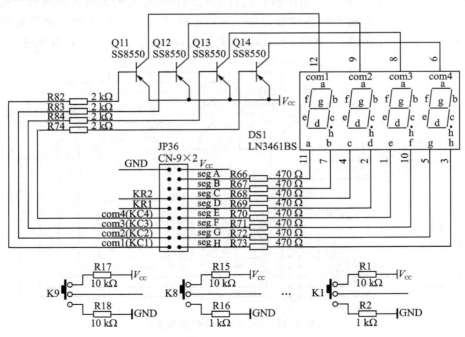

图 5.35 TinyView 段码表生成实验电路

如果将 K1～K9 的开关全部拨到位置 0,可以看到 TinyView 的第一只数码管的 8 个显示段全部都被点亮。然后再将 K8 拨到 1 的位置,则数码管点的显示段熄灭。如果将 K1～K8 全部拨到位置 1,但 K9 仍保持位置 0,则显示段全部熄灭。

如果将 K1～K8 对应 8 位二进制数的 0～7 位,轮流将 K1～K8 拨到 0 并记录观察结果,将会得到显示笔段和 K1～K8 的对应关系,以及 8 位二进制数据之间的关系,详见表 5.1(8 位二进制数在表 5.1 中的"数值"栏中用十六进制表示)。

表 5.1 笔段、开关与数值对应关系

笔段	h	g	f	e	d	c	b	a
开关	K8	K7	K6	K5	K4	K3	K2	K1
数值	0x7F	0xBF	0xDF	0xEF	0xF7	0xFB	0xFD	0xFE

要想点亮 TinyView 数码管的某一个笔段,只需将对应的开关拨到位置 0 即可。按照数字的笔画排列,很容易得到 10 个数字 0～9 与 6 个字母 A、b、C、d、E、F 共 16 个显示字符。通过核实 16 个显示字符对应的开关位置(K1～K8),不难得到如表 5.2 所列的七段共阳极数码管 10 个数字和 6 个字母的字符形状数据(值)表。

2. 显示 1234

在得到上面的段码表后,第 2 个实验就是如何在 4 个数码管上显示 4 个数字:1、2、3、4。

从表面上来看,这个任务好像不大可能完成,如果来个脑筋急转弯式的思维,还是可以完成的。因为只要求在 4 个数码管上显示不同的数字,并没有要求在同一时间显示 1、2、3、4,我们不妨按照以下方式操作,其具体步骤如下:

① 将 K1～K8 拨到显示字符 "1" 的位置 1111 1001(段码 0xF9),此时 com1 数码管显示字符 "1",接着拔掉连接 TinyView 显示器 com1 的杜邦线,即 com1 数码管熄灭。

② 将 K1～K8 拨到显示字符 "2" 的位置 1010 0100(段码 0xA4),

表 5.2 七段共阳极数码管段码表

数字	h	g	f	e	d	c	b	a	数值
0	1	1	0	0	0	0	0	0	0xC0
1	1	1	1	1	1	0	0	1	0xF9
2	1	0	1	0	0	1	0	0	0xA4
3	1	0	1	1	0	0	0	0	0xB0
4	1	0	0	1	1	0	0	1	0x99
5	1	0	0	1	0	0	1	0	0x92
6	1	0	0	0	0	0	1	0	0x82
7	1	1	1	1	1	0	0	0	0xF8
8	1	0	0	0	0	0	0	0	0x80
9	1	0	0	1	0	0	0	0	0x90
A	1	0	0	0	1	0	0	0	0x88
B	1	0	0	0	0	0	1	1	0x83
C	1	1	0	0	0	1	1	0	0xC6
D	1	0	1	0	0	0	0	1	0xA1
E	1	0	0	0	0	1	1	0	0x86
F	1	0	0	0	1	1	1	0	0x8E

将原先连接在 com1 的杜邦线插到 com2 上,此时 com2 数码管显示字符 "2",然后拔掉连接 TinyView 显示器 com2 的杜邦线,即 com2 数码管熄灭。

③ 将 K1～K8 拨到显示字符 "3" 的位置 1011 0000(段码 0xB0),将原先连接在 com2 的杜邦线插到 com3 上,此时 com3 数码管显示字符 "3",然后拔掉连接 TinyView 显示器 com3 的杜邦线,即 com3 数码管熄灭。

④ 将 K1～K8 拨到显示字符"4"的位置 1001 1001（段码 0x99），将原先连接在 com3 的杜邦线插到 com4 上，此时 com4 数码管显示字符"4"，然后拔掉连接 TinyView 显示器 com4 的杜邦线，即 com4 数码管熄灭。

采用这种轮流显示的方式，可以很轻松地完成第 2 个实验。这看起来好像有点投机取巧，且对实际应用起不了什么作用。但实际上并非如此，虽然本小节的实验看起来不需要单片机做什么事情，但只要借助单片机的能力，第 2 个实验就能圆满地完成。

5.4.4 数码管的动态扫描显示

为了让单片机完成 5.4.3 小节提到的第 2 个实验，需要重新连接 TinyView 的接口电路。首先用并行排线将 TinyView 的 8 个引出端 seg A～seg H 连接到单片机的 P1 口（B2 实验区的 JP31），注意按照大小相同的顺序连接，不要颠倒，这样 P1 口就相当于 K1～K8 位置。然后用杜邦线将 com1～com4 分别连接到单片机的 P3.2、P3.3、P3.4 和 P3.5，用于替代手动拔插连接它们的引线。程序清单 5.22 就是替代手工完成 5.4.3 小节第 2 个实验的示例。

程序清单 5.22　数码管动态扫描显示程序范例

```
        .AREA   HOME(ABS,CODE)
        .ORG    0x0000
Start:  MOV     P1,#0xF9        ;等效：将 K1～K8 拨到显示字符"1"的位置
        CLR     P3.2            ;等效：将 com1 连接到 K9(0 电平)
        ACALL   Delay           ;延时
        SETB    P3.2            ;等效：拔掉 com1 的连接线

        MOV     P1,#0xA4        ;等效：将 K1～K8 拨到显示字符"2"的位置
        CLR     P3.3            ;等效：将 com2 连接到 K9(0 电平)
        ACALL   Delay           ;延时
        SETB    P3.3            ;等效：拔掉 com2 的连接线

        MOV     P1,#0xB0        ;等效：将 K1～K8 拨到显示字符"3"的位置
        CLR     P3.4            ;等效：将 com3 连接到 K9(0 电平)
        ACALL   Delay           ;延时
        SETB    P3.4            ;等效：拔掉 com3 的连接线

        MOV     P1,#0x99        ;等效：将 K1～K8 拨到显示字符"4"的位置
        CLR     P3.5            ;等效：将 com4 连接到 K9(0 电平)
        ACALL   Delay           ;延时
        SETB    P3.5            ;等效：拔掉 com4 的连接线
        AJMP    Start           ;返回 Start,循环执行程序

;—延时 873 个机器周期子程序—
Delay:  MOV     R7,#0x00        ;延时 513 个机器周期
        DJNZ    R7,.
        MOV     R7,#178         ;延时 360 个机器周期
        DJNZ    R7,.
        NOP
        RET
```

除加了延时程序外,上述程序是严格按照手动操作过程中的步骤完成的。这里特别解释一下延时程序的作用:因为单片机的操作速度比人眼的反应要快很多,所以在每个数码管的显示阶段做一下停留,就是为了保证扫描显示在整个程序运行过程中占有足够的时间。

对每个数码管而言,由于保持显示只有 2 条指令的执行时间,如果不加延时,则显示的时间不到运行时间的 1‰,势必导致数码管的显示亮度不够,所以显示延时的长短要根据实际的应用调整,在满足显示器亮度的情况下尽量短一些,这样可以使单片机能够更快地处理其他事情。

5.4.5 数字符号与数值的关系

数字符号只有和具体的事物联系起来才有意义,否则将什么也不是。我们还记得小时候掰着手指头学习数字的情形吗?对小孩而言,只有建立起数字字符和具体事物的联系,才能真正理解数字的妙处,对机器而言同样如此。

虽然上一个实验显示了"1234",但也仅仅显示扫描了 4 个数字符号,单片机并"不知道"显示的"1234"是什么意思。为什么这样说呢?如果现在要做"1234+85"这样的加法运算,那么这段显示程序有助于运算吗?

如果想让单片机"知道"这些数字符号,则必须在数字字符和数值之间建立对应的关系。比如,数字"1"和数值 0xF9 之间的对应关系,即数值 0xF9 在数码管上显示的符号就是数字"1"。虽然表 5.2 已经建立了数字与数值之间的这种联系,但如何用程序来实现呢?

对计算机来说,数字 0~9 对应的字符码 0xC0、0xF9、0xA4、0xB0、0x99、0x92、0x82、0xF8、0x80、0x90,但这 10 个数字编码之间没有任何规律可言,它们只是 10 个随机数而已,那么怎样才能建立它们和数值之间的联系呢?

在"户外广告灯"的实验中,我们学习了使用查表法处理随机数据的方法,即将那些无序的数据列成表格。按照程序清单 5.12 所示的方法,将 10 个数字符号码列表如下:

```
Table:    .DB    0xC0,0xF9,0xA4,0xB0,0x99        ;字符:"0"、"1"、"2"、"3"、"4"
          .DB    0x92,0x82,0xF8,0x80,0x90        ;字符:"5"、"6"、"7"、"8"、"9"
```

对 Table 表格的数据,可以用指令"MOVC A,@A+DPTR"查找,其所查的表地址是由 DPTR 寄存器(16 位)和 A 寄存器(8 位)相加而来的,所以可以将 DPTR 的数值固定在 Table 不动,而用 A 寄存器作为查表指针。当 A 的数值为 0~9 时,其所指向的地址偏移量正好是数值所对应的数字符号。

从数字字符与数值的关系可知,使用查表法即可找到与数字符号相对应的数值。(数字)字符获取子程序范例详见程序清单 5.23。

程序清单 5.23　(数字)字符获取子程序范例

```
Get_Segment_Code:
    ANL     A,#0x0F                  ;屏蔽高 4 位以便调出字符
    MOV     DPTR,#Table              ;DPTR 取表格首地址
    MOVC    A,@A+DPTR                ;查表取得字符真值
    RET
Table:  .DB  0xC0,0xF9,0xA4,0xB0,0x99,0x92,0x82,0xF8,0x80,0x90  ;0~9 字符表
```

第 5 章 经典范例程序设计

5.5 加法运算

5.5.1 简单的加法运算

下面以"1234+85"为例,说明计算机是如何完成这个看起来很简单的问题的。要完成这道加法题,首先要定义"1234+85"这 2 个数采用什么进制,因为十六进制的表达式也可以这样写,所以必须先声明采用十进制。如果让计算机完成这个简单的计算,而实际上所涉及的问题比预想的要多得多。程序清单 5.24 仅仅是最简单的算术运算程序,但看起来还是有点费劲的。

因为运算的数据和结果都是 4 位十进制数,所以须预先将被加数"1234"的高 2 位数据(程序清单 5.24(4))与低 2 位数据(程序清单 5.24(5))分别存放到 0x7A 与 0x7B 存储单元,并预先将加数存放到累加器 A 中(程序清单 5.24(6)),且将运算结果的高 2 位数据与低 2 位数据分别存放到 0x7A(程序清单 5.24(11))与 0x7B(程序清单 5.24(17))之中。

程序清单 5.24 "1234+85"加法运算程序范例

```
1            .AREA    HOME(ABS,CODE)
2            .ORG     0x0000
3
4    Start:  MOV      0x7A, #0x12         ;设定 0x7A 存放十进制数的高 2 位数据
5            MOV      0x7B, #0x34         ;设定 0x7B 存放十进制数的低 2 位数据
6            MOV      A, #0x85            ;A←85(加数)
7
8            ;——低 2 位数据加法运算——
9            ADD      A, 0x7B             ;对低 2 位数据进行加法运算
10           DA       A                   ;将十六进制的加数运算转换为十进制
11           MOV      0x7B, A             ;将低 2 位数据的运算结果存回 0x7B
12
13           ;——高 2 位数据带进位加法运算——
14           CLR      A                   ;A←0
15           ADDC     A, 0x7A             ;对高 2 位数据进行进位加法运算
16           DA       A                   ;将十六进制的加数运算转换为十进制
17           MOV      0x7A, A             ;将高 2 位数据的运算结果存回 0x7A
18           AJMP     .                   ;停机命令
```

由于我们事先已经约定好是十进制数加法运算,但计算所取的数值却采用了十六进制数字。通过前面的学习我们知道,BCD 码是以 4 位二进制数表示的十进制,而 80C51 单片机的指令系统却只能实现二进制运算。BCD 码与二进制数加法运算的区别在于进位规则不一样,BCD 码为逢 10 进位,二进制数加法运算为逢 16 进位。例如,十进制数的加法 34+85=119,而十六进制数的加法 34H+85H=B9H,CY=0。

由此可见,当 BCD 码用 8 位二进制数作加法运算时,由于 16 进位方式的原因,BCD 码加法运算的结果 B9H 不再是 BCD 码。又由于 80C51 单片机十进制数中的每一位必须占用 4 位二进制位,不承认 1010(A)、1011(B)、1100(C)、1101(D)、1110(E)和 1111(F)这 6 个数的合法

地位,于是便使用十进制数调整指令"DA A",将运算结果中非法的数字修正为规定的十进制数字。经过十进制调整后,(A)=19H,CY=1。

最后是进位计算问题。由于 80C51 单片机是 8 位机,因此一次只能计算 2 位十进制数,而实际上要计算的是 4 位十进制数,所以必须分 2 次计算才能完成。而且第 2 次计算必须考虑第 1 次计算的进位问题,所以第 2 次计算使用了 ADDC 带进位的加法指令,该指令能自动将进位标志 C 的结果加到加法计算中。由于加数只是一个 2 位十进制数,除了可能的进位外没有数字要加,因此第 2 次加法的加数取 0。

虽然上面的程序完成了计算并有了结果,但在这种情况下仅仅是计算机自己"知道"而"我"不知道,因为此程序没有设计如何将结果告诉"我",所以要得到一个完整的计算结果,还必须写一个表达结果的程序。

5.5.2 数字显示程序

通过前面的学习,已经掌握了数码管动态扫描的显示原理,但回头来看还可以继续优化。通过程序清单 5.22 可以看出,数码管动态扫描一遍,每个数码管轮流显示 1 次。为了保证扫描显示在整个程序运行过程中占有足够的时间,每个数码管在发光之后,延时停顿了一段时间,其程序框架详见程序清单 5.25。

程序清单 5.25　显示扫描子程序框架

```
Scan_Display_Number:
        MOV      R6,#0x04              ;设定循环次数为 4
Scan_Loop:
        ……
Delay:  MOV      R7,#0x00              ;R7 取延时初值
        DJNZ     R7,.                  ;延时操作
        DJNZ     R6,Scan_Loop          ;R6-1≠0,返回再扫描一次
        RET
```

我们知道,数码管的 com1~com4 分别与单片机的 P3.2、P3.3、P3.4 和 P3.5 相连,其位选位的有效值分别为 0xFB(1111 1011)、0xF7(1111 0111)、0xEF(1110 1111)、0xDF(1101 1111)。即程序清单 5.22 中的"CLR P3.2"指令等价于"MOV P3,#0xFB","CLR P3.3"指令等价于"MOV P3,#0xF7","CLR P3.4"指令等价于"MOV P3,#0xEF","CLR P3.5"指令等价于"MOV P3,#0xDF",相当于从设定的 com1 位选信号 0xFB 开始左移 4 次,分别使相应的数码管点亮。增加后的程序片段详见程序清单 5.26 中粗体字部分。

程序清单 5.26　显示扫描子程序片段

```
PIN_COM              =P3                  ;位选位控制口
PIN_COM4             =P3.5                ;I/O 口为 0,选通数码管,否则关闭数码管
Scan_Display_Number:
        MOV      R6,#0x04                 ;设定循环次数为 4
        MOV      R5,#0xFB                 ;取 com1 扫描控制数据到位码暂存器
Scan_Loop:
        ……                                ;将段码送到相应的控制口
```

```
        MOV     A, R5                   ;取位码到 A
        MOV     PIN_COM, A              ;将位码送到位选位控制口
        RL      A                       ;向左循环移动一位,指向下一位数码管
        MOV     R5, A                   ;将循环移动的结果回存到 R5 位码暂存器
Delay:  MOV     R7, #0x00               ;R7 取延时初值
        DJNZ    R7, .                   ;延时操作
        DJNZ    R6, Scan_Loop           ;R6-1≠0,返回再扫描一次
        SETB    PIN_COM4                ;扫描结束,关闭所有显示位
        RET
```

在汇编语言中"PIN_COM=P3"这样的写法称为"定义伪指令",其作用在于告知编译器 PIN_COM 代表 P3,便于理解阅读和理解程序。如果需要用其他的 I/O 口来控制 PIN_COM,那么只需修改 PIN_COM 的伪指令定义,而不用修改程序中每条涉及该输出口的指令。

当确定位选信号之后,此时,只要将段码送到相应的控制口,就可以让数码管显示想要的数字字符了。程序清单 5.22 可以分 4 次将待显示的数字符号所对应的数值(段码)一一送到 P1 口,尽管这样做非常简洁易懂,但却非常麻烦。因此,不妨在程序中设立与每个数码管对应的缓冲区,选择 4 个存储单元 0x7C~0x7F 作为显示缓冲区,一一对应 com1~com4 这 4 个数码管,将待显示的数字送到显示缓冲区,接着通过查表子程序 Get_Segment_Code,将待显示字符的数值送到 P1。显示扫描驱动子程序详见程序清单 5.27,其中,粗体字部分为新增加的代码。

程序清单 5.27　显示扫描子程序范例(1)

```
Buffer_First_Address    =0x7C               ;设定显示缓冲区首地址为 0x7C
PIN_SEG                 =P1                 ;段选位控制口
PIN_COM                 =P3                 ;位选位控制口
PIN_COM4                =P3.5               ;I/O 口为 0,选通数码管,否则关闭数码管
Scan_Display_Number:
        MOV     R0, #Buffer_First_Address   ;设定显示缓冲区首地址
        MOV     R6, #0x04                   ;设定循环次数为 4
        MOV     R5, #0xFB                   ;取 com1 扫描控制数据到 R5 位码暂存器
Scan_Loop:
        MOV     A, @R0                      ;从显示缓冲区取数到 A
        ACALL   Get_Segment_Code            ;查表,取待显示字符的数值
        MOV     PIN_SEG, A                  ;将段码送段选位控制口
        MOV     A, R5                       ;取位码到 A
        MOV     PIN_COM, A                  ;将位码送到位选位控制口
        RL      A                           ;向左循环移动一位,指向下一个数码管
        MOV     R5, A                       ;将循环移动的结果回存到 R5 位码暂存器
        INC     R0                          ;R0 指针+1,准备从下一个缓冲区地址取数
        MOV     R7, #0x00                   ;R7 取延时初值
        DJNZ    R7, .                       ;延时操作
```

```
    DJNZ    R6, Scan_Loop              ;R6-1≠0,返回再扫描一次
    SETB    PIN_COM4                   ;扫描结束,关闭所有显示位
    RET
```

子程序结束时一定要关闭所有的显示,否则会出现显示亮度不均匀的现象。

综上所述,只要将待显示的数字送到显示缓冲区,然后通过 R0 间接寻址显示缓冲区,并用移位的方式处理位操作数据,实现循环扫描显示,其应用示例详见程序清单 5.28。

程序清单 5.28 调用显示子程序显示"1234"(1)

```
        .AREA    HOME(ABS, CODE)
        .ORG     0x0000

;将定义的伪指令全部复制在这里
Start:
    MOV     R0, #Buffer_First_Address         ;设定显示缓冲区首地址
    MOV     Buffer_First_Address, #0x01       ;待显示的数字字符"1"
    MOV     Buffer_First_Address+1, #0x02     ;待显示的数字字符"2"
    MOV     Buffer_First_Address+2, #0x03     ;待显示的数字字符"3"
    MOV     Buffer_First_Address+3, #0x04     ;待显示的数字字符"4"
END_DLoop:
    ACALL   Scan_Display_Number               ;调用显示扫描子程序
    AJMP    END_DLoop
```

虽然程序清单 5.28 显示扫描子程序使用起来很方便,但还是有一定的局限性。因为无论显示什么数据,都必须预先将待显示字符所对应的数值放在 Table 表中,且在显示缓冲区预先存放待显示的数字字符。

如果直接将待显示数字字符的数值送入显示缓冲区,则可以随机显示任意数字字符,只要删除 Scan_Display_Number 子程序中的"ACALL Get_Segment_Code"指令,详见程序清单 5.29。

程序清单 5.29 显示扫描子程序范例(2)

```
Buffer_First_Address    =0x7C            ;设定显示缓冲区首地址为 0x7C
PIN_SEG                 =P1              ;段选位控制口
PIN_COM                 =P3              ;位选位控制口
PIN_COM4                =P3.5            ;I/O 口为 0,选通数码管,否则关闭数码管

Scan_Display_Value:
    MOV     R0, #Buffer_First_Address    ;设定显示缓冲区首地址
    MOV     R6, #0x04                    ;设定循环次数为 4
    MOV     R5, #0xFB                    ;取 com1 扫描控制数据到 R5 位码暂存器
Scan_Loop:
    MOV     A, @R0                       ;从显示缓冲区取数到 A
    MOV     PIN_SEG, A                   ;将段码送段选位控制口
    MOV     A, R5                        ;取位码到 A
    MOV     PIN_COM, A                   ;将位码送到位选位控制口
```

```
        RL      A                          ;向左循环移动一位,指向下一个数码管
        MOV     R5,A                       ;将循环移动的结果回存到 R5 位码暂存器
        INC     R0                         ;R0 指针+1,准备从下一个缓冲区地址取数
        MOV     R7,#0x00                   ;R7 取延时初值
        DJNZ    R7,.                       ;延时操作
        DJNZ    R6,Scan_Loop               ;R6-1≠0,返回再扫描一次
        SETB    PIN_COM4                   ;扫描结束,关闭所有显示位
        RET
```

由此可见,只要将待显示数字所对应的数值送到显示缓冲区即可,其应用示例详见程序清单 5.30。

程序清单 5.30 调用显示子程序显示"1234"程序范例(2)

```
        .AREA      HOME(ABS,CODE)
        .ORG       0x0000
;将定义的伪指令全部复制在这里
Start:
        MOV     R0,#Buffer_First_Address            ;设定显示缓冲区首地址
        MOV     Buffer_First_Address,#0xF9          ;0xF9 为数字字符"1"对应的数值
        MOV     Buffer_First_Address+1,#0xA4        ;0xA4 为数字字符"2"对应的数值
        MOV     Buffer_First_Address+2,#0xB0        ;0xB0 为数字字符"3"对应的数值
        MOV     Buffer_First_Address+3,#0x99        ;0x99 为数字字符"4"对应的数值
END_DLoop:
        ACALL   Scan_Display_Value                  ;调用显示扫描子程序
        AJMP    END_DLoop
```

☞ **关键知识点**

两种显示扫描子程序的不同之处在于:程序清单 5.27 显示缓冲区中存放的是待显示的数字字符,而程序清单 5.29 显示缓冲区中存放的是待显示的字符所对应的数值。

由于上述所有的子程序是作为标准驱动程序使用的,加上篇幅比较大,所以在后续的程序清单中将被省略。当使用编译器编译程序时,必须将子程序放在程序的最后面。

5.5.3 显示加法运算过程

我们知道,复杂意味着简单的堆积,因此下面将通过一个最简单的算术题来说明复杂的问题,以及设计一个程序要考虑的所有问题。

先来看一看硬件资源,TinyView 有 4 个数码管可用于数字显示。虽然另有 8 个可用的按键,由于还没有学习键盘管理程序,因此暂时可以不用,那么从功能上来看能够充分发挥作用的只有 4 个数码管。该程序要求能够显示被加数、加数和计算结果,其过程如下:先显示被加数,然后显示加数,最后显示结果。

被加数"1234"按十进制数运算规则,需要占用 2 个 RAM 存储单元 0x7A 和 0x7B,用于存放被加数与计算结果,而加数"85"只需一个存储单元 0x79 就够了。下面以 0x7A 与 0x7B 中

的被加数"1234"为例,介绍如何建立数值和显示之间的关系。

事实上,一个 8 位存储单元可以保存 2 位十进制数,因此,一个 8 位存储单元对应 2 位数码管显示单位是最合适的。由于参加运算的数据和结果都是 4 位十进制数,因此,用 2 个存储单元对应 4 位数码管即可建立数字和显示之间的关系。

将预先保存在被加数与加数中的数据保存到累加器 A,通过程序清单 5.31 拆分参与运算的数据和结果,提取待显示的数字字符,然后通过查表子程序,将待显示数字字符所对应的数值保存到显示缓冲区。注意:该程序已经将 Get_Segment_Code 查表子程序打包在里面,使 Get_Segment_Code 成为二级子程序。

程序清单 5.31　显示缓冲区字节取字符子程序范例

```
Augend_High_4_Digit    =0x7A        ;被加数高 4 位暂存器
Augend_Low_4_Digit     =0x7B        ;被加数低 4 位暂存器
Addend                 =0x79        ;加数暂存器

Split_Display_Byte:
    PUSH    ACC                     ;将 A 的内容推入堆栈,保留低 4 位数据
;—取高位字符—
    SWAP    A                       ;A 的高、低 4 位数据互换,以便取高位字符
    ACALL   Get_Segment_Code        ;取高 4 位数据字符
    MOV     @R0, A                  ;将待显示的数字字符所对应的数值送显示缓冲区
    INC     R0                      ;显示指针加 1
    POP     ACC                     ;从堆栈弹出保留内容到 A
;—取低位字符—
    ACALL   Get_Segment_Code        ;取低 4 位数据字符
    MOV     @R0, A                  ;将待显示的数字字符所对应的数值送显示缓冲区
    INC     R0                      ;显示指针加 1
    RET
```

Split_Display_Byte 子程序的作用是将一个字节或 8 位寄存器的数据转换成字符,并将这 2 个字符依次送到显示缓冲区,但它不指定缓冲区的指针,因此该子程序使用起来更加灵活。

当代码越写越长时,仅仅靠注释已经显得不够用了,因此最好给汇编程序加上段落标志。段落标志也和注释一样,用分号";"加在文字的前面即可。为便于查看,段落说明被单独放在一行更醒目。

程序清单 5.32 就是最后完成加法运算的全部程序(注意:还应该包含它调用的子程序),现在逐段讲解程序的操作过程。

"加法运算数据赋值程序部分"是将要运算操作的数据存放到指定的寄存器组中,假如改变运算的数据,只需将变更的数据重新赋值就可以了。

"显示被加数程序部分"就是将放在 2 个寄存器中的被加数转换成数字符号显示,由于被加数不是最后要得到的数据,因此显示的时间比较短。

"显示加数程序部分"与被加数的显示一样,不同的是加数只有 2 位,存放在一个寄存器中,所以只需要显示 2 位。按照人们一般的书写习惯,关闭前面 2 位数码管的显示,只在后面的数码管显示"85",此时显示缓冲区的指针直接指到 com3 显示。

第5章 经典范例程序设计

"加法运算程序部分"在程序清单5.24的部分已经作了详细介绍,在此不再重复。

因为计算结果重新被回存到加数占用的寄存器,所以"计算结果显示程序部分"与加数的显示一样,循环显示结果。

程序清单5.32 加法运算程序范例

```
            .AREA     HOME(ABS, CODE)
            .ORG      0x0000
        ;—加法运算数据赋值程序部分—
Start: MOV   Augend_High_4_Digit, #0x12     ;Augend_High_4_Digit←"12"(被加数的前2位数)
        MOV   Augend_Low_4_Digit, #0x34      ;Augend_Low_4_Digit←"34"(被加数的后2位数)
        MOV   Addend, #0x85                  ;Addend←0x85(加数)
        ;—显示被加数程序部分—
        MOV   R0, #Buffer_First_Address      ;设置显示缓冲区首地址
        MOV   A, Augend_High_4_Digit         ;取被加数的高2位数据
        ACALL Split_Display_Byte             ;将数据字符送显示缓冲区前2个单元
        MOV   A, Augend_Low_4_Digit          ;取被加数的低2位数据
        ACALL Split_Display_Byte             ;将数据字符送显示缓冲区后2个单元
        MOV   R4, #0x00                      ;循环显示扫描256次
Fir_DLoop:
        ACALL Scan_Display_Value             ;调用显示扫描子程序
        DJNZ  R4, Fir_DLoop                  ;是否循环了256次?否,则继续循环
        ;—显示加数程序部分—
        MOV   Buffer_First_Address, #0xFF    ;关闭com1显示
        MOV   Buffer_First_Address+1, #0xFF  ;关闭com2显示
        MOV   R0, #Buffer_First_Address+2    ;取显示缓冲区com3显示地址
        MOV   A, Addend                      ;取加数数据
        ACALL Split_Display_Byte             ;将数据字符送显示缓冲区后2个单元
        ;—加法运算程序部分—
        MOV   R4, #0x00                      ;循环显示扫描256次
Sec_DLoop:
        ACALL Scan_Display_Value             ;调用显示扫描子程序
        DJNZ  R4, Sec_DLoop                  ;是否循环了256次?否,则继续循环
        MOV   A, Addend                      ;取加数"85"到A,以便运算
        ADD   A, Augend_Low_4_Digit          ;低2位的加法运算
        DA    A                              ;调整十进制数
        MOV   Augend_Low_4_Digit, A          ;将低2位数据的运算结果存回Augend_Low_4_Digit
        CLR   A                              ;累加器A清0
        ADDC  A, Augend_High_4_Digit         ;带进位加法计算高2位的进位加法
        DA    A                              ;调整十进制数
        MOV   Augend_High_4_Digit, A         ;将高2位数据的运算结果存回Augend_High_4_Digit
        ;—计算结果显示程序部分—
```

```
        MOV     R0，#Buffer_First_Address   ;取显示缓冲区首地址到指针 R0
        MOV     A，Augend_High_4_Digit      ;取被加数的高 2 位数据
        ACALL   Split_Display_Byte          ;将数据字符送显示缓冲区前 2 个单元
        MOV     A，Augend_Low_4_Digit       ;取被加数的低 2 位数据
        ACALL   Split_Display_Byte          ;将数据字符送显示缓冲区后 2 个单元
END_DLoop：
        ACALL   Scan_Display_Value          ;调用显示扫描子程序
        AJMP    END_DLoop                   ;继续显示循环
```

程序清单 5.32 包含显示子程序的各种用法，希望初学者能够融会贯通，它是进一步的学习和实验的基础。由于可以通过修改"加法运算数据赋值程序部分"的数据改变程序作用，因此任何类似的数据运算，都可以通过该程序实现，但这种方式还是有比较大的缺点，即对程序的运算过程不能够随时干预。下一节将学习干预程序执行过程的重要器件——按键。

5.6 键盘管理与程序设计

5.6.1 独立按键与消抖

一般来说，在用法上按键可分为独立按键和矩阵键盘两大类。如果需要的按键不超过 8 个，则可采用独立按键；如果需要更多按键，为节省 I/O 口线数目，则采用矩阵键盘。

如图 5.36 所示为 80C51 单片机两种常见的独立按键接法。80C51 的 4 个 I/O 口中，P0 是开漏的，没有内部上拉电阻，因此接按键输入时必须有上拉电阻，详见图 5.36(a)；对于 P1、P2 和 P3 端口内部自带弱上拉电阻，外部可以省略上拉电阻，详见图 5.36(b)。

按键的结构和电路图中的符号极为相似，它是靠镀银的铜合金簧片在按键柄的挤压下接触而导通，松开按键后簧片恢复原状导致脱离接触而断开的。对于质量不太好或者簧片氧化磨损的按键来说，常常会产生一种称为"抖动"的现象。如图 5.37 所示清楚地表达了按键在人手指按压簧片的瞬间，因接触不良而产生的反复跳动现象，即"抖动"，同样在按键释放的瞬间也可能产生"抖动"。

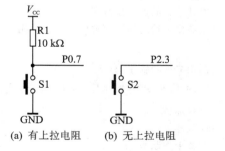

图 5.36 80C51 常见的独立按键接法

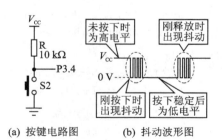

图 5.37 按键抖动现象

"抖动"的脉冲宽度一般有几十到几百微秒，但也可能达到毫秒级，这对运行速度很快的数字电路会产生很大的影响，详见图 5.37(b)。如果将发生"抖动"现象的按键连接到计数电路的时钟输入端，则检测到每按一次键都会产生一串极不稳定的脉冲。

第 5 章 经典范例程序设计

按键是否存在"抖动"现象，通过程序是完全可以测试出来的。检测程序实际上就是一个 4 位数字显示计数器，用按键模拟计数输入信号，每按一次键则计数显示加 1。对于发生"抖动"现象的按键来说，每按一次键则计数好几次。

实验前请按照图 5.37(a)所示电路，用杜邦线将 B2 实验区与单片机 P3.4 相连的 JP33_9，连接到 B4 实验区与 S2 按键相连的 JP14_3。当有键按下时，P3.4 为低电平，否则为高电平。当然，还要接上数码管显示器。按键是否"抖动"测试程序框架详见程序清单 5.33。当没有键按下时，单片机是不能停下来的，否则 PC 不能指向确定的地址，程序将会跑飞，导致单片机不停地显示。

程序清单 5.33　按键是否"抖动"测试程序框架

```
Display_Loop:
    ACALL   Scan_Display_Value       ;调用显示扫描子程序,不停地显示扫描
    JB      P3.4, Display_Loop       ;P3.4 是否为 0? 键未按下,转 Display_Loop
    ……                              ;有键按下,则计算输入信号
    JNB     P3.4, .                  ;检查按键是否松开? 如果 P3.4=1,则本地循环
    AJMP    Display_Loop             ;按键松开,转 Display_Loop
```

程序清单 5.34 是检测按键是否发生"抖动"的测试用例。如果读者认真做过程序清单 5.32 所示的实验，则很容易看出这两个程序非常相似，不同的是该程序增加了 I/O 输入指令，用于判断键是否按下。

程序清单 5.34　按键是否"抖动"测试程序范例

```
        .AREA   HOME(ABS, CODE)
        .ORG    0x0000
Start:  MOV     Augend_High_4_Digit, #0x00   ;计数器高 2 位寄存器 Augend_High_4_Digit 清 0
        MOV     Augend_Low_4_Digit, #0x00    ;计数器低 2 位寄存器 Augend_Low_4_Digit 清 0
LD_Data:
        MOV     R0, #Buffer_First_Address    ;取显示缓冲区首地址到指针 R0
        MOV     A, Augend_High_4_Digit       ;取计数器的高 2 位数据
        ACALL   Split_Display_Byte           ;将数据字符送显示缓冲区前 2 个单元
        MOV     A, Augend_Low_4_Digit        ;取计数器的低 2 位数据
        ACALL   Split_Display_Byte           ;将数据字符送显示缓冲区后 2 个单元
Display_Loop:
        ACALL   Scan_Display_Value           ;调用显示扫描子程序
        JB      P3.4, Display_Loop           ;P3.4 是否为 0? 键未按下,转 Display_Loop
        MOV     A, #0x01                     ;A 取加数 1
        ADD     A, Augend_Low_4_Digit        ;计数器+1
        DA      A                            ;调整十进制数
        MOV     Augend_Low_4_Digit, A        ;回存低 2 位的运算结果到 0x71
        CLR     A                            ;累加器 A 清 0
        ADDC    A, Augend_High_4_Digit       ;带进位加法加计数器的高 2 位数据
        DA      A                            ;调整十进制数
        MOV     Augend_High_4_Digit, A       ;回存高 2 位的运算结果到 Augend_High_4_Digit
```

JNB	P3.4,.	;检查按键是否松开? 如果 P3.4=1,则本地循环
AJMP	LD_Data	;按键松开,转 LD_Data

对实际的产品来说,按键在长时间的使用中永不产生"抖动"是不可能的,但只要预防可能产生的"抖动"即可。消除"抖动"的方法大体可分为硬件方法和软件方法两大类。常见的硬件消抖方法是"低通滤波+施密特整形"以及 RS 触发器;软件消抖方法就是在按键检测程序中插入适当的延时。从图 5.37(b)可以看出,"抖动"其实只持续了一小段时间,软件延时就是在按键产生"抖动"的这段时间里,用"拖延时间"的方法避开,从而消除因"抖动"而产生的错误信号,其示意图详见图 5.38。

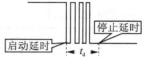

图 5.38　软件延时消抖

在按键按下的瞬间启动定时器开始延时,延时 t_d 时间后再判断按键是否仍然按下。若仍按下,则本次按键有效;否则本次按键无效。延时消抖由于过程比较复杂,比较适合用软件实现,因此也称为软件消抖。

5.6.2　矩阵键盘与扫描方法

独立按键必须占用一个 I/O 口,当按键数目较多时,这种每个按键占用一个口的方法就显得很浪费。如何用尽可能少的口去管理较多的按键呢?矩阵形式键盘电路就是使用最多的一种,图 5.39 就是一种典型的矩阵式 4×4 键盘电路。

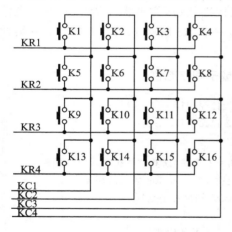

图 5.39　4×4 矩阵键盘电路图

该接法将口线分成行线(row)和列线(column),如果将它变成比较容易理解的拓扑结构,就是两组垂直交叉的平行线,每个交叉点就是一个按键位置,按键的两端分别接在行线和列线上。其最大优点是组合灵活,假如有 16 个 I/O 可用于扩展做键盘电路,可以将它接成 6×10、5×11 或 8×8 等多种接法。当然,使用效率最高的是 8×8 的接法,它最多可实现 64 个按键。

虽然矩阵连接法可以提高 I/O 的使用效率,但要区分和判断按键动作的方法却比较复杂,所以这种接法一般只用在计算机技术中。

下面将以 TinyView 的键盘电路为例,详细介绍如何用程序对键盘的动作进行判断。虽然 TinyView 只有 8 个按键,但对于更多的键来说,原理都是一样的。

5.6.3　逐行逐列扫描法

图 5.40 所示为 TinyView 的 2×4 矩阵键盘,共有 8 个按键,分别为 KY1~KY8。KR1 和 KR2 为行线(column),KC1~KC4 为列线(row),列线和 com1~com4 共用同一组线。在数码管的扫描显示程序实验中,这 4 根线作为 LED 显示屏的位选控制端。

将同一个(或组)I/O 口用于 2 种不同作用的 2 个器件上,叫做口的复用。因为计算机是一种"串行"执行程序的机器,它是一条接一条地执行指令,而不是全部指令一起上,所以利用这种在时间上的可区分性,就可以使其在不同时间管理不同的部件。而事实上这种复用是

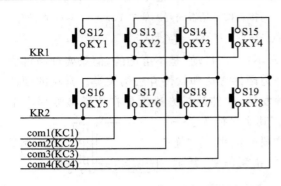

图 5.40　TinyView 的 2×4 矩阵键盘电路图

有条件的,对于需要保持确定状态的控制口(如控制一个继电器开关的端口)是没办法复用的。

现在回到键盘电路,KC1～KC4 并接在 com1～com4 上,回顾前面的实验连线,这 4 根线接在 80C51 的 P3.2～P3.5 上,因此只需在扫描显示实验电路的基础上,添加 KR1 和 KR2 连线就可以了,即用杜邦线将 B2 实验区分别与 P3.6、P3.7 相连的 JP33_9 和 JP33_11 连接到 TinyView 的 KR1 和 KR2。

假设选择 KR1 和 KR2 为输入,那么它们的常态是"1"电平,当无键按下时,它们一定是能够保持常态的。当 KY1 按下时,KR2 在任何情况下仍然会保持常态,而 KR1 则必须在 KC1 输出"0"电平时才能得到"0"信号。

利用这种必须配合 KC1～KC4 的输出情况,才能使 KR1 或 KR2 得到"0"信号的特点,人们发明了逐行扫描键盘的方法。即每次只有一根列线为"0",然后逐行扫描读入行信号,通过行信号来判断键盘所处的状态。

当然,也可以把行和列的输入输出状态颠倒一下,其原理和操作方法完全一致。其实前面学过的 LED 屏的显示也是采用逐个扫描数码管的显示方法。

"逐行扫描读键子程序"采用逐行扫描的方式读取按键状态,详见程序清单 5.35。先给 KC1 送 0,此时键盘计数器 R6 为 4,"0"电平每向下移动一次 R6 就减 1;若无键按下,R6 会被减为 0 并退出循环,此时 R6 为 0,即表示无键按下。

程序清单 5.35　逐行扫描读键子程序范例

```
PIN_SEG     =P1                    ;段选位控制口
PIN_COM     =P3                    ;位选位控制口
Scan_Key:
    MOV     PIN_SEG, #0xFF         ;关闭所有段选,防止扫描键盘对显示的影响
    MOV     R6, #0x04              ;设定键盘计数器 R6 为 4(循环 4 次)
    MOV     R5, #0xFB              ;取 com1 扫描控制数据
Scan_KLP:
    MOV     PIN_COM, R5            ;送位选数据到位选口
    SETB    P3.6                   ;设置采样口 P3.4 进入采样状态
    SETB    P3.7                   ;设置采样口 P3.5 进入采样状态
    JNB     P3.6, Scan_KBK1        ;KR1 是否为 0? 是,则转 Scan_KBK1
    JNB     P3.7, Scan_KBK2        ;KR2 是否为 0? 是,则转 Scan_KBK2
    MOV     A, R5                  ;位选暂存器到 A
    RL      A                      ;A 循环左移一次,使下一个位选为 0
    MOV     R5, A                  ;A 回存位选暂存器
    DJNZ    R6, Scan_KLP           ;R6-1≠0,则返回 Scan_KLP
Scan_KBK1:
    MOV     A, R6                  ;位选计数器数值
    RET
Scan_KBK2:
```

```
        MOV     A, R6
        ADD     A, #0x04              ;位选计数器数值
        RET
```

程序清单 5.36 是一个调用键盘逐行扫描子程序的应用范例,它在程序清单 5.34 加 1 计数程序的基础上增加了减 1 功能。当 KY1 键按下时,计数器加 1;当 KY8 键按下时,计数器减 1;当其他键按下时,无效。

当有键按下时,程序跳出循环,此时只要检查 R5 的数值,就知道 KC1~KC4 中的哪一根线上有键按下。当检测到 P3.7 为 0 时,A 统一加 4,以区别 P3.6 为 0 的情况。如果没有键按下,则键盘计数器 R6 的返回值为 0。如果 KY1 键按下,则返回值为 4。如果 KY8 键按下,则返回值为 5。

下面再来看一下主程序是怎样调用这些功能子程序的。本程序另外增加了一个新的子程序 L_DisplayBuf,该子程序的作用是将 Augend_High_4_Digit、Augend_Low_4_Digit 中的数字字符调入显示缓冲区。这里介绍一下子程序的设置原则,就是能够被其他程序多次使用的功能程序,这样做最大的好处就是节省程序空间和简化程序结构。

程序清单 5.36 的流程如下:首先清 0 四位计数器的寄存器 Augend_High_4_Digit、Augend_Low_4_Digit,并进行显示循环;在循环中运行键盘程序随时检查按键状态,当无按键按下时,子程序返回值为 0,程序保持循环状态。

当有键按下时,程序先判断是否是 KY1 键按下。如果是,则计数器加 1。如果不是,则转而检查是否 KY8 键按下。如果不是,则程序不做任何操作返回重来。如果是,则计数器减 1。请注意这里的减法操作,程序是以加 99 来处理的,原因是 80C51 调整十进制数指令"DA A"只对加法指令起作用,所以要想调整十进制数,就只能选择加法。对 8 位寄存器来说,如果有进位产生,则表示低位寄存器数值减 1,所以就不对高位借位;若没有产生进位,则表示低位寄存器由 0 变成 99,所以此时必须向高位借位,这与正常的加法操作刚好相反。

下面将重点介绍运算操作完毕后的键盘处理问题。由于计算机的运行速度很快,在键按下的瞬间就会完成运算操作,而此时按键并未松开。在上一个实验中按键按下时,数码管会瞬间熄灭,这是在检测按键是否松开时,没有扫描显示而出现了停顿所引起的,因此在这个实验中,在按键是否松开的检测循环中增加了显示扫描,这样既避免了显示器的熄灭,又增加了防按键"抖动"的延时,这是一种一举两得的处理方法。

程序清单 5.36　逐行扫描读键程序范例

```
        .AREA   HOME(ABS, CODE)
        .ORG    0x0000

Start:  MOV     Augend_High_4_Digit, #0x00    ;高 2 位寄存器 Augend_High_4_Digit 清 0
        MOV     Augend_Low_4_Digit, #0x00     ;低 2 位寄存器 Augend_Low_4_Digit 清 0
LD_Data:
        ACALL   L_DisplayBuf                  ;将 Augend_High_4_Digit、Augend_High_4_Digit
                                              ;数字字符调入显示缓冲区

Display_Loop:
        ACALL   Scan_Display_Value            ;调用显示扫描子程序
```

```
            ACALL   Scan_Key                          ;调用键盘扫描子程序
            JZ      Display_Loop                      ;如果 A 为 0,则说明无键按下,转 Display_Loop
            CJNE    A,#0x04,Nexy_Key                  ;是 KY1 键按下吗？不是,则转 Next_Key
            ;—加 1 计数程序—
            MOV     A,Augend_Low_4_Digit              ;取计数器的低 2 位数值
            ADD     A,#0x01                           ;数值加 1
            DA      A                                 ;调整十进制数
            MOV     Augend_Low_4_Digit,A              ;将低 2 位运算结果存回 Augend_Low_4_Digit
            MOV     A,Augend_High_4_Digit             ;取计数器的高 2 位数值
            ADDC    A,#0x00                           ;带进位加法加 0,如有进位高 2 位加 1
            DA      A                                 ;调整十进制数
            MOV     Augend_High_4_Digit,A             ;将高 2 位的运算结果存回 Augend_High_4_Digit
            AJMP    Key_Back                          ;转 Key_Back 键返回处理程序
Next_Key:
            CJNE    A,#0x05,Display_Loop              ;是 KY8 键按下吗？不是,则返回 Display_Loop
            ;—减 1 计数程序—
            MOV     A,Augend_Low_4_Digit              ;取计数器低 2 位数值
            ADD     A,#0x99                           ;加 99,相当于减 1 操作
            DA      A                                 ;调整十进制数
            MOV     Augend_Low_4_Digit,A              ;将低 2 位运算结果回存到 Augend_Low_4_Digit
            JC      Key_Back                          ;是否溢出？是,则不借位
            MOV     A,Augend_High_4_Digit             ;取计数器高 2 位数值
            ADD     A,#0x99                           ;加 99,相当于减 1 操作
            DA      A                                 ;调整十进制数
            MOV     Augend_High_4_Digit,A             ;将高 2 位的运算结果回存 Augend_High_4_Digit
Key_Back:
            ACALL   L_DisplayBuf                      ;将数字字符调入显示缓冲区
            ACALL   Scan_Display_Value                ;调用显示扫描子程序
            ACALL   Scan_Key                          ;调用键盘扫描子程序
            JNZ     Key_Back                          ;按键是否松开？否,则转 Key_Back 继续检查
            AJMP    Display_Loop                      ;有,返回 Display_Loop
            ;—数据字符载入显示缓冲区子程序—
L_DispalyBuf:
            MOV     R0,#Buffer_First_Address          ;取显示缓冲区首地址到指针 R0
            MOV     A,Augend_High_4_Digit             ;取被加数的高 2 位数据
            ACALL   Split_Display_Byte                ;将数据字符送显示缓冲区前 2 个单元
            MOV     A,Augend_Low_4_Digit              ;取被加数的低 2 位数据
            ACALL   Split_Display_Byte                ;将数据字符送显示缓冲区后 2 个单元
            RET
```

矩阵式键盘电路其实并不仅仅用于键盘,对于数量庞大的开关类输入也往往采用这种电路。当这个矩阵扩大到一定数目时,逐行扫描的方法会显得费时。如果需要对 2 个以上的按键"同时"操作,则处理起来更是麻烦,因此按键的处理程序并非只有逐行扫描法这一种。

这里介绍一种线反转法按键检测技术,也是矩阵键盘应用中的一种经典程序处理方法。

所谓线反转法，就是将矩阵电路行、列的 I/O 属性进行调换处理。前面已经学过，矩阵电路的行、列线必须一组输出、一组输入，而线反转的操作方法是多进行一次这种操作。

以 TinyView 键盘为例，首先设定 KR1 和 KR2 为输入，KC1～KC4 为输出。此时不再采用逐行扫描的方法，而是让 KC1～KC4 全部输出"0"电平，KR1、KR2 也要采用并行读入的方法，假设此时 KY1 键按下，则 KR1 读到"0"电平。但 KR1 上还有 KY2、KY3 和 KY4，因此程序此时还不能确定这 4 个键中的哪一个按下了，于是程序转到第二步线反转。

于是将 KR1、KR2 转变为输出，且让 KR1 与 KR2 输出 0，同时将 KC1～KC4 转变为输入，并读取输入数据。此时 KC1 可以读到 0，虽然 KY5 也接在 KC1 上，但综合 2 次得到 KR1 和 KC1 线上的信号就能知道，这 2 根线交叉点的键按下。对同时按下的键，这种方法也能及时处理，而逐行扫描法总是优先处理先扫描到的键。

线反转法不但采样速度快，而且键盘信息全面，但它对硬件有一定的要求，即要求行线和列线都必须是可反转的，既可配置为输出，又可配置为输入。此外，行线和列线的分组最好在 2 个不同的操作口上，如 80C51 的 P1 和 P3。

类似于 TinyView 这样比较少的键盘，线反转法的优势不大。如果按键数目较多且矩阵较大，则线反转法的优势相对来说比较明显：既能够快速地确定"按键"位置，又能同时判断多个"键"按下的情况。

5.7 综合实验——计时码表的设计

前面的章节已经将实战所需的基本要点全部都介绍过了，那么完成本章的任务相对来说比较容易，此时你的注意力应该放到精确的计算和使用的细节之中，特别是对细节，要不厌其烦。因为你做的是普通人使用的工具，它既要好用又要准确，否则就会被竞争者打败。

计时码表是用于各种时间参数测试的专门工具。例如，大家熟悉的百米短跑比赛就是用计时码表来测定各个运动员跑完百米比赛成绩的，但它的用途并不仅限于体育比赛。

对计时码表来说，首先要确定它的计时精度。在考虑实用性和可实现性的基础上，我们将计时码表的时间精度定为 0.1 s。

通过前面的学习已知 80C51 单片机一个机器周期为 1.085 μs，因此采用指令延时法。理论上调整时间精度的最小单位远大于 0.1 s。是否可以将精度做得更高呢？虽然通过调整程序也可以实现，但意义却不大。首先我们的计时码表采用手动按键操作，如果精确到 0.01 s，手动操作的误差肯定会影响测试的结果。此外，由于系统时钟的晶振也会产生一定的偏差，如果精度过高，则很难保证准确。最后就是校准工具的问题，我们不大可能找到一个精确到 0.1 s 以上的标准时钟。

第 2 个指标就是码表的计时范围，即它能够记录的最大时间范围。由于 TinyView 只有 4 位数字显示，所以计时范围很合理地定在 999.9 s。

当指标确定好后，下一步的工作就是功能设计。作为计时器，至少需要定义一个 STR（启动）键，当然还必须有一个 STOP（停止）键。为了区别累计计时和清 0 计时功能，还需要设置一个 RESTR（清 0 启动）键。对于已经确定的数据结果，如果我们决定不再改变，还需要增加一个 LOCK（锁存）键。

计时码表共需 4 个按键，关键是第 4 个 LOCK 键。既然要求能够锁存，那么相应地必须能够解锁,而且解锁还不能太容易,否则就不叫锁存了。本实验采用一种最便捷的解锁方法,该方法已被许多手机所采用,即延时解锁法。解锁时,仅要求按住 LOCK 键在 1.5 s 内不松开才能解锁,因为一般的操作都不会压住按键不松手,所以该方法能够避免意外的误操作。

设定好功能键以后,接着还要确定各个按键的具体位置。因为只使用 4 个键,所以最好选择 TinyView 的 KY1~KY4,分别为 STR(启动)键、RESTR(重启)键、LOCK(锁存)键、STOP(停止)键,这样操作更方便,详见图 5.41。

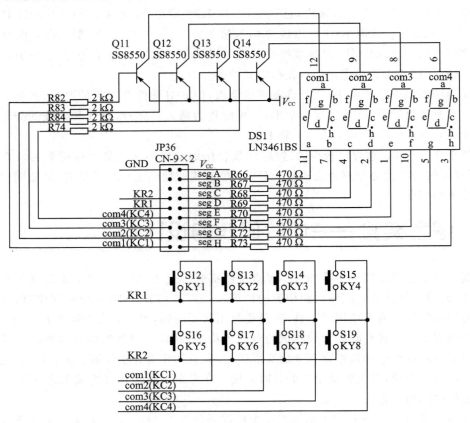

图 5.41 TinyView 完整的电路图

当确定好外观和操作方面的细节后,还有很多的细节需要考虑,比如,如何显示 0.1 s 精度。显然需要加上小数点显示功能,然后将数字加载到显示缓冲区。由此可见,仅需将 L_DisplayBuf 修改为 W_DisplayBuf,然后将用于显示的段码送到显示缓冲区即可。

此外,由于计时启动需要立即计数,如果等到 STR 键松开时才计数,就会产生不确定的小误差,因此必须让程序在按下 STR 键时马上计时,并且保证在按键未松开时,也不会影响后面功能的执行,所以对于程序的理解需要从操作细节上仔细思考。计时码表实战程序范例详见程序清单 5.37。

程序清单 5.37　计时码表实战程序范例

```
        .AREA    HOME(ABS，CODE)
        .ORG     0x0000
```

```
        ;—初始化部分—
Start: MOV      Augend_High_4_Digit, #0x00    ;秒计时器高2位存储单元 Augend_High_4_Digit 清 0
       MOV      Augend_Low_4_Digit, #0x00     ;秒计时器低2位存储单元 Augend_Low_4_Digit 清 0
LD_Data:
       ACALL    W_DisplayBuf                  ;将码表字符载入显示缓冲区
        ;—等待按键命令程序部分—
Display_Loop:
       ACALL    Scan_Display_Value            ;调用显示扫描子程序
       ACALL    Scan_Key                      ;调用键盘扫描子程序
       JZ       Display_Loop                  ;如果无键按下,则返回 Display_Loop
       CJNE     A, #0x02, Next_K              ;LOCK 键是否按下?否,则转 Next_K
        ;— LOCK(锁存)程序部分—
Lock_FUN:
       ACALL    Scan_Display_Value            ;调用显示扫描子程序
       ACALL    Scan_Key                      ;调用键盘扫描子程序
       JNZ      Lock_FUN                      ;按键是否松开?否,返回 Lock_FUN
Lock_STAR:
       MOV      R3, #0x0F                     ;取 1.5 s 计数初值十进制数 15
Lock_Loop:
       MOV      R4, #0x2D                     ;取 0.1 s 计数初值十进制数 45
Lock_Loop1:
       ACALL    Scan_Display_Value            ;调用显示扫描子程序
       ACALL    Scan_Key                      ;调用键盘扫描子程序
       CJNE     A, #0x02, Lock_STAR           ;LOCK 键是否按下?否,则转 Lock_STAR
       DJNZ     R4, Lock_Loop1                ;R4-1 后是否为 0?否,则转 Lock_Loop1
       DJNZ     R3, Lock_Loop                 ;R3-1 后是否为 0?否,则转 Lock_Loop
       MOV      Augend_High_4_Digit, #0x00    ;秒计时器高2位存储单元 Augend_High_4_Digit 清 0
       MOV      Augend_Low_4_Digit, #0x00     ;秒计时器低2位存储单元 Augend_Low_4_Digit 清 0
       ACALL    W_DisplayBuf                  ;码表字符载入显示缓冲区
Lock_END:
       ACALL    Scan_Display_Value            ;调用显示扫描子程序
       ACALL    Scan_Key                      ;调用键盘扫描子程序
       JNZ      Lock_END                      ;按键是否松开?否,则转 Lock_END
       AJMP     Display_Loop                  ;转等待按键命令程序
Next_K:
       CJNE     A, #0x03, Next_K1             ;RESTR 键是否按下?否,则转 Next_K1
       MOV      Augend_High_4_Digit, #0x00    ;秒计时器高2位存储单元 Augend_High_4_Digit 清 0
       MOV      Augend_Low_4_Digit, #0x00     ;秒计时器低2位存储单元 Augend_Low_4_Digit 清 0
       AJMP     CONT_100ms                    ;转码表计时程序
Next_K1:
       CJNE     A, #0x04, Display_Loop        ;STR 键是否按下?返回待命程序
        ;—码表计时运行程序—
CONT_100ms:
       MOV      R4, #0x2C                     ;取 0.1 s 计时初值十进制数 44
```

```
CONT_msLoop:
        ACALL   Scan_Display_Value          ;调用显示扫描子程序
        DJNZ    R4, CONT_msLoop             ;R4-1后是否为0？否，则转 CONT_msLoop
        ;—精确调整延时程序—
        MOV     R7, #0x00                   ;精确校准用延时，先取延时最大值
        DJNZ    R7, .                       ;延时操作
        DJNZ    R7, .                       ;再次最大延时操作
        MOV     R7, #0xNN                   ;精调 NN 值(0x80)
        DJNZ    R7, .                       ;时间校准延时
        MOV     A, Augend_Low_4_Digit       ;取计时寄存器值的低2位
        ADD     A, #0x01                    ;加1运算
        DA      A                           ;调整十进制数
        MOV     Augend_Low_4_Digit, A       ;将运算后的数据回存
        MOV     A, Augend_High_4_Digit      ;取计时存储单元值的高2位
        ADDC    A, #0x00                    ;带进位加法0,有进位时加进位1
        DA      A                           ;调整十进制数
        MOV     Augend_High_4_Digit, A      ;将运算后的数据回存
        ACALL   W_DisplayBuf                ;码表字符载入显示缓冲区
        ACALL   Scan_Key                    ;调用键盘扫描子程序
        JZ      CONT_100ms                  ;是否有键按下？否，则转 CONT_100ms
        CJNE    A, #0x04, FUNKey            ;STR 键是否按下？否,则转 FUNKey
        AJMP    CONT_100ms                  ;转 CONT_100ms
FUNKey:
        CJNE    A, #0x01, CONT_100ms        ;STOP 键是否按下？否,则转 CONT_100ms
Key_Back:
        ACALL   W_DisplayBuf                ;退出计时程序,码表字符载入显示缓冲区
        ACALL   Scan_Display_Value          ;调用显示扫描子程序
        ACALL   Scan_Key                    ;调用键盘扫描子程序
        JNZ     Key_Back                    ;按键是否松开？否，则转 Key_Back
        AJMP    Display_Loop                ;返回待命程序
        ;—码表计时数字符载入显示缓冲区子程序—
W_DisplayBuf:
        MOV     R0, #Buffer_First_Address   ;取显示缓冲区首地址到指针 R0
        MOV     A, Augend_High_4_Digit      ;取被加数的高2位数据
        ACALL   Split_Display_Byte          ;将数据字符送显示缓冲区前2个单元
        MOV     A, Augend_Low_4_Digit       ;取被加数的低2位数据
        ACALL   Split_Display_Byte          ;将数据字符送显示缓冲区后2个单元
        MOV     A, Buffer_First_Address+2   ;取 com3 显示字符
        ADD     A, #0x80                    ;为字符加上点"."
        MOV     Buffer_First_Address+2, A   ;回存加点后的显示数据
        RET
;Scan_Display_Value、Scan_Key 同前子程序在本清单省略,编译程序前请加上
```

码表计时的关键在于如何计算处理和校准计时时间的精度。在 5.1.1 小节,我们曾经学习过用指令实现延时的原理和计算方法,1 个机器周期所占用的时间为 1.085 μs,而每条指令的机器周期在指令表中都可以查到,所以程序的延时就是单片机执行全部指令机器周期的总和。

从程序清单可以看出,码表计时所涉及的全部指令包括"码表计时运行程序"和"精确调整延时程序"这两部分的指令。虽然看起来不算多,如果要将每条指令执行的次数全部相加还是非常繁琐的,再加上系统时钟可能产生的误差,那么精确计算每条指令的机器周期完全没有必要。因此只要估算延时时间和实际的校验修正值即可,这样既能保证计算效率,又能满足精度要求。

到底如何进行粗略的估算呢?绝大部分延时时间是由码表计时运行程序产生的,因为显示扫描会在每个数码管显示时,停顿一个 R7 寄存器所能产生的最长时间。在 5.1.1 小节中我们已经计算过它的延时时间为:

$$(1+2\times 256)\times 1.085\ \mu s = 556.605\ \mu s = 0.556605\ ms \approx 0.557\ ms$$

由于一共有 4 个数码管,因此显示扫描需要停顿 4 次,所以显示程序跑完一次需要的时间为:

$$4\times 0.557\ ms \approx 2.228\ ms$$

由于码表计时的最小时间单位为 0.1 s,即 100 ms,可以得出延时 100 ms 的循环显示次数为 $100\div 2.228\approx 44.8$,其结果是一个带有小数点的数字 44.8,不妨先取整数 44,即可得到延时 $44\times 2.228\ ms = 98.032\ ms$。由此可见,还大约需要补足 2 ms 的延时时间才能达到 100 ms。

然后再来分析"精确调整延时程序"。这部分程序包括计时的计算,W_DisplayBuf 子程序和 Scan_Key 子程序,加起来大致等于一个 R7 寄存器延时。每个 R7 延时程序约为 0.557 ms,因此只要再补 3 次 R7 延时程序就可以得到 100 ms 的延时。

"精确调整延时程序"的开始部分就是 3 个 R7 寄存器延时程序,前 2 次延时取最大值,因为第一次延时后 R7 的结果为 0,所以第 2 次延时不用再取初值。第 3 次延时用初值 NN 替代,因为此延时需要根据实验运行的结果来调整。其调整步骤如下:

先让码表进入待启动状态,找一只尽可能准的钟表或计时器具,在秒针走到整点时启动码表,当校准钟表走到 16 min 39 s 时(999 s)按码表停止键。此时将码表的计时结果和 999 相减,如果是正数 x,则码表慢了,需要减去延时时间,$x\div 999$ 就是误差秒数,将其换算成 μs,然后以单片机的一个机器周期的时间单位(1.085 μs)为基准,通过减去调整延时初值 NN 来校正。

如果相减结果是负数 x(注意,此时码表溢出,但加上溢出仍然可得到正确的数据),则表明码表快了,仍然以单片机的一个机器周期的时间单位(1.085 μs)为基准,通过增加调整延时初值 NN 来校正。

对于出现大于一个 R7 延时精确调整时间的情况,则要通过增加(或减少)一个 R7 延时来处理,如果误差再大,则要通过显示程序的扫描次数来调整,当然这种情况只有晶振误差特别大时才会出现。其实调整程序延时时间的方法很多,例如通过微调显示扫描的停顿时间也可以达到目的,当然还是以单片机的一个机器周期的时间单位(1.085 μs)为基准。

第 6 章

实践与制作——从构思到实现

> **本章导读**
>
> 此前,虽然大家动手制作了几个硬件电路板,并且对程序设计方法也有了粗浅的了解,但这些制作都缺乏系统性,因此很有必要将前面所学的内容融合起来成为一个系统。尽管大学一年级学生所学的知识有限,但在老师的指导下,由学生完成一个小系统的设计还是可行的。
>
> 无论做什么事情,要想达到熟能生巧的程度,唯一的途径就是重复、重复、再重复,实践、实践、再实践,任何一个成功者都是从艰苦的实践中走过来的。各位同学,如果你真的渴望成功,同样也不能例外。因此,本章的内容以学生制作和调试程序为主,教师讲解为辅。

6.1 单片机的串行扩展技术

要求在单片机最小系统的基础上,使用串行移位寄存器驱动 8 个 LED 数码管与 8 个按键,设计和制作一个简易的人机界面,并编写相应的软件。

下面将以 74HC164 和 74HC595 作为单片机的扩展接口,从最简单的软硬件制作开始,采取 Step-to-Step 的方式,带领大家由浅入深,全面展现一个系统如何从构思到实现的原始设计过程。

6.1.1 接口电路设计与测试

1. 器件的驱动能力

事实上,任何一种器件的驱动能力,通过相应的数据手册都可以查到。因此,设计之前一定要认真阅读器件的数据手册。下面将以 NXP 半导体公司的 74HC164 为例进行说明。

请注意,数据手册中的 I_{IK}(或 I_{OK})不是门电路输出端实际的输入(或输出)电流值,而是拉电流或灌电流的最大允许值。通过查阅器件手册可知,74HC164 的相关参数如下:

$$I_{IK}=20\text{ mA}, I_{OK}=20\text{ mA}, I_{CC}=50\text{ mA}, I_{GND}=50\text{ mA}$$

其中,I_{IK} 为输入电流,I_{OK} 为输出电流,I_{CC} 和 I_{GND} 分别为流向正电源 V_{CC} 和地 GND 的电流。

由此可见,74HC164 具有极强的负载驱动能力。

2. 电路设计与制作

根据 74HC164 的原理与特性表,以及如图 2.164 所示的电路可以看出,设计与制作电路时,仅需要将单片机的两个 I/O 口(P1.0、P1.1),连接到 74HC164 的数据输入端 AB 和时钟信号输入端CP，将$\overline{MR}$直接与V_{CC}相连，并在74HC164的并行输出端扩展8个共阴极LED发光二极管，详见图6.1。

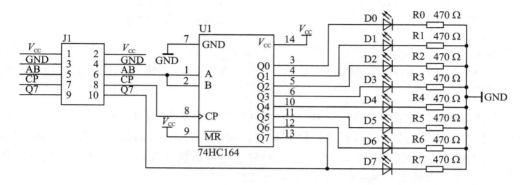

图6.1　74HC164串入并出LED驱动电路图

如图6.2(a)所示是根据上述电路设计的PCB图，图6.2(b)是焊接为成品后的效果图。请不要将74HC164直接焊接在PCB板上，一定要使用IC插座。为了提高器件的利用率，请在完成本章的实验后，将所有的器件从PCB板卸下来交给老师，便于下一届学生使用。

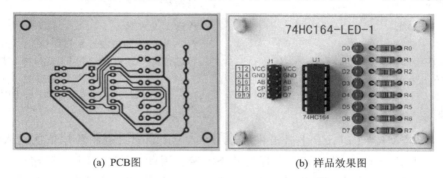

(a) PCB图　　　　　　　　　(b) 样品效果图

图6.2　图6.1的PCB图和样品效果图

按照电路原理图与成品丝印层，用杜邦线将J1_6(AB)、J1_8(CP)分别连接到实验箱B2实验区与单片机P1.0、P1.1相连的JP31_2和JP31_4，接着用杜邦线将J1_2(VCC)、J1_4(GND)分别连接到A1实验区的JP40A(VCC)和JP40B(GND)。

注意：这个实验虽然没有使用Q7，而将Q7引入J1，是为了实现2个74HC164的级联。

3. 驱动软件与测试用例

通过前面的学习，我们已经掌握了74HC164串入并出传递数据的方法。在编程之前，不妨再来复习一下。假设要将一个二进制数1000 0000B串行传送到74HC164的并行输出端Q7~Q0，其数据格式为D7D6D5D4D3D2D1D0=1000 0000。此数据在时钟脉冲的作用下，从D7到D0逐位送到串行输入端AB。待8个时钟脉冲过后，二进制数1000 0000B在Q7~Q0并行输出。其子程序框架详见程序清单6.1。

程序清单6.1 8位串入并出送数子程序框架

```
HC164_Serial_Change_Parallel:          ;8位串入并出送数子程序
    MOV    R6,#0x08                    ;设循环计数器R6为8
Send_1_bit_Data:
    ……
    DJNZ   R6,Send_1_bit_Data          ;R6-1≠0,则转Send_1_bit_Data,否则结束
    RET
```

如果将待传送的数据(1000 0000B——0x80)存放在累加器A中,那么只要用RLC左移指令将待传数据的最高位D7移到进位位C即可。与此同时,所有的数据位都向左移一位,接着将C中的数据电平送到P1.0口,然后将已经移动过的数据保存起来,为下一次的数据传送做准备,详见程序清单6.2(Send_1_bit_Data后面的4条指令)。

程序清单6.2 8位串入并出送数子程序框架(传送1位数据)

```
PIN_DATA=P1.0                          ;74HC164数据输入端
HC164_Serial_Change_Parallel:          ;8位串入并出送数子程序
    MOV    R6,#0x08                    ;设循环计数器R6为8
Send_1_bit_Data:                       ;传送1位数据
    RLC    A                           ;将A中的最高位左移到进位位C
    MOV    PIN_DATA,C                  ;将进位位C的内容送到P1.0口串行数据端AB
    ……
    DJNZ   R6,Send_1_bit_Data          ;R6-1≠0,则转Send_1_bit_Data,否则结束
    RET
```

我们知道,当$\overline{MR}=1$时,CP上升沿将加在D=A·B端的二进制数据依次送入移位寄存器中;当$\overline{MR}=1$,CP=0时,移位寄存器保持状态不变。因此,只要在P1.1口输出一个由0到1再到0的上升沿脉冲信号(CP_Rising_Pulse_Effective后面的3条指令),一位数据就被送到74HC164的并行数据输出端Q0的第一级移位寄存器,Q0移位寄存器原有的值移入Q1移位寄存器,Q1移位寄存器原有的值移入Q2移位寄存器,以此类推。8位串入并出送数子程序范例详见程序清单6.3。

程序清单6.3 8位串入并出送数子程序范例

```
PIN_DATA = P1.0                        ;移位寄存器数据输入端
PIN_CP   = P1.1                        ;移位寄存器时钟信号输入端
HC164_Serial_Change_Parallel:          ;8位串入并出送数子程序
    MOV    R6,#0x08                    ;设循环计数器R6为8
Send_1_bit_Data:                       ;传送1位数据
    RLC    A                           ;将A中的最高位左移到进位位C
    MOV    PIN_DATA,C                  ;将进位位C的内容送到P1.0口串行数据端AB
CP_Rising_Pulse_Effective:             ;产生CP上升沿
    SETB   PIN_CP                      ;将CP端置1,产生一个上升沿脉冲跳变信号
    NOP                                ;执行空操作延时指令
```

```
        CLR     PIN_CP                          ;将 CP 端清 0
        DJNZ    R6,Send_1_bit_Data              ;R6-1≠0,则转 Send_1_bit_Data,否则结束
        RET
```

为了进一步验证程序清单 6.3 所示的 8 位串入并出送数程序,需要编写相应的测试用例,详见程序清单 6.4。由于 CP 端为上升沿有效,因此必须首先将 P1.1 初始化为低电平。假设待传送的数据为 1000 0000B,则会发现 LED 发光二极管 D7 点亮,其余的 7 个 LED 熄灭。

程序清单 6.4　测试程序范例

```
        .AREA    HOME(ABS,CODE)
        .ORG     0x0000
PIN_DATA        =P1.0                           ;移位寄存器数据输入端
PIN_CP          =P1.1                           ;移位寄存器时钟信号输入端
Start: CLR      PIN_CP                          ;CP 端上升沿有效,初始化 CP 为低电平
Loop:  MOV      A,#0x80                         ;待传送的数据 1000 0000B
       ACALL    HC164_Serial_Change_Parallel    ;调用 8 位串入并出送数子程序
       AJMP     Loop
```

我们知道,8 个独立的 LED 发光二极管在结构上可以组成一个 LED 数码管,因此下面将用查表法编写一个 LED 流水灯程序作为测试用例,并由此得出段码表,详见程序清单 6.5。

程序清单 6.5　LED 流水灯测试程序范例(74HC164)

```
        .AREA    HOME(ABS,CODE)
        .ORG     0x0000
PIN_DATA        =P1.0                           ;移位寄存器数据输入端
PIN_CP          =P1.1                           ;移位寄存器时钟信号输入端
Start: CLR      PIN_CP                          ;CP 端上升沿有效,初始化 CP 为低电平
       MOV      DPTR,#Table                     ;将 Table 表的地址存入数据指针
Loop:  CLR      A                               ;清 0 累加器 A
       MOVC     A,@A+DPTR                       ;查表,取待传送的数据
       CJNE     A,#0x55,Loop1                   ;是否为结束码? 否,则跳转到 Loop1
       AJMP     Start
Loop1:
       ACALL    HC164_Serial_Change_Parallel    ;调用 8 位串入并出送数子程序
       ACALL    Delay
       INC      DPTR                            ;数据指针加 1,取下一个码
       AJMP     Loop
Table:
       .DB      0x01,0x02,0x04,0x08,0x10,0x20,0x40,0x80
       .DB      0x55                            ;显示数据区结束特征码
Delay: MOV      R6,#0x00                        ;延时时间为 143 ms
1$:    MOV      R5,#0x00
```

```
        DJNZ        R5,.
        DJNZ        R6,1$
        RET
```

6.1.2　TinyHMI 人机界面

假设一个项目需要用到 8 个数码管作为显示器,当然,可以选用 2 个共阴极数码管 LN3461AS,也可以选用 2 个共阳极数码管 LN3461BS。如果选用 2 个 LN3461AS,那么只需分别将 8 个数码管中同号的 8 个段选位并联在一起,另 8 个共阴极位选位单独引出,即可满足项目的要求。

1. 级联扩展

我们知道,要想控制 8 个 LED 共阴极数码管,至少需要 16 个 I/O 口才能实现。其中,8 个 I/O 口用于控制数码管的段选位,另 8 个 I/O 用于控制数码管的位选位。因此,只需 2 个 74HC164 即可实现。那么,首要解决的问题就是如何级联 2 个 74HC164。

我们不妨先从如图 6.1 所示的电路入手,将已经做好的 2 个电路板级联起来,编写相应的测试用例来实现数据的级联传输。

2 个 74HC164 级联起来共有 16 个输出端,如果要将 16 个输出端全部操作一次,则需要进行 16 次数据传递操作。因此,无论是控制第 1 个 74HC164 的 8 个 LED,还是控制第 2 个 74HC164 的 8 个 LED,都会用到同样的数据传递方式。但必须注意的是:其数据的传递顺序是先传送到第 1 个 74HC164(U1),后传送到第 2 个 74HC164(U2),即前面 8 次传送的数据控制 U2 的 8 个 LED,后面 8 次传送的数据控制 U1 的 8 个 LED。

由于 2 个 74HC164 使用相同的数据传送方式,很显然 CP 端可以并联共用一个 I/O 口,因此仍然使用 P1.1。在 8 个 CP 上升沿信号的作用下,待传送的数据通过 P1.0 接入第 1 个 74HC164 的数据输入端 D(AB),被传送到 74HC164 的并行输出端。当第 9 个 CP 上升沿信号到来时,第 1 个 74HC164 的并行输出端 Q7 势必被挤出去丢失了。此时,如果将此并行数据输出端 Q7 与第 2 个 74HC164 的串行数据输入端 AB 相连,则数据被传送到第 2 个 74HC164 的并行数据输出端 Q0。当第 10 个 CP 上升沿信号到来时,一位数据从第 1 个 74HC164 的 Q7 传送到第 2 个 74HC164 的 Q0,Q0 原有的值移入 Q1,Q1 移入 Q2,以此类推,在 16 个 CP 上升沿信号的作用下,完成 16 次数据的传递操作。

请大家将 2 个同样的电路板按照如图 6.3 所示的电路图连接起来,然后再接入实验箱。由于 2 个 74HC164 级联起来共有 16 个输出端,如果将 16 个输出端全部操作一次,则需要 2 次 8 位操作才能完成,与之相应的测试范例详见程序清单 6.6。

程序清单 6.6　2 个 74HC164 级联测试范例

```
        .AREA       HOME(ABS,CODE)
        .ORG        0x0000
PIN_DATA    =P1.0                   ;移位寄存器数据输入端
PIN_CP      =P1.1                   ;移位寄存器时钟信号输入端
Start: CLR  PIN_CP                  ;CP 端上升沿有效,初始化 CP 为低电平
        MOV         DPTR,#Table     ;将 Table 表的地址存入数据指针
```

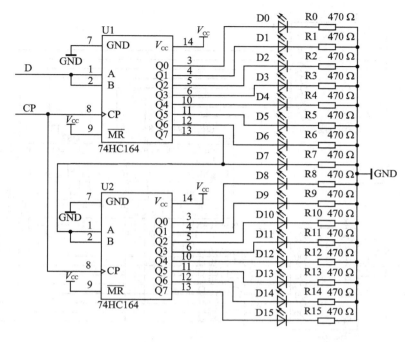

图 6.3　2 个 74HC164 级联电路图

```
Loop: CLR      A                              ;清 0 累加器 A
      MOVC     A，@A+DPTR                     ;查表,取待传送的数据
      CJNE     A，#0x55，Loop1                ;是否为结束码？否,则跳转到 Loop1
      AJMP     Start

Loop1:
      MOV      R5，A                          ;保存待传送的数据
      ACALL    HC164_Serial_Change_Parallel   ;调用 8 位串入并出送数子程序
      MOV      A，R5                          ;取待传送的数据
      ACALL    HC164_Serial_Change_Parallel   ;调用 8 位串入并出送数子程序

      ACALL    Delay                          ;延时时间为 143 ms
      INC      DPTR                           ;数据指针加 1,取下一个码
      AJMP     Loop
Table:
      .DB      0x01，0x02，0x04，0x08，0x10，0x20，0x40，0x80
      .DB      0x55                           ;显示数据区结束特征码
```

2. 电路设计与制作

控制 8 个共阴极 LED 数码管一共有 16 个引出端,如果将这 16 个引出端中的 8 个段选位与 8 个位选位分别与 2 个 74HC164 的 16 个输出端一一相连,则可构成数码管驱动电路。因此,只要适当地修改图 6.3,即可演变为 8 个共阴极 LED 数码管驱动电路,详见图 6.4。

其中,U1 与 U2 的 CP 端是连接在一起的,U1 的并行输出端 Q7 与 U2 的串行数据输入端 A、B 级联。U1 控制数码管的位选位,U2 控制数码管的段选位。由此可见,只要给数码管的位选位输送低电平,给数码管的段选位输送高电平,即可点亮相应的数码管。

第6章 实践与制作——从构思到实现

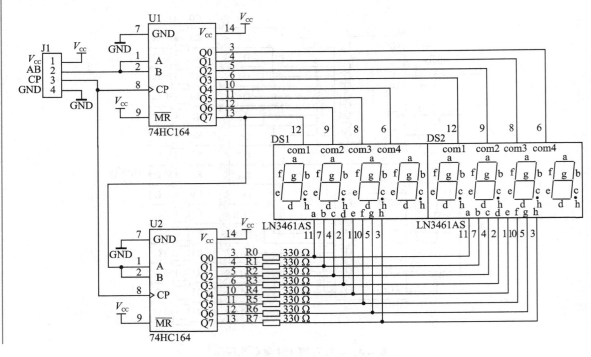

图 6.4 8 个共阴极 LED 数码管驱动电路图

如图 6.5(a)所示是根据上述电路设计的 PCB 图,左下角的虚线为连接跳线,图 6.5(b)所示是焊接为成品后的效果图。

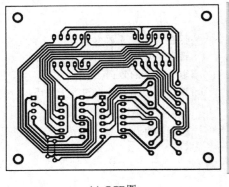

(a) PCB 图

(b) 样品效果图

图 6.5 图 6.4 的 PCB 图和样品效果图

3. 测试用例

通过程序清单 6.5 所示的测试用例,即可得出共阴极 LED 数码管笔段与数值的对应关系,详见表 6.1。与之相应的段码表,详见表 6.2。

表 6.1　笔段与数值对应关系表

笔 段	h	g	f	e	d	c	b	a
数 值	0x80	0x40	0x20	0x10	0x08	0x04	0x02	0x01

表 6.2　七段共阴极数码管段码表

数 字	h	g	f	e	d	c	b	a	数 值
0	0	0	1	1	1	1	1	1	0x3F
1	0	0	0	0	0	1	1	0	0x06
2	0	1	0	1	1	0	1	1	0x5B
3	0	1	0	0	1	1	1	1	0x4F
4	0	1	1	0	0	1	1	0	0x66
5	0	1	1	0	1	1	0	1	0x6D
6	0	1	1	1	1	1	0	1	0x7D
7	0	0	0	0	0	1	1	1	0x07
8	0	1	1	1	1	1	1	1	0x7F
9	0	1	1	0	1	1	1	1	0x6F

由于 2 个 74HC164 级联起来共有 16 个输出端,如果将 16 个输出端全部操作一次,则需要进行 16 次数据传递操作。因此,无论是控制数码管的段选位还是位选位,都会用到同样的数据传递方式。

必须注意的是:其数据的传递顺序是先传送段选位,后传送位选位,即前面 8 次传递的数据为段选位,后面 8 次传递的数据为位选位。程序清单 6.7 是一个测试 TinyHMI 的范例,通过查表先传送段选位,接着将位选位全部置 0 选通所有的数码管。

程序清单 6.7　TinyHMI 测试范例

```
        .AREA      HOME(ABS, CODE)
        .ORG       0x0000
PIN_DATA   =P1.0                            ;移位寄存器数据输入端
PIN_CP     =P1.1                            ;移位寄存器时钟信号输入端
Start: CLR    PIN_CP                        ;CP 端上升沿有效,初始化 CP 为低电平
        MOV    DPTR, #Table                 ;将 Table 表的地址存入数据指针
Loop:
        CLR    A                            ;清 0 累加器 A
        MOVC   A, @A+DPTR                   ;查表,取待传送的数据
        CJNE   A, #0x55, Loop1              ;是否为结束码? 否,则跳转到 Loop1
        AJMP   Start
Loop1:
        ACALL  HC164_Serial_Change_Parallel ;先传送段选位
        MOV    A, #0x00
        ACALL  HC164_Serial_Change_Parallel ;后传送位选位,将 8 个数码管的共阴极端置 0
```

```
        ACALL   Delay                           ;增加延时时间,数码管动态显示效果更明显
        ACALL   Delay
        INC     DPTR                            ;数据指针加1,取下一个码
        AJMP    Loop
Table:
        .DB     0x3F,0x06,0x5B,0x4F,0x66,0x6D,0x7D,0x07,0x7F,0x6F   ;0~9字符表
        .DB     0x55                            ;显示数据区结束特征码
```

4. 数码管动态扫描子程序

预先将段码暂存放到 A, 并将位码暂存放到 R5 中, 经过改进之后的 8 位串入并出送数子程序范例详见程序清单 6.8。

程序清单 6.8   8 位串入并出送数子程序范例

```
HC164_Display_LED:
        ACALL   HC164_Serial_Change_Parallel    ;预先将段码存放到 A 中,送出段码到 PIN_DATA
        MOV     A, R5                           ;取位码到 A
        ACALL   HC164_Serial_Change_Parallel    ;送出位码到 PIN_DATA
        RET
```

程序清单 6.9 为 TinyHMI 动态显示扫描子程序范例, 定义 0x78~0x7F 作为第 1~8 位数码管显示字符的存放单元, 使用 R0 作为显示缓冲区指针, 从第 1 位开始轮流显示的方式实现数码管的动态扫描。

程序清单 6.9   TinyHMI 动态显示扫描子程序范例

```
Buffer_First_Address        =0x78                   ;定义显示缓冲区首地址
HC164_Scan_Display_Value:
        MOV     R0, #Buffer_First_Address           ;指针 R0,取显示缓冲区首地址
        MOV     R5, #0x7F                           ;选通显示器第一位
Scan_Loop:
        MOV     A, @R0                              ;取显示缓冲区内容(段码)到 A
        ACALL   HC164_Display_LED                   ;调用显示子程序,点亮一位数码管
        MOV     A, R5                               ;将位码暂存器中的位码送入 A
        RR      A                                   ;循环右移一位,为点亮下一个数码管做准备
        MOV     R5, A                               ;保存位码到位码暂存器
        INC     R0                                  ;显示缓冲区指针+1
        MOV     R7, #0x00                           ;延时
        DJNZ    R7, .
        CJNE    R0, #Buffer_First_Address+8, Scan_Loop  ;R0 是否 8 次加 1? 否,则返回下一次操作
        RET
```

该程序将 R0 赋予 2 种功能,分别用作缓冲区指针和计数器。作为缓冲区指针使用时,用于确定显示数据;作为计数器使用时,"加 1" 8 次后程序结束,否则还需要一个寄存器用作计数器。

虽然 CJNE 是一条比较转移指令,但在这里的用法还是有一定的技巧性。开始定义了 Buffer_First_Address 为 0x78,而 0x78+0x08=0x80。虽然看起来有点奇怪,但这种带减法的间接表示方法使编译器为我们提供了一个方便之处,如果需要修改 R0 指针的指向,如 Buffer_First_Address=0x60,只需修改 Buffer_First_Address 伪指令定义即可。

由此可见,只要将待显示的数字送到显示缓冲区,然后通过 R0 间接寻址显示缓冲区,并用移位的方式处理位操作数据,即可实现循环扫描显示,其应用范例详见程序清单 6.10。

程序清单 6.10　调用显示子程序显示"12345678"范例

```
        .AREA       HOME(ABS, CODE)
        .ORG        0x0000
PIN_DATA            =P1.0                  ;移位寄存器数据输入端
PIN_CP              =P1.1                  ;移位寄存器时钟信号输入端,上升沿有效
Buffer_First_Address    =0x78              ;定义显示缓冲区首地址
Start:
        CLR         PIN_CP
        MOV         R0, #Buffer_First_Address    ;指针 R0,取显示缓冲区首地址
        MOV         Buffer_First_Address, #0x06
        MOV         Buffer_First_Address+1, #0x5B
        MOV         Buffer_First_Address+2, #0x4F
        MOV         Buffer_First_Address+3, #0x66
        MOV         Buffer_First_Address+4, #0x6D
        MOV         Buffer_First_Address+5, #0x7D
        MOV         Buffer_First_Address+6, #0x07
        MOV         Buffer_First_Address+7, #0x7F
END_DLoop:
        ACALL       HC164_Scan_Display_Value
        AJMP        END_DLoop
```

通过上面的测试发现,当使用 74HC164 驱动数码管时,本该熄灭的笔段也"点亮"了,与实际上应该"发光"的笔段相比,只是稍为"暗"一些。因为输出信号一直在动态地变化,容易出现闪烁现象,所以需要进一步改进使其更加可靠,以适应工业现场的需要。

6.1.3　改进的可能性

1. 电路设计与制作

查阅器件数据手册,74HC595 比 74HC164 的驱动能力更强。74HC595 可以理解为 74HC164+74HC374,相当于在 74HC164 的 8 个并行输出端增加一个与 74HC374 功能一样的触发锁存器。在这里锁存器的作用就是屏蔽并行输出在移位过程中的不同变换,让所有输出在 STR 上升沿锁存信号作用下统一翻转,确保数据在串入并出转换过程中稳定可靠。

74HC595 除了 8 个并行输出口之外,还有 5 个输入控制口,其中,$\overline{OE}$ 为输出使能端口, $\overline{MR}$ 为手动复位端口,均为低电平 0 有效。因此,必须将 $\overline{OE}$ 直接接地,以保证锁存器中的值在 Q0~Q7 引脚输出。与此同时,将 $\overline{MR}$ 直接接 V_{cc},从而保证 74HC595 处于永久选通状态。另

外，还有3个输入端，它们分别为CP时钟信号端、D数据输入端和STR锁存信号。

如图6.6所示为74HC595串入并出LED驱动电路，其中，数据端D接单片机的P1.0，CP和STR分别接单片机的P1.1和P1.2。由于其驱动电路与74HC164几乎差不多，因此不需要制作PCB电路板，以节省资源。

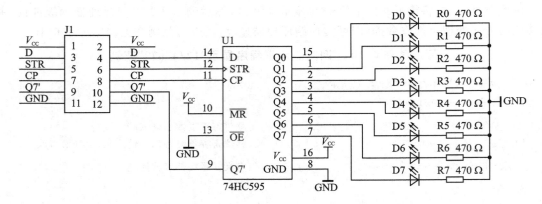

图6.6　74HC595串入并出LED驱动电路图

2. 驱动软件与测试用例

74HC595内置的移位寄存器与74HC164的工作原理是完全一样的，在CP上升沿的作用下，保证将加载D端的二进制数据依次送入移位寄存器中。当数据移位完成后，在STR上升沿的作用下，移位寄存器中的数据将一次性地送入数据存储锁存器输出，从而保证在移位的过程中，输出端的数据保持不变。因此只需在HC164_Serial_Change_Parallel的子程序基础上，增加产生STR上升沿的代码即可，详见程序清单6.11中字体加粗部分代码。

程序清单6.11　8位串入并出带锁存送数子程序

```
HC595_Serial_Change_Parallel：
    ACALL   HC164_Serial_Change_Parallel    ;调用8位串入并出送数子程序
STR_Rising_Pulse_Effective：                ;产生STR上升沿
    SETB    PIN_STR                         ;将STR端置1,产生一个上升沿脉冲跳变信号
    NOP                                     ;执行空操作延时指令
    CLR     PIN_STR                         ;将STR端清0
    RET
```

测试范例详见程序清单6.12，其中，字体加粗部分为新增代码。与此同时，采用R7作为计数器，这是程序的不同之处，从而使程序的流程也发生改变。

程序清单6.12　LED流水灯测试程序范例

```
        .AREA   HOME(ABS, CODE)
        .ORG    0x0000
PIN_DATA    =P1.0                           ;移位寄存器数据输入端
PIN_CP      =P1.1                           ;移位寄存器时钟信号输入端,上升沿有效
PIN_STR     =P1.2                           ;移位寄存器锁存信号输入端,上升沿有效
```

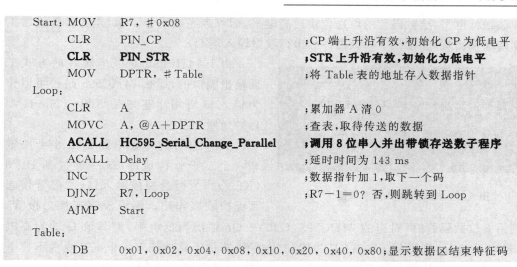

3. TinyHMI 电路设计与制作

如图 6.7 所示是 TinyHMI 数码管与键盘驱动电路，它通过单片机 I/O 口控制 2 个 74HC595，驱动 2 个共阴极 LN3461AS 数码管与 8 个按键（TinyHMI 外形结构详见图 6.8）。其中，U20 控制 8 个数码管的位选位，U21 控制 8 个数码管的段选位；也就是说，只要给数码管

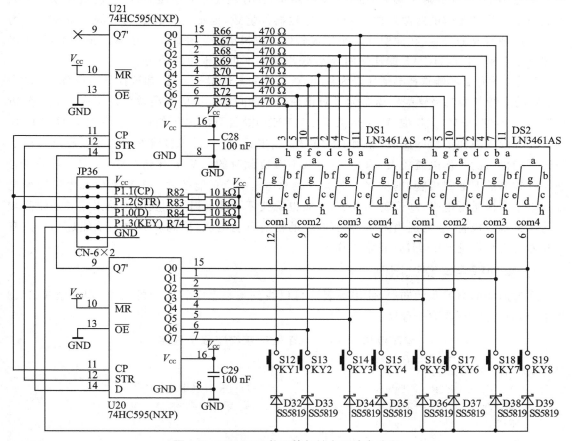

图 6.7 TinyHMI 数码管与键盘驱动电路图

的位选位输送低电平,给数码管的段选位输送高电平,即可点亮数码管。Q7′作为器件级联扩展的数据传递输出端,连接到下一级器件的串行数据输入端D。

由于74HC595是以串转并的方式扩展输出端口的,那么74HC595是否可以作为输入口使用?答案是可以。TinyHMI巧妙地做到了这一点。

TinyHMI的键盘电路是由8个按键和8个二极管构成的,统一连接到P1.3(KEY)作为键盘扫描输入口,二极管仅起到保护隔离作用。假设没有连接二极管,

图 6.8 TinyHMI 外形结构图

当扫描到第 n 位数码管时,对应的74HC595(U20)—Qn输出为低电平,而其他Q端为高电平,此时若按下KYn,则可从P1.3(KEY)读到低电平;若按下其他任何一个KY或者不按下任何KY,则读到的都是高电平;若依次从左到右扫描,则可得到1字节的完整键值编码。

如果键盘电路没有连接二极管,则键盘电路会存在这样的问题:若2个或2个以上的KY键同时按下,则从对应的74HC595一个Q输出端到另外一个Q输出端之间就会形成回路。若恰好一个Q端输出高电平1,而另一个Q端输出低电平0,则会立即形成短路回路。

虽然74HC595的输出端为CMOS推挽结构,拥有较强的驱动能力,但是仍然存在一定的等效内阻。尽管短暂的短路现象一般不会导致器件烧毁,但却会干扰数码管的正常显示。为了避免这种情况的发生,在此引入8个二极管作为隔离电路。在添加二极管的情况下,如果再次按下组合键,则74HC595的任何两个Q输出端都不再出现短路情况。

注意:为什么不能选择导通压降为 $0.6 \sim 0.8$ V 的普通型二极管,却选择导通压降为 $0.2 \sim 0.4$ V 的肖特基型二极管呢?这是为了防止在扫描期间读取键值时出现意外错误。通过分析可知,$V_{KEY} = V_Q + V_D$。其中,V_{KEY}是从P1.3(KEY)处得到的电压值;V_Q是因为74HC595输出存在等效内阻而形成的压降,驱动电流越大,V_Q也越大;V_D是二极管的正向导通压降。由于数码管扫描时的工作电流较大,因此 V_Q 会从不带负载时的 0 V 上升到 $0.5 \sim 1$ V。若采用导通压降较高的普通二极管,则从 V_{KEY} 处得到的总电压就有可能超过 1.5 V(I/O 高电平门槛电压),本来应该是低电平,却读到高电平,从而也就破坏了键盘扫描。实际电路采用导通压降较低的肖特基二极管,且需适当限制74HC595的输出驱动电流(段码限流电阻不能过小),只有这样才能完全保证 TinyHMI 正常工作。

4. 驱动程序与测试用例

通过前面的学习我们知道,使用查表法可以找到与数字字符对应的数值,程序清单 6.13 为单个(数字)字符获取子程序。

程序清单 6.13 单个数字字符获取子程序

```
Get_Segment_Code:
    MOV    DPTR, #Table                      ;DPTR 取表格首地址
    MOVC   A, @A+DPTR                        ;查表取得字符真值
    RET
Table:.DB   0x3F, 0x06, 0x5B, 0x4F, 0x66, 0x6D, 0x7D, 0x07, 0x7F, 0x6F    ;0~9 字符表
```

有了单个数字字符获取子程序,那么就可以考虑以何种方式来显示了。

预先将段码暂存放到 A,并将位码暂存放到 R5 中,然后分别将段码与位码这 2 个 8 位数据分别送入 16 位串入并出驱动电路,最后启动 STR 信号锁存输出数据,详见程序清单 6.14。

程序清单 6.14 8 位串入并出送数子程序

```
HC595_Display_LED:
    ACALL   HC164_Serial_Change_Parallel    ;送出段码到 PIN_DATA
    MOV     A,R5                            ;取位码到 A
    ACALL   HC164_Serial_Change_Parallel    ;送出位码到 PIN_DATA
    ACALL   STR_Rising_Pulse_Effective      ;在 STR 端产生一个上升沿锁存信号
    RET
```

程序清单 6.15 为显示扫描驱动子程序,程序中设立了与每个数码管对应的缓冲区,分别为 0x78~0x7F 存储单元,将待显示的数字送到显示缓冲区,接着通过查表子程序 Get_Segment_Code,将待显示字符的数值送到相应的控制口。

程序清单 6.15 TinyHMI 动态扫描显示子程序

```
Buffer_First_Address    =0x78               ;定义显示缓冲区首地址
HC595_Scan_Display_Number:
    MOV     R0,#Buffer_First_Address        ;指针 R0,取显示缓冲区首地址
    MOV     R5,#0x7F                        ;选通显示器第一位
Scan_Loop:
    MOV     A,@R0                           ;取显示缓冲区内容到 A
    ACALL   Get_Segment_Code                ;查表获取数字字符所对应的数值(段码)
    ACALL   HC595_Display_LED               ;调用显示子程序,点亮一位数码管
    MOV     A,R5                            ;将位码暂存器中的位码送入 A
    RR      A                               ;循环右移一位,为点亮下一个数码管做准备
    MOV     R5,A                            ;回存位码到 R5 暂存器
    INC     R0                              ;显示缓冲区指针加 1
    MOV     R7,#0x00                        ;延时
    DJNZ    R7,.
    CJNE    R0,#Buffer_First_Address+8,Scan_Loop ;R0 是否 8 次加 1?否,则返回下一次操作
    RET
```

由此可见,只要将待显示的数字送到显示缓冲区,然后通过 R0 间接寻址显示缓冲区,并用移位的方式处理位操作数据,即可实现循环扫描显示,其应用范例详见程序清单 6.16。

程序清单 6.16 调用显示子程序显示"12345678"范例

```
    .AREA   HOME(ABS,CODE)
    .ORG    0x0000

PIN_DATA    =P1.0                           ;移位寄存器数据输入端
PIN_CP      =P1.1                           ;移位寄存器时钟信号输入端,上升沿有效
PIN_STR     =P1.2                           ;移位寄存器锁存信号输入端,上升沿有效

Buffer_First_Address    =0x78               ;定义显示缓冲区首地址
```

```
Start:
        MOV     R0,#Buffer_First_Address              ;设定显示缓冲区首地址
        MOV     Buffer_First_Address,#0x01            ;待显示的数字字符"1"
        MOV     Buffer_First_Address+1,#0x02          ;待显示的数字字符"2"
        MOV     Buffer_First_Address+2,#0x03          ;待显示的数字字符"3"
        MOV     Buffer_First_Address+3,#0x04          ;待显示的数字字符"4"
        MOV     Buffer_First_Address+4,#0x05          ;待显示的数字字符"5"
        MOV     Buffer_First_Address+5,#0x06          ;待显示的数字字符"6"
        MOV     Buffer_First_Address+6,#0x07          ;待显示的数字字符"7"
        MOV     Buffer_First_Address+7,#0x08          ;待显示的数字字符"8"
END_DLoop:
        ACALL   HC595_Scan_Display_Number             ;调用显示扫描子程序
        AJMP    END_DLoop
```

5. 键盘动态扫描子程序

为了进一步提高学生的设计能力,有关键盘扫描子程序以及相应的测试程序,留给读者独立完成,并要求撰写相应的开发文档。建议:教师可作为课程设计列入平时成绩考核。

下一节的内容,对于大学一年级的学生来说较为复杂,可以作为选学内容,也可以列入后期的项目驱动训练内容。

6.2 LED 点阵显示屏

6.2.1 LED 点阵显示器原理与应用

1. LED 点阵显示器原理

将多个发光二极管以矩阵的形式排列起来,点阵实物图详见图 6.9。从图中可以看出,8×8 点阵共需要 64 个发光二极管,如果每个发光二极管都用一根数据线来控制,则需要 64 根数据线。为了使每个发光二极管都能独立控制并且减少数据线的数量,将每个发光二极管放置在行线和列线的交叉点上,当对应的某一列置高电平,某一行置低电平时,相应的二极管就被点亮。由以上分析可得矩阵式 LED 点阵的原理图,详见图 6.10,其具体型号为 LNM788BS。

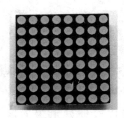

图 6.9　8×8 点阵实物图

由于每一行或列都会共用同一根数据线,则任选一行或列即可对一整行或列的发光二极管独立控制。由于人眼的视觉暂留现象,当整行(或整列)的切换速度足够快时,就可以同时独立控制所有的发光二极管。由此可见,通过点的组合就可以产生任意字符,如果在 8×8 的 LED 点阵中点亮组成字符的对应点,并且扫描速度足够快,就可以显示相应的字符。

2. 电路设计与制作

通过前面的学习与实践我们知道,可选用 74HC595 作为列控制信号,当然,也可以选用 74HC595 作为行控制信号。但选用 74HC138 作为行控制信号效果会更好,因为它可以提供 8

路互斥的低电平有效输出信号,通过 A、B、C 输入信号的不同组合即可选择不同的行,详见图 6.11。

有了前面的基础,读者就可以制作这块电路板和编程了,其 PCB 图和样品效果图详见图 6.12。

3. 驱动软件与测试用例

我们不妨以"9"为例来看一看 LED 点阵显示器的显示过程,详见图 6.13。

通过前面的实验,我们已经熟练地掌握了 74HC595,因此,在此不再重复介绍 74HC595 列信号控制器。这里将重点介绍如何产生 LED 点阵显示器的行信号。它是由 74HC138 的 A、B、C 来实现的,其中,A 为最低位,C 为最高位。由此可见,只要将

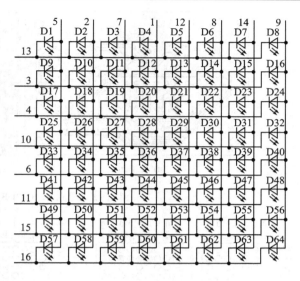

图 6.10 8×8 LED 点阵原理图

0~7 的二进制数按位送到 74HC138 的 A、B、C,即可在输出端得到一个有效的行选择信号(低电平有效),详见程序清单 6.17。P1.0(HC138_A)、P1.1(HC138_B)、P1.2(HC138_C)用作点阵显示器的行信号控制口,分别与 74HC138 的 A、B、C 相连。

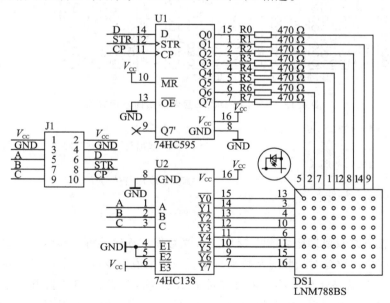

图 6.11 8×8 LED 点阵显示器驱动电路原理图

程序清单 6.17 行信号传送子程序

```
HC138_Send_Address:
    MOV     A,R7              ;将保存在 R7 中的行信号送累加器 A
    RRC     A                 ;右移 A 到 C 取出行信号的最低位
```

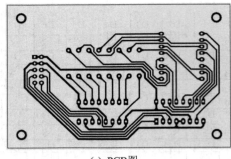
(a) PCB图

(b) 样品效果图

图 6.12　图 6.11 的 PCB 图和样品效果图

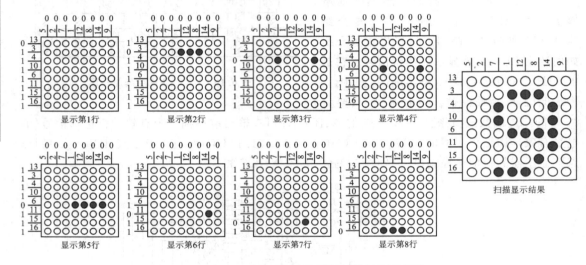

图 6.13　8×8 LED 点阵显示器扫描显示原理图

```
        MOV     HC138_A, C
        RRC     A                       ;右移 A 取出行信号第 2 位
        MOV     HC138_B, C
        RRC     A                       ;右移 A 取出行信号第 3 位
        MOV     HC138_C, C
        RET
```

由此可见,接下来只要调用之前的 74HC595 送数据子程序就可以显示一行数据。与数码管扫描显示一样,同样需要延时消除显示抖动现象。一般来说,显示器的刷新率需要达到 60 Hz 以上才能正常。60 Hz 就是让显示器整屏每秒钟显示 60 次,对于 8×8 点阵显示器来说一共有 8 行,为了达到 60 Hz 的刷新率,则必须保证每秒钟显示 8×60＝480 行的速度。也就是说,显示完一行需要 1 s÷480≈0.002 08 s(2.08 ms)延时时间,其延时程序详见程序清单 6.18。

程序清单 6.18　延时程序

```
                MOV     R6, #0x3
        Delay:  MOV     R5, #0x53               ;延时(R5×24＋36)×R6＋1 个机器周期
                DJNZ    R5, .
```

　　　　DJNZ　　R6，Delay

下面将给出在 8×8 LED 点阵显示器显示数字"9"测试范例，详见程序清单 6.19。

程序清单 6.19　显示数字"9"测试范例

```
              .AREA      HOME(ABS, CODE)
              .ORG       0x0000
HC138_A       =P1.0
HC138_B       =P1.1
HC138_C       =P1.2
PIN_DATA      =P1.3                                ;移位寄存器数据输入端
PIN_CP        =P1.4                                ;移位寄存器时钟信号输入端,上升沿有效
PIN_STR       =P1.5                                ;移位寄存器锁存信号输入端,上升沿有效
Start:    CLR       PIN_CP
          CLR       PIN_STR
REDISP:   MOV       R4, #0x00                      ;行信号——从 0 开始
          MOV       DPTR, #Table                   ;将 Table 表的地址存入数据指针
Loop:     CJNE      R4, #0x08, Row_Scan            ;8 行显示是否结束?
          AJMP      REDISP
Row_Scan: MOV       R7, #0x00                      ;将显示器初始化为 0
          MOV       A, R7
          ACALL     HC595_Serial_Change_Parallel   ;发送"空"行数据
          MOV       A, R4                          ;将保存在 R4 中的行信号送累加器 A
          INC       R4                             ;行信号加 1,为下次扫描做准备
          MOV       R7, A                          ;将行信号暂存到累加器 A
          ACALL     HC138_Send_Address             ;选择相应的行
          CLR       A                              ;累加器 A 清 0
          MOVC      A, @A+DPTR                     ;查表取待显示数据
          INC       DPTR                           ;指针加 1,为下次取数据做准备
          MOV       R7, A                          ;保存待显示笔画的数据
          ACALL     HC595_Serial_Change_Parallel   ;发送实际的列信号
          MOV       R6, #0x3
Delay:    MOV       R5, #0x53                      ;延时(R5×24+36)×R6+1 个机器周期
          DJNZ      R5, .
          DJNZ      R6, Delay
          AJMP      Loop
Table:    .DB       0x00,0x1C,0x22,0x22,0x1E,0x02,0x04,0x38
                                                   ;数字"9"的点阵数据,左边为最高位
;将相应的子程序复制在这里
```

读者可能会感到纳闷，为什么前后调用 2 次 HC595_Serial_Change_Parallel 子程序呢？这是因为在发送完行信号之后和在发送本行数据之前的这一段时间间隙中，虽然行已经选择了下一行，但行中的数据尚未更新。通过观察发现一个现象，当扫描足够快时显示的图形出现

了"拖影"。怎么办？只有在行选择之前给74HC595发送一个"空"行的数据，即可保证在这个时间间隙中消除上一行的数据所产生的"拖影"。读者不妨尝试去掉代码中调用 HC138_Send_Address 子程序发送行数据前的两行代码，并适当调整延时时间，即可观察到"拖影"现象。

尽管上述改进方案是可行的，但效率却很低，唯有进一步改进。我们知道，当$\overline{OE}$为高电平时，锁存器的输出端为高阻态，则禁止器件工作。由此可见，如果用一个I/O口来控制$\overline{OE}$，那么只要给$\overline{OE}$加载一个高电平，即可熄灭8×8 LED点阵显示器，从而也就不必再通过向74HC595发送0的方式来消除"拖影"了。修改后的电路图详见图6.14。

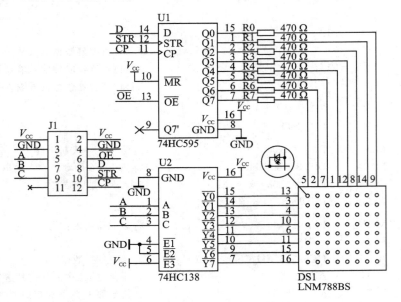

图 6.14　改进后的 8×8 LED 点阵显示器驱动电路原理图

6.2.2　标准化接口

在6.2.1小节中，我们设计与制作了一个8×8显示器驱动电路，不过它仅仅是构成显示屏的最小项。我们每天见到的户外LED点阵显示屏，到目前为止，已经完全实现了标准化与产业化分工。显示屏的接口是显示屏与控制卡之间进行数据传输的主要途径，其中常见的标准接口方式有04、08、12等形式。

08接口常用于1/16扫描，因为描述周期长，所以显示屏亮度较低，一般用于室内LED显示屏；12接口常用于1/4扫描和1/8扫描，可用于室内或户外LED显示屏；04接口常用于1/4扫描，一般用于户外LED显示屏。

其详细接口定义如下：

1. 08 接口

08接口引脚图详见图6.15，其功能定义详见表6.3。其中，SCK 与 CP、LTB 与 STR 的功能完全一样，仅仅是命名方式不一样而已。针对显示屏的要求，其控制方式与 CP、STR 又有所不同。

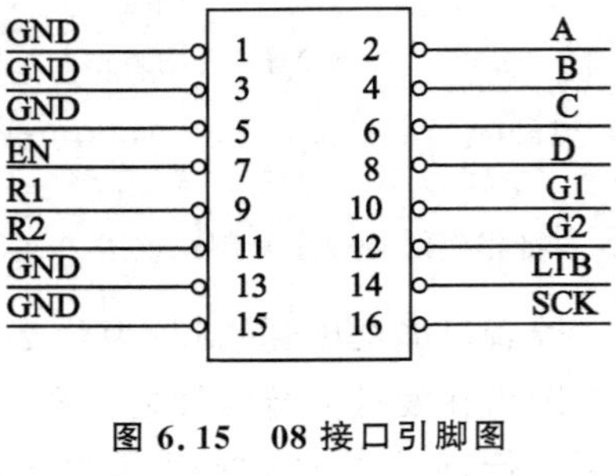

图 6.15　08 接口引脚图

表 6.3   08 接口引脚功能定义

引脚名称	引脚功能	引脚编号	引脚名称	引脚功能	引脚编号
GND	接地	1、3、5、13、15	R1	显示数据	9
A	行选择信号	2	G1	显示数据	10
B	行选择信号	4	R2	显示数据	11
C	行选择信号	6	G2	显示数据	12
EN	使能信号	7	LTB	锁存信号	14
D	行选择信号	8	SCK	时钟信号	16

2. 引脚功能描述

(1) SCK 时钟信号

SCK 是提供给移位寄存器的移位脉冲,每一个脉冲将引起数据移入或移出一位。数据口上的数据必须与时钟信号协调才能正常传送数据,数据信号的频率必须是时钟信号的频率的 1/2 倍。在任何情况下,当时钟信号有异常时,会使整屏显示杂乱无章。

(2) LTB 锁存信号

将移位寄存器内的数据送到锁存器,并将其数据内容通过驱动电路点亮 LED 显示。但由于驱动电路受 EN 使能信号控制,其点亮的前提必须使能为开启状态。锁存信号也须与时钟信号协调才能显示完整的图像。当锁存信号异常时,会使整屏显示杂乱无章。

(3) EN 使能信号

EN 作为整屏亮度控制信号,也用于显示屏消隐。只要调整它的占空比,就可以控制亮度的变化。当使能信号出现异常时,整屏将会出现不亮、暗亮或拖尾等现象。

(4) 数据信号

提供显示图像所需要的数据。必须与时钟信号协调才能将数据传送到任意一个显示点。一般来说,显示屏的红绿(双色,分别对应 R 和 G)数据信号是独立的。若某数据信号与正极或负极短路,则对应的颜色将会出现全亮或不亮。当数据信号被悬空时,对应的颜色显示情况不定。

(5) 行信号

只有在动态扫描显示时才存在,行信号 A、B、C、D(12 接口不含行信号 D,04 接口不含信号 C、D)都是二进制数,A 为最低位,如果用二进制表示 A、B、C、D 信号,其最大范围控制为 16 行(1111),在 1/4 扫描方式中只要 A、B 信号就可以了,因为 A、B 信号表示的最大范围为 4 行(11)。当行控制信号出现异常时,将会出现显示错位、高亮或图像重叠等现象。

3. 12 与 4 接口

12 接口引脚图详见图 6.16,04 接口引脚图详见图 6.17,它们的功能定义详见表 6.4。

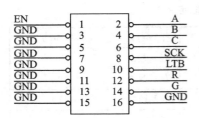
图 6.16 12 接口引脚图

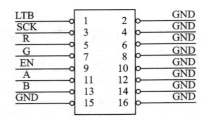
图 6.17 04 接口引脚图

表 6.4 12 与 4 接口引脚功能定义

12 接口方式			4 接口方式		
引脚名称	引脚功能	引脚编号	引脚名称	引脚功能	引脚编号
EN	使能信号	1	EN	使能信号	9
A	行选择信号	2	A	行选择信号	11
GND	接地	3、5、7、9、11、13、15、16	GND	接地	2、4、6、8、10、12、14、15、16
B	行选择信号	4	B	行选择信号	13
C	行选择信号	6	SCK	时钟信号	3
SCK	时钟信号	8	LTB	锁存信号	1
LTB	锁存信号	10	R	显示数据	5
R	显示数据	12	G	显示数据	7
G	显示数据	14			

无论是 04、08 接口还是 12 接口,基本上大同小异,但它们的使用场合与要求却有不同,因此,必须注意它们之间的细微差别。

6.2.3 16×16 LED 点阵显示屏

将多个 8×8 LED 点阵显示模块通过行与行、列与列相连,就可以组成一个更大的 LED 显示屏。如图 6.18 所示是使用 4 个 8×8 LED 点阵显示模块 LNM788BS 组成的 16×16 LED 点阵显示屏。

由此可见,16×16 的 LED 点阵显示屏仍然用低电平选择行,高电平选择列,其显示原理与 8×8 LED 点阵显示屏相同。

通过前面的学习我们知道,74HC138 只能产生 8 个互斥的低电平,而驱动 16×16 点阵显示屏需要 16 个互斥的低电平。由此可见,只要级联 2 个 74HC138 即可,并将 2 个芯片的输入信号端 A、B、C 对应连接在一起,将输入信号端 D 连接到控制上面 8 行的 74HC138 的 $\overline{E1}$、$\overline{E2}$ 和控制下面 8 行的 74HC138 的 E3。当输入信号最高位 D 为低电平时,选择上面 8 行;当输入信号最高位 D 为高电平时,选择下面 8 行。

由此可见,要想驱动 16×16 LED 点阵显示器,不仅需要 16 个行信号,而且还需要 16 个列信号。因此,必须将 2 个 74HC595 级联起来产生 16 个列信号,也就是说,只要将 STR、CP、

OE对应连接即可。

需要注意的是,与 8×8 LED 不同,16×16 LED 的每行可以显示 2 字节的数据。如果先发送数据的最高位,且字符取模方式为从左至右,同时数据的最高位在左边,则需要将 U1 的第 14 引脚数据输入端 D 与单片机的控制信号相连,其输出端控制右边 8 列,同时将 U2 的第 14 引脚数据输入端 D 与 U1 的 Q7′相连,其输出端控制左边 8 列。

由此可见,不难设计与之相应的电路原理图,详见图 6.19,其接口方式为 08 接口。如果仅用一块单面板来完成上述制作,其布线难度是非常大的。如果将驱动控制电路(见图 6.20)与点阵显示器电路(见图 6.21)分成两块电路板来制作,则难度将大大降低。需要注意的是连接上下板的插接件,上板使用表贴插针,下板使用直插母座,否则无法连接。其编程注意事项如下:

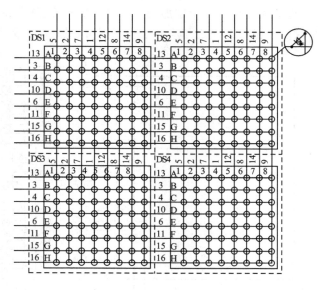

图 6.18 16×16 LED 点阵模块

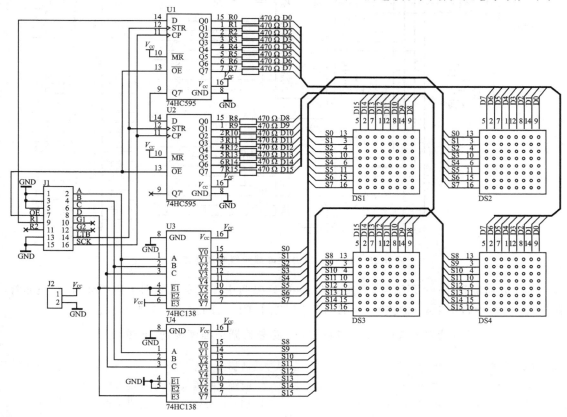

图 6.19 16×16 点阵显示器电路图

第 6 章 实践与制作——从构思到实现

行输入信号由 3 个增加到 4 个,即 A、B、C、D 分别用 P1.0、P1.1、P1.2、P1.3 来控制,因此,仅需稍微修改与之相应的子程序即可,其代码在此不再罗列。

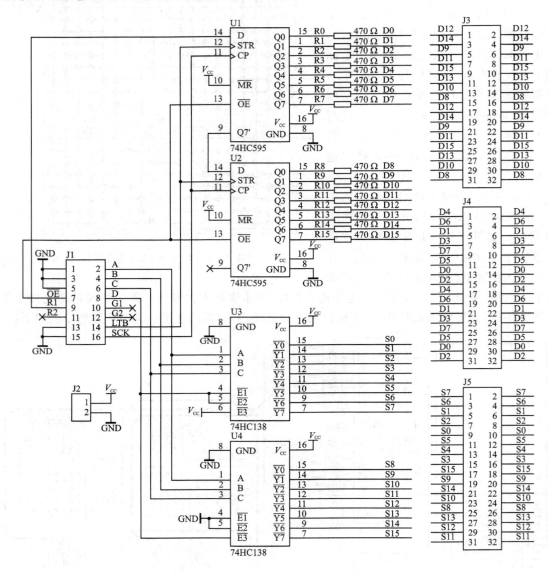

图 6.20 16×16 LED 点阵显示器驱动电路图

至于如何输送 16 个列信号,其实非常简单,只要调用 2 次发送数据子程序即可,详见程序清单 6.20,其中,DATA、CP、STR、OE 分别用 P1.4、P1.5、P1.6、P1.7 来控制。

程序清单 6.20   调用 74HC595 发送数据子程序发送 16 位数据

PIN_DATA	=P1.4	;数据输入端
PIN_CP	=P1.5	;时钟信号输入端,上升沿有效
PIN_STR	=P1.6	;锁存信号输入端,上升沿有效
PIN_OE	=P1.7	;片选信号输入端,下降沿有效

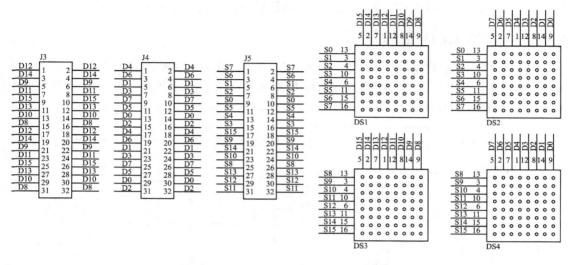

图 6.21　16×16 LED 点阵显示器电路图

```
CLR     A                              ;累加器 A 清 0
MOVC    A，@A+DPTR                     ;查表取待显示数据
INC     DPTR                           ;指针加 1,为下次取数据做准备
MOV     R7，A                          ;保存待显示笔画的数据
ACALL   HC595_Serial_Change_Parallel   ;发送实际的列信号
CLR     A                              ;累加器 A 清 0
MOVC    A，@A+DPTR                     ;查表取待显示数据
INC     DPTR                           ;指针加 1,为下次取数据做准备
MOV     R7，A                          ;保存待显示笔画的数据
ACALL   HC595_Serial_Change_Parallel   ;调用 74HC595 发送子程序发送数据
```

最后,需要注意的是增加一个 I/O 口(P1.7)控制$\overline{OE}$,先使能$\overline{OE}$,然后再禁止$\overline{OE}$。例如:

```
CLR     PIN_OE                         ;使能 OE
……
SETB    PIN_OE                         ;禁止 74HC595 输出
```

在上一个实验中,使用人工排列了显示数字"9"所需要的数据。假设需要显示任意数字与字符,如果还是沿用上述方法,则其工作量不可想象。下面向读者介绍一个免费的"字模提取工具",详细的使用说明请读者参考配套软件的帮助文件。

6.2.4　汉字点阵字模的提取

汉字是由点阵字模的点所组成的,在汉字字模中,"1"的位表示汉字的笔画,"0"的位表示不显示汉字的笔画(空白)。因此,要想点亮 16×16 LED 点阵显示屏中的某一个 LED,只需将字模中相应的位置 1 就可以了,而字模是通过专门的汉字字模提取软件得到的。事实上,TK-Studio 集成开发环境已经集成免费的字模提取工具,只要依次单击在 TKStudio 菜单栏中选择"工具"→"其他"→"图片字模助手",即可打开图片字模助手工具。详细的操作步骤,请单击"图片字模助手"主界面右下角的"?"按钮,打开详细的帮助文档进行查阅,此处不再赘述。但需要注意的是,本实验中的字模提取方式为横向取模,从左至右,左边为数据最高位。

6.2.5 大型 LED 点阵显示屏

如果用 16×16 点阵显示器来构成显示屏,那么从产业化的角度来看是很不经济的,因此,必须进一步改进。如图 6.22 所示就是用于组装 LED 显示屏最小项的功能框图,一个 LED 模组主要由 4 部分组成,分别为 08 接口、行扫描、列显示和 LED 点阵显示区域。

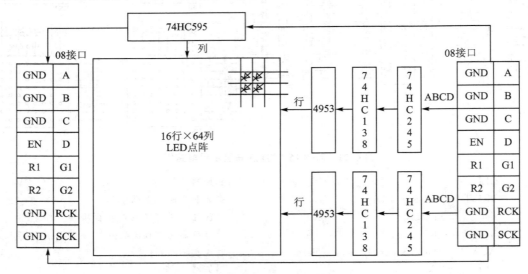

图 6.22 LED 显示屏驱动电路功能框图

其显示原理如下:

将待显示的数据和控制信号通过 08 接口送入,其中的 A、B、C、D 信号通过 2 个 74HC138 译码后选择要显示的某一行;然后在移位时钟 SCK 的作用下,将待显示的串行数据通过 R1、G1(双色 LED 才使用)、R2(双色 LED 才使用)、G2(双色 LED 才使用)送入 74HC595 的数据输入端;当 64 个数据都送入 74HC595 后,锁存信号 RCK 将数据同时送到 74HC595 的输出端,这样就完成一行数据的显示。然后再循环显示其他行的数据,完成整个 LED 模组的显示。只要数据更新时的速度足够快(同一行的数据更新时间不超过 20 ms),就不会出现闪烁现象。

由于 LED 每行显示时消耗的电流较大,因此必须在行扫描前增加 4953 芯片以提高驱动能力。为了将这些 LED 屏组合成更大的 LED 屏,使用另外一个 08 接口来将这些数据和控制信号传到下一个 LED 屏,这样可以实现多个 LED 屏级联。但是随着级联长度的增加,数据和控制信号会减弱,所以必须在每个 LED 模组上增加 2 个 74HC245 来提高驱动能力。其成品模组示意图详见图 6.23。

由此可见,只要购买现成的显示屏与控制卡,即可组装成功商业化的 LED 点阵显示屏。从某种意义上来说,商业化 LED 显示屏也是最好的学习与分析对象,本节仅仅起到抛砖引玉的作用,具体的设计留待读者在下一阶段的项目驱动中实现。

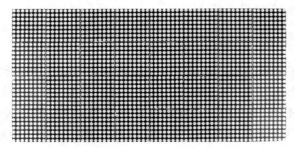

图 6.23 LED 点阵显示屏成品模组示意图

附录 A

2010 年嵌入式开发工程师招聘考题（电类专业）

一、填空（共 38 分）

1. 数制转换：（4 分，每空 1 分）
   ① $(192)_{10} = ($ _____ $)_2$ ② $(1011.1010)_2 = ($ _____ $)_{10}$
   ③ $(100)_{16} = ($ _____ $)_{10}$ ④ $(65535)_{10} = ($ _____ $)_{16}$

2. 二进制补码能表示正数和负数，8 位或 16 位二进制数的（_____）位用于表示符号（正或负），正数时定义为（___），负数时定义为（___）。8 位二进制补码能表示的数的范围为由（_____）$_{10}$ 到（_____）$_{10}$。（3 分，每空 0.5 分）

3. 如图 A.1 所示电路，流过硅二极管 D1、D2、D3、D4 和 D5 的电流分别为（_____）mA、（_____）mA、（_____）mA、（_____）mA 和（_____）mA。V_1、V_2 和 V_3 的电压（对地）分别为（_____）V、（_____）V 和（_____）V。（4 分，每空 0.5 分）

4. 在如图 A.2 所示的开关电路中，输入端 V_i 的高电平使（_____）极和（_____）极之间产生正向电压，从而使三极管饱和，饱和时集电极与发射极之间的电压为（_____）V，相当于（_____）电平；输入端 V_i 的低电平使三极管截止，截止时流过集电极的电流为（_____），集电极与发射极之间的电压等于（_____）。（3 分，每空 0.5 分）

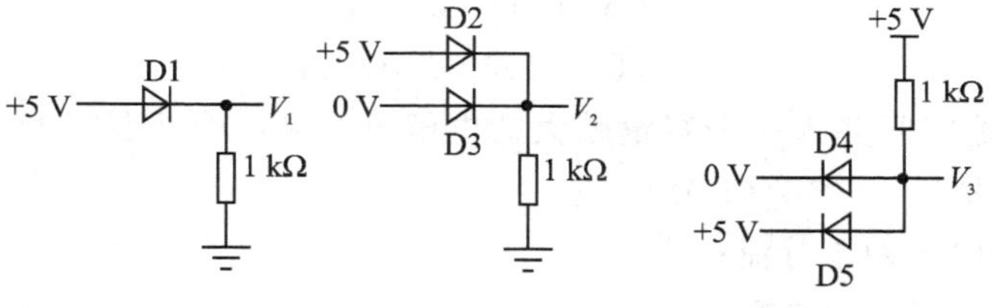

图 A.1

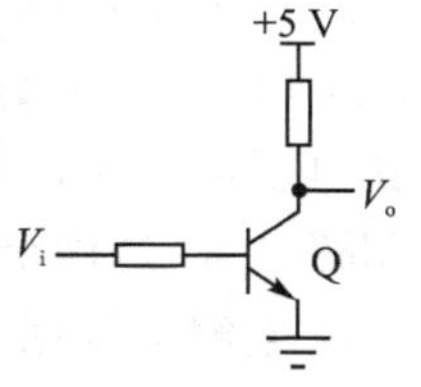

图 A.2

5. 在"与非"门中，只有有一个输入为（___）输出就为（___），只有当所有输入都为（___）时输出才为（___）。（2 分，每空 0.5 分）

6. 要使 OC 门输出高电平，必须在输出端加（_____），多个 OC 门的输出连接在一起可实现（_____）功能。（1 分，每空 0.5 分）

7. 三态门是指门电路的输出有（_____）、（_____）和（_____）三种状态。三态门广泛应用于微处理器中，可使多个设备同时连接到（_____）上。（2 分，每空 0.5 分）

8. 在 C 语言中，若 $x=10$，则表达式 $((x\ll 3)+(x\ll 1))$ 的值为（_____）$_{10}$。（2 分）

9. 在 C 语言中，若长整型变量 $x = 0x12345678$，则表达式 $x/65536$ 的值为

附录 A 2010 年嵌入式开发工程师招聘考题(电类专业)

(_____)₁₆,表达式 $x\%65536$ 的值为(_____)₁₆。(2分,每空1分)

10. 在 C 语言中,有一变量定义为"unsigned char a;",则 a 能表示的数的范围为(_____)₁₀~(_____)₁₀,在内存中 a 占 8 位,它的位号为 0~7。(1分,每空0.5分)

① 若要对变量 a 的位 4 进行清零操作,则可用(_____)语句;(1分)

② 若要对变量 a 的位 4 进行置位操作,则可用(_____)语句;(1分)

③ 若要对变量 a 的位 4 进行取反操作,则可用(_____)语句。(2分)

11. 在 C 语言中,若将值 1 234 存入绝对地址为 0x1000000 的存储器内,则可用(_____)语句。(2分)

12. 在 C 语言中,局部变量和全局变量可以同名,在函数内部引用这个变量时,会引用同名的(_____)。(1分)

13. 半导体存储器可分为两大类:能读、能写且断电后数据丢失的存储器被称为(_____),通常在计算机系统中可用来存储(_____);只能读且断电后数据不丢失的存储器称为(_____),通常在计算机系统中可用来存储(_____)。(2分,每空0.5分)

14. 若一个 8 位的存储器有 13 位地址,则这个存储的容量为(_____)位,或(_____)字节。(2分,每空1分)

15. 微控制器在一块集成电路中集成了(_____)、(_____)、(_____)和(_____)等单元,它们常被叫做单片机。根据内部和外部数据流动的位数可确定微控制器的位数,MCS51、AVR 等被称为是(____)位机,而 ARM 则是(____)位机。(3分,每空0.5分)

二、选择题(可能会有一个或多个正确答案)(27分)

1. 1 字节能表示的最大的十进制无符号数是(____)。(1分)
    (A) 127   (B) 255   (C) 65 535   (D) 256

2. 当两个十六进制数相减时,若被减数的低位向高位借位,则低位值增加(____)。(1分)
    (A) 16   (B) 10   (C) 15   (D) 9

3. 两个 BCD 码(0111 1000)$_{BCD}$ 和(0110 1001)$_{BCD}$ 相加,其结果等于(____)。(2分)
    (A) (1 0100 0001)$_{BCD}$ (B) (1110 0111)$_{BCD}$
    (C) (1 0100 0111)$_{BCD}$ (D) (1110 0001)$_{BCD}$

4. 在电子电路中的直流电源和地之间并入一个容量较大的电解电容和一个容量较小的陶瓷电容,这两个电容的作用是(____)。(1分)
    (A) 电解电容用于谐振,陶瓷电容用于分流;
    (B) 电解电容用于分流,陶瓷电容用于谐振;
    (C) 滤波,电解电容用于滤除高频成分,陶瓷电容用于滤除低频成分;
    (D) 滤波,电解电容用于滤除低频成分,陶瓷电容用于滤除高频成分。

5. 开关电源和模拟电源的特性区别在于(____)。(1分)
    (A) 开关电源能够提供比模拟电源更大的电流;
    (B) 模拟电源能够提供比开关电源更高的电压;
    (C) 开关电源的电源转换效率比模拟电源更高,但纹波较大;
    (D) 开关电源的电源转换效率比模拟电源要低,但纹波较小。

6. 电源术语 LDO 是指(____)。(1分)
    (A) 低压差   (B) 低功耗   (C) 低电流   (D) 低电压

附录 A 2010 年嵌入式开发工程师招聘考题(电类专业)

7. 如图 A.3 所示为串行通信中时钟信号 SCLK 和数据信号 SDA 的波形图,这个数据是(_____)。(2分)
   (A) 0x62   (B) 0xFF   (C) 0x9D   (D) 0x26

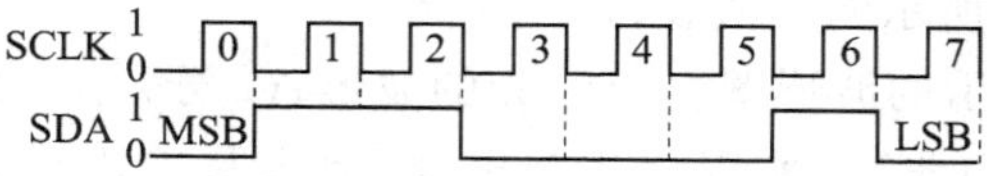

   图 A.3

8. 串行通信中的波特率是指每秒传送的(_____)数。(1分)
   (A) 字节   (B) 字   (C) 位   (D) 帧

9. 能存储一位二进制数的逻辑电路是(_____)。(1分)
   (A) 累加器   (B) 触发器   (C) 译码器   (D) 编码器

10. 一个十进制计数器至少要用(_____)个触发器才能实现。(2分)
    (A) 10   (B) 3   (C) 4   (D) 5

11. 在以下存储器类型中,不可以永久保存数据的是(_____)。(1分)
    (A) SDRAM   (B) FLASH   (C) E^2PROM   (D) OTP

12. 在以下符号中,不可作为 C 语言中标识符的是(_____)。(2分)
    (A) #abc   (B) temp_1   (C) status   (D) task-1

13. 在 C 语言中,可以通过(_____)关键字引用一个已定义过的全局变量。(1分)
    (A) static   (B) extern   (C) volatile   (D) auto

14. 在 while(1){}的循环体内,可通过(_____)关键字退出这个死循环。(2分)
    (A) continue   (B) else   (C) break   (D) goto

15. static 全局变量与普通全局变量的不同点是它们的(_____)。(1分)
    (A) 作用域   (B) 存储方式   (C) 生存期   (D) 初始值

16. 年份(year)只要符合以下任一条件即为闰年:① 能被 4 整除,但不能被 100 整除;② 能被 4 整除,也能被 400 整除。在以下判断闰年的表达式中,正确的是(_____)。(4分)
    (A) (year % 4==0 && year % 100 !=0) || (year % 4==0 && year % 400==0)
    (B) (year % 4==0 && year % 400==0) || year % 100 !=0
    (C) year % 4==0 && (year % 100 !=0 || year % 400==0)
    (D) (year % 4==0 && year % 100 !=0) || year % 400==0

17. 不能做 switch()表达式类型的是(_____)。(1分)
    (A) 字符型   (B) 实型   (C) 整型   (D) 长整型

18. 若将一个二维数组 int a[8][8]的首址 a 赋给一个指针 p(即 p=a),则 p 的定义方式应为(_____)。(2分)
    (A) int * p;   (B) int ** p;
    (C) int * p[8];   (D) int (* p)[8];

三、问答题(共 6 分)

1. 试问:若一个微控制器上电后没有运行,应该首先检查什么?(3分)
2. 微控制器通过一个双极性三极管控制一个继电器,这个三极管是选用 NPN 型还是 PNP 型?为什么?(3分)

附录 A 2010 年嵌入式开发工程师招聘考题（电类专业）

四、综合题（共 29 分）

1. 电路如图 A.4(a)所示，开关 A 在下端为 0，上端为 1；开关 B 在上端为 0，下端为 1；灯 L 亮为 1，不亮为 0。请回答下列问题：

① 完成如图 A.4(b)所示的真值表；(2 分)
② 在如图 A.4(c)所示的波形图上画出 L 的波形；(2 分)
③ 用最少的二输入"与非"门实现该逻辑电路，要求写出逻辑表达式，画出逻辑电路图。(3 分)

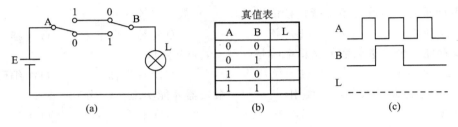

图 A.4

2. 维持阻塞 D 触发器和输入波形如图 A.5 所示，在图 A.5(b)中画出 Q 端的波形。(4 分)

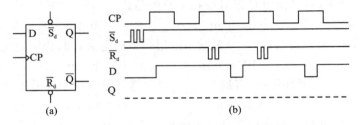

图 A.5

3. 一次大奖赛中有 10 个评委打分（满分为 100 分），为保证公正，计分方法是：去掉一个最高分，去掉一个最低分，再将剩下的 8 个分数平均。编写一个 C 函数实现这一功能。(5 分)

4. 如图 A.6 所示为移位寄存器 74HC164 的逻辑符号，它的逻辑功能详见表 A.1。用这个器件驱动 8 个发光二极管，通过单片机控制这 8 个发光管实现流水灯功能。要求画出电路图，写出控制程序。(最好用 C 语言编程)(13 分)

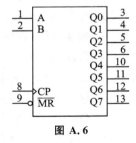

图 A.6

表 A.1 74HC164 功能表

操作模式	输入				输出
	$\overline{MR}$	CP	A	B	Q0	Q1~Q7
复位	0	×	×	×	0	0~0
移位	1	↑	0	0	0	q0~q6
	1	↑	0	1	0	q0~q6
	1	↑	1	0	0	q0~q6
	1	↑	1	1	1	q0~q6

附录 B

步步高：项目驱动——在做中学

1. 本学期总结

当你学到这里的时候，大学一年级的第一学期就要过去了。在这一学期里，我们已经学习了 C 程序设计方法，对计算机的原理也有了一定的了解，并小试牛刀地尝试了自己编写程序的滋味。当然还有很多的课程，如"高等数学"与"普通物理"，其重要性想必其他老师已经给你们讲了很多，在此无须深入探讨了。

如果没有丰富的实践作为基础，则很难将所学的理论知识转为实践能力；如果没有扎实的理论基础而仅有实践经验，则将来势必缺乏可持续发展的创新能力，所以必须做到理论与实践相结合。未来，如果你决定继续从事与专业知识有关的、具有创造性的工作，那么必须趁热打铁深入学习，巩固和提高第一学期已经学过的知识，并刻意加强动手能力的训练，否则你很快就会将所学的知识忘得一干二净。

2. 下学期展望

(1)《项目驱动——单片机应用设计基础》简介

下学期将要学习的教材《项目驱动——单片机应用设计基础》就是与本书内容紧密衔接的进阶课程。该书包括 7 章，分别为深入理解嵌入式 C、特殊功能部件与外设、数据结构与计算方法初步、保险箱密码锁控制器（方案一）、TinyOS51 嵌入式操作系统微小内核、程序设计基础以及保险箱密码锁控制器（方案二）。

该书使用的很多器件编号、电路原理与《新编计算机基础教程》完全一样，当然也增加了一些新器件。本学期我们分别用机器语言与汇编语言编写了相应的程序，但下学期的项目驱动与系统设计方法，则更接近工程实践，且使用 C51 高级语言编程，并开始学习基于 TinyOS51 嵌入式操作系统的应用程序设计。

在本书中，作者使用 C 语言与多种方法重新编写了基于汇编语言的经典范例，且在学习新知识的过程中，不断"重用"成熟的代码，从而在自然的学习之中迅速构建一个从裸机编程（无 OS）到基于 OS 的软件可复用的开发平台。相信很多人都听说过"卖油翁"的故事吧！其实人没有生而知之，只要通过反复练习做到"熟能生巧"，专注一定能够成就专家。

(2) 项目驱动——在做中学

20 世纪中期以来，工程教育主要以实际操作能力为主，主要考核的是工程师们的实际工作能力。随着工程科学的发展，工程教育越来越偏重工程科学和复杂的分析工具，而逐渐与实际操作能力相脱离。

附录 B　步步高：项目驱动——在做中学

在经济全球化背景下，现代企业对毕业生专业技术知识的要求在不断提高，工程人员必须拥有良好的团队协作精神、系统分析能力及实际动手能力，以适应现代化工程团队、新产品及新技术开发的需求。

事实上，在《新编计算机基础教程》的教学与实践环节中，学生已经初步掌握和具备了与单片机有关的应用设计知识。那么在开设本课程的过程中，首先必须从第一章开始为各个 DIY 小组确立项目驱动的内容，DIY 的内容主要以数字技术为主，尽量做到不使用模拟器件。

其次，拟定一些应用型的项目，如与红外遥控有关的项目、保险柜密码锁、简易温控器（传感器为 LM75A）、温度巡检系统（传感器为 DS18B20）、语音报站器、摩托车防盗器、汽车防盗器、IC 卡读卡器、触摸式可调电源、抢答器、电子炖盅、遥控风扇等简单的项目。

对于高水平的学生，还可以在几个重点的技术方向设立长期的课题学习与研究小组，如 USB1.1 协议、CAN-bus 协议、LIN-bus 协议、基于 RS485 的 Mode-bus 协议、GPRS 无线通信以及实现 TCP/IP 协议的小部分功能，以此为基础开发一些应用型项目。

（3）特殊功能部件与外设

以 Tiny51 核心模块（MCU：P89V51RB2）+ Tiny51 ICE 仿真器 & ISP 下载编程器为基础，精选一些典型的外围数字接口器件，通过 DIY 实践活动，编写相应的驱动程序，并撰写与之相应的应用性论文，最终达到理论与实践相结合的目的。

在此过程中，主要培养学生独立运用技术资料的能力，辅以计算、仿真和设计应用电路的能力，强化个人独立制作、焊接和调试 PCB 电路板的实践动手能力，Step by Step 地将应用程序调试成功。

在任课老师的指导下，从满堂灌、填鸭式的传统教学模式中跳出来，以学生为主体，将学生按照开发团队的模式组织起来进行管理，以 DIY 小组的形式开展有针对性的学习、讨论与设计。具体的成员数可以根据具体的项目需求，2～3 人一组，而 DIY 的项目可能是以单片机应用为主，也可能是软硬件相结合的项目，也可能需要有人来承担计算机软件的开发。

当然，不可能做到每种器件都让所有的学生 DIY 一遍，因此 DIY 必须是有针对性的，即基于项目驱动的 DIY。在指导学生 DIY 的过程中，要求学生必须按照文档的写作规范和 PPT 创作技巧，撰写系列相关器件的原理与应用设计文档，让优秀学生来讲解各种数字器件的原理和软硬件应用设计。

（4）数据结构与常用算法

在复杂的项目开发过程中，数据结构与计算方法是必不可少。由于本书并非一本"数据结构与计算方法"的专著，因此仅仅结合本书的相关知识点做了一些最基本的介绍，希望让学生提前知道数据结构与计算方法的重要性和紧迫性，期望能够起到抛砖引玉的作用。

（5）TinyOS51 开源操作系统

要想成为一名优秀的开发工程师，不仅要对汇编语言有比较深入的了解，并熟练地掌握 C 语言，而且还必须真正地掌握嵌入式实时操作系统。基于此，作者组织编写了 TinyOS51 时间片轮询操作系统，其代码量不到 1 KB，麻雀虽小，但五脏俱全，主要让学生了解什么是任务？多任务是如何切换的？什么是信号量？什么是消息邮箱？

开源的 TinyOS51 V1.4 版本是完全使用 80C51 汇编语言编写的高效操作系统，适用于开发一些功能简单的商业项目，但不开放源代码。

实践证明，阅读和分析嵌入式操作系统微小内核是提高嵌入式 C 程序设计能力的一条重要途径,同时也为下一阶段学习《深入浅出 Cortex - M0 初级教程》,独立编写一个 MicOS 操作系统微小内核,以及后续深入学习嵌入式 μC/OS - II、Linux 与 WinCE 高性能操作系统打下坚实的基础。

(6) 实战篇

在《项目驱动——单片机应用设计基础》[13]一书中,将以两种完全不同的方式来实现同一项目的编程。希望初学者在基于裸机——前后台方式(方案一)(参考文献[13]的第 4 章)与基于操作系统(方案二)(参考文献[13]的第 7 章)的编程过程中,能够深刻体会各种方法的特点和优劣之所在。

警告与自我管理

一、警告(立志成大事者之大忌)
- 课前不预习,课后不复习,上课不做笔记,课后不做小结,期末不做总结;
- 上课不用心,迟到、早退与逃课习以为常,进实验室不动手,自欺欺人抄报告;
- 辜负父母的期望,不珍惜父母的血汗钱,沉湎于游戏与网络自甘堕落;
- 平时不努力,考前突击、考试作弊、考后"挂科"不总结经验吸取教训;
- 自我安慰(车到山前必有路),总将希望寄托于明天。

二、目标管理(请每天看一遍,自问是否做到了?除非你不想成功。)
- 你热心参与社团活动吗?你愿意帮助其他同学共同进步吗?
- 你能做到在课余时间与节假日坚持学习吗?比如,周末还在实验室做设计。
- 你是否立志成为"小教授讲师团"的一员?(提示:在大二阶段辅导大一学生)
- 2.2.1 小节的"成功心法:如何查资料写论文"给了我们启示,你准备本学期写几篇小论文?你是否决定大学期间在正式的期刊上发表自己的第一篇论文?
- 在 2.2.3 小节、2.2.4 小节、2.3.2 小节、2.4.2 小节中,要求初学者使用 EDA 软件仿真相应的电子电路,却常常仅有少数人完成了。你是成功的少数吗?
- 从 2.9.1 小节开始,要求读者动手制作一个"全加器"电路板,你是否立即行动?后续的制作你是否能够完成?以往很多读者给自己找借口,强调"在校期间缺乏机会",其实完成本书的全部实践与制作,除了 PCB 板属于不可回收的耗材之外(大约 100 元),器件则可以反复使用。
- 你会将本书所有的程序范例一一在实践平台上做一遍吗?如果仅仅停留在看得懂的层次,那你永远也不可能进入独立编程的阶段。
- 你能总结出本书所有的"关键知识点"吗?合上书本闭上眼睛,你对所学的知识能够娓娓道来吗?

如果你有成功的渴望,未尽的梦想,请按照本书的指引实践吧!
梦想,不再遥不可及。
如果你一一实现了上述目标,你不成功也难!
奇迹,就是你。

签名:＿＿＿＿＿＿＿
年　　月　　日

参考文献

[1] 百度网站,百度百科专栏,http://www.baidu.com.
[2] 康华光.电子技术基础(数字部分,第五版).北京:高等教育出版社,2007.
[3] 张迎新,等.单片机应用设计培训教程.北京:北京航空航天出版社,2008.
[4] 张俊谟.单片机中级教程.北京:北京航空航天大学出版社,2001.
[5] 何立民.单片机高级教程.北京:北京航空航天大学出版社,2001.
[6] 胡汉才.单片机原理及系统设计.北京:清华大学出版社,2002.
[7] 梁合庆.增强核闪存80C51教程.北京:电子工业出版社,2003.
[8] 鲍小南.单片机基础.杭州:浙江大学出版社,2002.
[9] 李朝青.单片机原理及接口技术(第3版).北京航空航天大学出版社,2008.
[10] 李曼丽.工程师与工程教育新论.北京:商务出版社,2010.
[11] 胡汉章,叶香美.数字电子技术与实践.北京:电子工业出版社,2009.
[12] 猪饲国夫,等.数字系统设计.徐雅珍,等译.北京:科学出版社,2008.
[13] 周立功,等.项目驱动——单片机应用设计基础.北京:北京航空航天大学出版社,2011.